本书为西北民族大学 2015 年重点学术资助项目。

本书系 2015 年度教育部人文社科研究项目《藏汉交流的甘青建筑彩画图像研究》的阶段性成果，项目编号：15YJAZH077。

中国艺术学文库·美术学文丛

LIBRARY OF CHINA ARTS · SERIES OF ARTS

总主编 仲呈祥

甘青河湟地区藏汉古建筑彩画研究

王晓珍 著

中国文联出版社
http://www.clapnet.cn

图书在版编目（CIP）数据

甘青河湟地区藏汉古建筑彩画研究 / 王晓珍著 .
北京：中国文联出版社 , 2016.10
（中国艺术学文库·美术学文丛）
ISBN 978-7-5190-2052-1

Ⅰ.①甘… Ⅱ.①王… Ⅲ.①古建筑—彩绘—研究—青海 Ⅳ.① TU-851

中国版本图书馆 CIP 数据核字 (2016) 第 227410 号

中国文学艺术基金会资助项目
中国文联文艺出版精品工程项目

甘青河湟地区藏汉古建筑彩画研究

作　　者：王晓珍	
出版人：朱　庆	
终审人：张　山	复审人：曹艺凡
责任编辑：邓友女	责任校对：朱为中
封面设计：马庆晓	责任印制：陈　晨

出版发行：中国文联出版社
地　　址：北京市朝阳区农展馆南里 10 号，100125
电　　话：010-85923078（咨询）85923000（编务）85923020（邮购）
传　　真：010-85923000（总编室），010-85923020（发行部）
网　　址：http://www.claphet.cn　　http://www.claplus.cn
E－mail：clap@clapnet.cn　　dengyn@clapnet.cn
印　　刷：天津旭丰源印刷有限公司
装　　订：天津旭丰源印刷有限公司
法律顾问：北京天驰君泰律师事务所徐波律师
本书如有破损、缺页、装订错误，请与本社联系调换

开　　本：710×1000	1/16		
字　　数：385 千字		印张：24	
版　　次：2016 年 10 月第 1 版		印次：2023 年 4 月第 2 次印刷	
书　　号：ISBN 978-7-5190-2052-1			
定　　价：97.00 元			

《中国艺术学文库》编辑委员会

顾 问
（按姓氏笔画）

于润洋　王文章　叶　朗

邵书林　张道一　靳尚谊

总主编

仲呈祥

《中国艺术学文库》总序

仲呈祥

在艺术教育的实践领域有着诸如中央音乐学院、中国音乐学院、中央美术学院、中国美术学院、北京电影学院、北京舞蹈学院等单科专业院校,有着诸如中国艺术研究院、南京艺术学院、山东艺术学院、吉林艺术学院、云南艺术学院等综合性艺术院校,有着诸如北京大学、北京师范大学、复旦大学、中国传媒大学等综合性大学。我称它们为高等艺术教育的"三支大军"。

而对于整个艺术学学科建设体系来说,除了上述"三支大军"外,尚有诸如《文艺研究》《艺术百家》等重要学术期刊,也有诸如中国文联出版社、中国电影出版社等重要专业出版社。如果说国务院学位委员会架设了中国艺术学学科建设的"中军帐",那么这些学术期刊和专业出版社就是这些艺术教育"三支大军"的"检阅台",这些"检阅台"往往展示了我国艺术教育实践的最新的理论成果。

在"艺术学"由从属于"文学"的一级学科升格为我国第13个学科门类3周年之际,中国文联出版社社长兼总编辑朱庆同志到任伊始立下宏愿,拟出版一套既具有时代内涵又具有历史意义的中国艺术学文库,以此集我国高等艺术教育成果之大观。这一出版构想先是得到了文化部原副部长、现中国艺术研究院院长王文章同志和新闻出版广电总局原副局长、现中国图书评论学会会长邬书林同志的大力支持,继而邀请我作为这套文库的总主编。编写这样一套由标志着我国当代较高审美思维水平的教授、博导、青年才俊等汇聚的文库，我本人及各分卷主编均深知责任重大，实有如履薄冰之感。原因有三：

一是因为此事意义深远。中华民族的文明史，其中重要一脉当为具有东方气派、民族风格的艺术史。习近平总书记深刻指出：中国特色社会主义植根于中华文化的沃土。而中华文化的重要组成部分，则是中国艺术。从孔子、老子、庄子到梁启超、王国维、蔡元培，再到朱光潜、宗白华等，都留下了丰富、独特的中华美学遗产；从公元前人类"文明轴心"时期，到秦汉、魏晋、唐宋、明清，从《文心雕龙》到《诗品》再到各领风骚的《诗论》《乐论》《画论》《书论》《印说》等，都记载着一部为人类审美思维做出独特贡献的中国艺术史。中国共产党人不是历史虚无主义者，也不是文化虚无主义者。中国共产党人始终是中国优秀传统文化和艺术的忠实继承者和弘扬者。因此，我们出版这样一套文库，就是为了在实现中华民族伟大复兴的中国梦的历史进程中弘扬优秀传统文化，并密切联系改革开放和现代化建设的伟大实践，以哲学精神为指引，以历史镜鉴为启迪，从而建设有中国特色的艺术学学科体系。艺术的方式把握世界是马克思深刻阐明的人类不可或缺的与经济的方式、政治的方式、历史的方式、哲学的方式、宗教的方式并列的把握世界的方式，因此艺术学理论建设和学科建设是人类自由而全面发展的必须。艺术学文库应运而生，实出必然。

二是因为丛书量大体周。就"量大"而言，我国艺术学门类下现拥有艺术学理论、音乐与舞蹈学、戏剧与影视学、美术学、设计学五个"一级学科"博士生导师数百名，即使出版他们每人一本自己最为得意的学术论著，也称得上是中国出版界的一大盛事，更不要说是搜罗博导、教授全部著作而成煌煌"艺藏"了。就"体周"而言，我国艺术学门类下每一个一级学科下又有多个自设的二级学科。要横到边纵到底，覆盖这些全部学科而网成经纬，就个人目力之所及、学力之所逮，实是断难完成。幸好，我的尊敬的师长、中国艺术学学科的重要奠基人于润洋先生、张道一先生、靳尚谊先生、叶朗先生和王文章、邬书林同志等愿意担任此丛书学术顾问。有了他们的指导，只要尽心尽力，此套文库的质量定将有所跃升。

三是因为唯恐挂一漏万。上述"三支大军"各有优势，互补生辉。例如，专科艺术院校对某一艺术门类本体和规律的研究较为深入，为中国特色艺术学学科建设打好了坚实的基础；综合性艺术院校的优势在于打通了艺术门类下的美术、音乐、舞蹈、戏剧、电影、设计等一级学科，且配备齐全，长于从艺术各个学科的相同处寻找普遍的规律；综合性大学的艺术教育依托于相对广阔的人文科学和自然科学背景，擅长从哲学思维的层面，提出高屋建瓴的贯通于各个艺术门类的艺术学的一些普遍规律。要充分发挥"三支大军"的学术优势而博采众长，实施"多彩、平等、包容"亟须功夫，倘有挂一漏万，岂不惶恐？

权且充序。

（仲呈祥，研究员、博士生导师。中央文史馆馆员、中国文艺评论家协会主席、国务院学位委员会艺术学科评议组召集人、教育部艺术教育委员会副主任。曾任中国文联副主席、国家广播电影电视总局副总编辑。）

序

王晓珍的《甘青河湟地区藏汉古建筑彩画研究》一书即将出版面世，一段持续多年的辛勤劳动终于结出成果，这是值得欣慰和祝贺的事。首先要提一下这部书研究的选题，它在美术学界大约属于胡适先生当年针对士大夫贵族文学所说的"旁行斜出的'不肖'文学"之类——上世纪前期胡适先生在他的《白话文学史·引子》中是用这种说法来推赞俗众文学的。正因为带有"旁行斜出"性质，这段研究一起步便显示其新鲜意义，其新鲜性一在于关注艺术象牙之塔外为人轻视的匠作工程的建筑彩画，二在关注甘肃、青海交接区以往不被人正视的"僻野"地带的建筑彩画，三在于通过对这些建筑彩画考察研究，从技术文化切入，真切剖析一个有限的案例，又回归大文化系统，突破性地解读了中华民族交流融合历史中的一些文化章节。

作者付出了艰苦的劳动。西北甘青交界的河湟流域至今仍然是交通与工作环境条件不够便利的地方，数年间克服种种困难反复奔走，实地调查了青海省的乐都县瞿昙寺、湟中县塔尔寺，甘肃省夏河县拉卜楞寺、永登县妙因寺、感恩寺，天祝县东大寺，还有相关的永登县连城镇鲁土司衙门，道教建筑雷坛等，在历史现场搜索和积累大量第一手原始资料，在考察中发现和提出问题、整理思考线索，表现了年轻一代学人应有的诚实和恳切态度。在扎实的实证资料考察分析基础上作者提出：河湟流域这些古建筑（重点在15世纪到19世纪这个历史时段）群是民族文化的杰出代表，其设计、建造及其时代历程在木构彩画上都保留着相应的痕迹；其彩画面貌既有着明、清时期中原建筑官式彩画的样式，也融入了包括藏传佛教图案在内的藏式图案，呈现出丰富多样的历史区域风格特征；从中可以察辨出藏式建筑装饰与中原建筑彩画纹样从并存、碰撞到融合的文化生态演变轨迹，河湟流域建筑彩画的变化发展是藏汉交流长河中一个微观但明晰的支流,藏汉交融的地方式建筑装饰彩画反映着藏汉文化交流融合的长远历程,体现了地方文化变迁与中华民族文化的共生关系。这种扎根在高原土地上的课题研究方式、学术创新的勇气,抓住的问题和目前所得出的基本结论,我以为都是值得嘉许的。

匠作,特别是建筑,对人类任何一个伟大民族都是文明诞生的"杠杆",是其历史文化发展的"中轴"。严格说来,越是大型和地位重要建筑物的彩作,其对社会主干意识或体制性质的代表意义就越是强大,从这个意义上说它并不能看作完全的俗众的文艺。但另一方面这类艺术的劳动主体又是工匠,而工匠的主体是处在中下阶层民众之中的,他们的生活经验、思想感情、审美趣味乃至血脉,从根子上都是连接着乡土草泥的。在中国这样一个地域辽阔、民族众多、历史发展悠久而曲折复杂的国度,匠作艺术就会成长为一种复杂的社会文化载体,同时成为大中华土地上复杂曲折的民族交流与融合历史的印证。正是大西北这样一个交叉地带,给当代的艺术史学、社会文化及民族文化史学留下了待开发的矿藏;以"大中华"民族的学术视野,脚踏实地、谨操科学的精神及方法,对我们无比丰富多彩的匠作技艺遗产展开过细而又是综合、整体互应的考察,专业而又是跨越学科壁垒、视界开放贯通的研究,这于我们是一项很有价值意义但又有很多实际困难的大学问、大作业。毋庸讳言,我们的学术研究规划思路,我们的学习和科研的作风也存在许多不尽人意需要改革创新的地方。其实在人文社科领域,无论哪一门学科、哪一种方法,只要它真是为科学研究服务的,从根本上探究都是一个理——实事求是。自重才能有定力,不务虚荣,不容空洞,深入实地,下"笨功夫",就是最根本的道路。飞速发展的时代为我们的历史文化研究提出了一个个非常重要、非常迫切的难题,而希望总是会寄托在年轻人身上;我期待作者以这样一个很好然而还是初步的成绩作为起点,继续锤炼素质、提高能力,奋力前进,争取新的成绩。

王宁宇

2016年3月9日

目 录

001 / 绪 论

    001 / 1 论文缘起及研究意义

    006 / 2 研究的目标及相应的方法

    007 / 3 研究基础

    012 / 4 河湟地区建筑文化的人文生态环境

上编　河湟地区建筑彩画历史遗迹考识

037 / 1. 河湟地区建筑彩画的两类典型代表

    038 / 1.1 汉式建筑彩画典型——瞿昙寺、雷坛

    062 / 1.2 藏式建筑彩画典型——拉卜楞寺

075 / 2. 河湟地区的藏汉融合式建筑彩画

    075 / 2.1 寺院建筑中的藏汉融合式彩画

    157 / 2.2 其他建筑中的藏汉融合式彩画

    178 / 2.3 小结

下编　河湟地区建筑彩画艺术风格流变研究

181 / 3. 河湟地区建筑彩画风格解析一：明代汉式

  184 / 3.1 整体纹饰结构

  187 / 3.2 纹样形制

  198 / 3.3 施色与方法

  202 / 3.4 小结

204 / 4. 河湟地区建筑彩画风格解析二：藏式

  204 / 4.1 整体纹饰结构

  215 / 4.2 装饰纹样

  234 / 4.3 施色与方法

  240 / 4.4 小结

242 / 5. 河湟地区建筑彩画风格解析三：藏汉融合式

  242 / 5.1 飞檐、椽头纹样

  246 / 5.2 檩梁枋大木构纹样的变化

  290 / 5.3 普拍枋等窄枋的彩画变化

  297 / 5.4 斗栱纹样的变化

  308 / 5.5 柱头、梁头等纹样

  315 / 5.6 雀替、花板等雕绘纹样

  323 / 5.7 天花与藻井

  325 / 5.8 门的装饰

  329 / 5.9 小结

331 / **6. 讨论：河湟地区建筑彩画的生态演进与传承**

　　331 / 6.1 河湟地区建筑彩画的延续

　　334 / 6.2 河湟地区建筑彩画藏汉融合的生态表现

　　339 / 6.3 河湟地区彩画演进的内在特性与大中华的藏风

350 / **参考文献**

365 / **后　记**

CONTENTS

001 / **Introduction**

    001 / 1 Motivation and Significance

    006 / 2 Research purposes and corresponding methods

    007 / 3 Research basic

    012 / 4 Humanities ecological environment of HeHuang River Basin architectural culture

First part   Investigation historical site of HeHuang River Basin architectural decorative paintings

037 / **1 Two typical HeHuang River Basin architectural decorative paintings**

    038 / 1.1 Typical Chinese style architectural decorative paintings—Qutan temple, Leitan temple

    062 / 1.2 Typical Tibetan style architectural decorative paintings—Labrang Monastery

075 / **2. Chinese and Tibetan integration style architectural decorative paintings in HeHuang River Basin**

075 / 2.1 Integration style architectural decorative paintings in temple

157 / 2.2 Integration style architectural decorative paintings in other buildings

178 / 2.3 Summary

Second Part Investigation the evolution of architectural decorative paintings art style in HeHuang River Basin

181 / **3. Analysis the architectural decorative paintings art style in HeHuang River Basin–Chinese style of Ming dynasty**

184 / 3.1 Whole decoration and pattern of structure

187 / 3.2 Decoration style and law

198 / 3.3 Painting and method

202 / 3.4 Summary

204 / **4. Analysis the architectural decorative paintings art style in HeHuang River Basin–Tibetan style**

204 / 4.1 Whole decoration and pattern of structure

215 / 4.2 Decoration pattern

234 / 4.3 Painting and method

240 / 4.4 Summary

242 / **5. Analysis the architectural decorative paintings art style in HeHuang River Basin– Integration of Tibetan and Chinese style**

    242 / 5.1 Decoration of eave and rafter head

    246 / 5.2 Evolution of purlin, beam and lintel decoration

    290 / 5.3 Evolution of Pupai lintel decorative painting

    297 / 5.4 Evolution of bracket set decoration

    308 / 5.5 Decoration on column head and beam head

    315 / 5.6 Wood carving pattern of sparrow brace and flower board

    323 / 5.7 Ceiling and caisson ceiling

    325 / 5.8 Decoration on door

    329 / 5.9 Summary

331 / **6 Discussion: Ecological evolution and inheritance of HeHuang River Basin architectural decorative paintings**

    331 / 6.1 Inheritance of HeHuang River Basin architectural decorative paintings

    334 / 6.2 Ecological performance on integration of Tibetan and Chinese in HeHuang River Basin architectural decorative paintings

    339 / 6.3 Internal characteristic and Chinese Tibetan style in evolution of HeHuang River Basin architectural decorative paintings

350 / **Reference**

365 / **Postscript**

绪　论

1 论文缘起及研究意义

1.1 论文缘起及研究范围

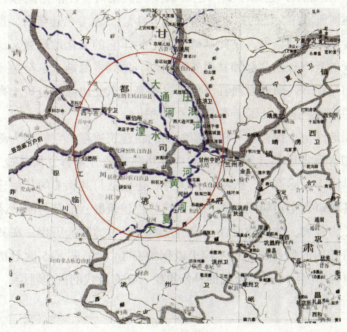

图1 河湟地区图 ①

中国古建筑彩画以灿烂绚丽擅名于世，它具有非常丰富多样的生态面貌。在长期的历史发展中，不同时代不同地域往往形成各自的彩画规制和

---

① 根据谭其骧《中国历史地图集》（七）．上海：地图出版社．1982，明万历十年《明时期陕西一》PP59—60，截取局部标注。

彩画风格体系。对于中原元明清时期的官式彩画，其历史变化面貌特点已有着较为清晰的发展脉络，汉族聚居区的一些地方式建筑彩画也有着各自的风格，而对于西北藏汉族交界地区各时期的建筑彩画尚未形成共识。在河湟地区至今还有一些古建筑群保存着古建原木构，留存着建筑彩画原迹，有些在经过后代维修重绘之后，并存着明、清时期以来的彩画风格。其彩画面貌既有着明清时期中原建筑官式彩画的样式，也融入了包括藏传佛教图案在内的藏式图案，呈现出多样性的地方特征。从中我们可以察辨出藏式建筑装饰与中原建筑彩画纹样走过了怎样一条从并存、碰撞到融合的演变轨迹。

"河湟"是西北边疆地区一个历史悠久的自然地理区域。"河"指黄河，"湟"指湟水，包括了黄河上游的支流大夏河、庄浪河流域，湟水的支流大通河流域相交汇的广大地域[①]（图0-1）。二水专名连接后，逐渐演变为一个专门的地域名称，在此基础上又产生了它的文化地理意义。河湟地区即今天的青海省东北部和甘肃省西南部，西到青海湖，东至兰州市，北连祁连山乌鞘岭，南到夏河县。位于青藏高原东北边缘，是黄土高原和青藏高原的接壤之地，又属于安多藏区[②]的边缘。

河湟地区至今保存着一批明清时期的古建筑遗存，它们多为藏传佛教寺院，如青海省乐都县瞿昙寺，湟中县塔尔寺，甘肃省夏河县拉卜楞寺，永登县妙因寺、感恩寺，天祝县东大寺；还包括与其相关的其他建筑，如永登县连城镇鲁土司衙门、雷坛等。这些古建筑群，都是河湟地区古建筑文化的杰出代表，他们的设计、建造及其所经过的时代历程，在其彩画上都保留着相应的痕迹。建筑木构上既保留有14世纪末、15世纪初的原构彩画，也有16至19世纪历代的补修重绘，还有近代的重建新绘（表1）。

[①] 丁柏峰《河湟文化圈的形成历史与特征》.《青海师范大学学报》，2007（06）.P68.

[②] 整个藏族地区分为卫藏法区、西康人区、安多马区三大区。其中"安多"，亦译作阿多，阿木多，是摘取阿庆冈嘉雪山与多拉山两座山名之首字，合并起来把自此以下的地域称为"安多"藏区。大致包括今甘南、河西、四川西北部及青海藏区（除玉树地区外），地处中原与西藏联系的交通枢纽，又称"前藏"。智观巴·贡却乎丹巴绕吉著，吴均译《安多政教史》.兰州：甘肃民族出版社，1989.P5.

表1 河湟地区建筑彩画遗迹考察表①

序号	建筑名称	座落地点	始建年代	单体建筑	现存彩画年代	文物级别
1	瞿昙寺	青海省乐都县瞿昙镇	明洪武二十四年（1391）	金刚殿、小鼓楼、三世殿、小钟楼、护法殿、中院回廊 隆国殿内、抄手斜廊、大鼓楼内、大钟楼内 宝光殿 瞿昙殿 隆国殿外、大鼓楼外、大钟楼外	明原构（1391） 明原构（1427） 明永乐十二年（1418） 清乾隆四十七年（1782） 清后期重绘	全国重点文物保护单位
2	显教寺	甘肃省永登县连城镇	明永乐九年（1411）	大雄宝殿	明成化十七年（1481）	全国重点文物保护单位
3	感恩寺	甘肃省红城镇永安村	明弘治五年至弘治八年（1492—1495）	哞哈二将殿、天王殿、护法殿、菩萨殿、大雄宝殿 碑亭殿 牌楼山门、垂花门	明弘治八年（1495） 明嘉靖四年（1525） 清咸丰八年（1858）	全国重点文物保护单位
4	雷坛	甘肃省永登连城镇	明嘉靖三十四年（1555）	正殿内 正殿外、过殿 弥勒佛殿	明嘉靖三十四年（1555） 清晚期	全国重点文物保护单位
5	塔尔寺	青海省湟中县鲁沙尔镇	明嘉靖三十九年（1560）	释迦牟尼佛殿	明万历五年（1577） 明万历三十二年（1604）	全国重点文物保护单位

① 本表根据时间排序，参考了始建年代与现存彩画年代。

续表

序号	建筑名称	座落地点	始建年代	单体建筑	现存彩画年代	文物级别
6	拉卜楞寺	甘肃省夏河县大夏河北岸	清康熙四十八年（1709）	下续部学院	清雍正十年（1732）	全国重点文物保护单位
				弥勒佛殿即大金瓦殿	清乾隆五十三年（1788—1790）1882年加金顶	
				嘉木样寝宫、会客厅	清乾隆八年（1743）	
				释迦牟尼佛殿	清康熙五十年（1711）1907年增建	
7	妙因寺	甘肃省永登县连城镇鲁土司西邻	明洪武三年（1370）宣德二年（1427）赐名	山门、科拉殿、万岁殿、多吉羌殿	清康熙二十三年（1684）	全国重点文物保护单位
				禅僧殿	清雍正五年（1727）	
				塔尔殿、古隆官殿	清咸丰十年（1860）	
				大经堂	清代	
				鹰王殿内	清代	
8	鲁土司衙门	甘肃省永登县连城镇	明初洪武十一年（1378）	祖先堂	清嘉庆六年（1801）	全国重点文物保护单位
				大堂	清嘉庆二十三年（1818）	
				牌坊、大门、提督军门、如意门	清晚期	
9	东大寺	甘肃省天祝县古城	明万历四十六年（1619）	大门	清道光八年（1828）	省级文物保护单位
				鲁迦堪布襄谦	清道光廿年（1840）	

细细揣摩河湟地区现存的建筑彩画，发现这是藏汉文化交流长河中的一条微细而明晰的支流。在这里近六百年的历史变迁中，藏式建筑装饰与汉式建筑彩画是以怎样的面貌走过了并存、融合、发展的过程，形成了怎样的艺术风格，又如何反映藏汉交流的宏远场景，在此历程中民众的审美心理产生了怎样的变化？这就是本论文关注并试图解释的问题。

1.2 研究意义

中国传统建筑彩画，包括了皇家官式与东西南北等不同的地域传统样式，目前对各地域、各民族建筑彩画的调查研究还没有引起学界足够的重视。河湟地区的古建筑遗存为我们提供了一个很难得的良好机遇，在考察探索中可以发现，这里不仅保存着明初原构彩画，而且不同时期的变化又在不同的建筑上有所体现；不同的彩画从其纹样结构、形制及其色彩，都有着变化发展的痕迹；它们融汇着历史的、文化的、民族的、宗教的、甚至一些个人审美心理的因素在其中，各因素此消彼长，相互作用，共同体现在这些建筑群上。

所考察的古建筑单位目前都已得到不同程度的保护，在进行保护工作时往往会对其木构和墙体进行维修加固，维护过程中难免会影响到现有的彩画面貌，也出现了局部更换的木构再无法依原样施彩，或新绘彩画丧失了原构意味的现象。如果能够对其原有的彩画图案、色彩、技艺进行搜集、整理和识别，厘清这种地域彩画变化发展的脉络，将对文物单位的彩画保护和修复工作提供有益的参考。从民族民间美术科学研究和保护的角度出发，尽力保持文化思考的立场，对这些古建筑彩画进行分析对比，是一项具有积极意义和建设性的学术研究任务。

通过对河湟地区地方性的建筑彩画本体的客观研究，折射出其背后的地理、历史、民族、宗教、审美、文化生态等诸多文化要素，挖掘地域文化精神，对艺术人类学、文化社会学等学科，将会打开一片新的视域。

2 研究的目标及相应的方法

2.1 研究目标和拟解决的关键问题

（1）考察并确认河湟地区重要的藏汉古建筑彩画遗存，初步勾勒其彩画面貌及其艺术风格特征；使用纹式比较图、色彩比较图、演变关系图分析藏汉建筑彩画的并存、变化、融合的过程；

（2）分析河湟地区的建筑彩画在藏汉文化交流中所形成的独特地域性风格特点；

（3）试图挖掘形成这种地域性特点的多方面政治、社会、文化原因；探索河湟地区藏汉建筑彩画与藏汉文化交流大背景之间的共生关系。

2.2 研究方法

（1）本文首先倚重田野考察的研究方法，在河湟地区考察与藏传佛教相关的古建筑彩画历史现场，搜获得第一手标本资料。其时间上限为明初1391年，下限为20世纪80年代，重点考察范围15世纪到19世纪这个时段。

（2）加强对古建筑彩画地域性独特面貌的关注。从图像学角度进行对比分析，从图像本身寻找文化交流的脉络，探究该地域藏汉文化如何碰撞、共存，并最终融合的过程。图像学的目的在于，"发现和解释艺术图像的象征意义和基本内涵，揭示图像在各个文化体系和各个文明进程中的形成变化及其所表现和暗示出来的思想观念，以及图像形式所包含的宗教、审美等诸多因素。"[①] 河湟地区建筑彩画的变化发展与藏汉文化交流密不可分，对其艺术风格形成的流与变运用图像学的方法，进行美术风格学的研究，将有利于我们形象地认识藏汉交流的历程。

（3）从文化人类学、建筑彩画艺术学科体系的角度出发，对地方文献、历史文献、建筑文献资料，进行收集和分析。结合实地考察，寻找建筑彩画发展变化与相应时代和地域的自然环境、政治、经济、民族、宗教、民俗、科技之间的关系，挖掘在此过程中民众审美心理的变化。分析该地域建筑彩画变化发展的外因和内因。

---

① 李青《艺术文化史论考辨》.西安：三秦出版社，2007.P144.

（4）察识到河湟地区建筑彩画在该地域文化发展中的地位，对其艺术风格形成的流与变进行美术风格学的研究，探索建筑彩画与藏汉文化交流的共生关系，形象具体地了解藏汉文化交流的历程。

3 研究基础

对河湟地区古建筑文化的研究，离不开对该地域总体文化背景的研究。20世纪60、70年代，一些学者相关的考察研究开始零星地出现；20世纪80年代，对这一地域文化的研究逐渐增多，主要是针对该地域文化个体的考察、研究；20世纪90年代至今达到了研究的繁荣阶段，出现了对这一地域文化多角度的研究，更可贵的是出现了对建筑文化系统性的研究。

总体归纳来看，与本论文相关的前人研究成果按照内容主要有：

（1）对该地域的社会、历史、宗教、政治、民族、艺术等方面的研究成果，他们作为本论文研究的整体性知识背景是必不可少的，为本论文研究提供了一个时空和文化的坐标。其中宏观性专著有：

王森：《西藏佛教发展史略》（1987）；

[英]马林诺夫斯基：《文化论》（费孝通译，1987重印本）；

智观巴·贡却乎丹巴绕吉：《安多政教史》是一部卓越的史学专著，作者从1833年开始，历时32载完成，是国际藏学界研究安多藏区的重要文献，本论文以吴均译的汉文版为参考（1989）；

常青：《西域文明与华夏建筑的变迁》（1992）；

冉光荣：《中国藏传佛教寺院》（1994）；

周伟洲：《西北民族史研究》（1994）；

洲塔：《甘肃藏族部落的社会与历史研究》（1996）；

魏长洪：《西域佛教史》（1998）；

郝苏民：《甘青特有民族文化形态研究》（1999）；

王继光：《安多藏区土司家族谱辑录研究》（2000）；

李翎：《藏传佛教图像研究》（2002）；

丹曲、谢建华：《甘肃藏族史》（2003）；

刘夏蕾:《安多藏区族际关系与区域文化研究》(2003);

杨建新:《中国西北少数民族史》(2003);

侯丕勋、刘再聪:《西北边疆历史地理概论》(2007);

[英]罗伯特·比尔著,向红笳译:《藏传佛教象征符号与器物图解》(2007)。

个体专题性研究成果主要有:

谢佐:《青海乐都瞿昙寺考略》(1979);

东嘎·洛桑赤列著,唐景福译:《论西藏政教合一制度(一、二)》(1982);

赵鹏翥:《连城鲁土司》(1994);

王继光:《安多藏区僧职土司初探》(1994);

彭措:《西北汉族河湟支系的形成及人文特征》(1999);

杜常顺:《明清时期河湟洮岷地区家族性藏传佛教寺院》(2001);

夏春峰:《甘肃连城妙因寺及其相关寺院探研》(2003);

郭永利:《甘肃永登连城蒙古族土司鲁氏家族研究》(2003);

贾霄锋:《藏区土司制度研究》(2007);

丁柏峰:《河湟文化圈的形成历史与特征》(2007);

王文元:《鲁土司衙门:明代汉藏佛教文化大发现》(2009);

徐世栋:《青海瞿昙寺区域性政教合一制度的确立与发展》(2009)等等。

以上这些研究成果成为本论题研究立足的整体文化背景支撑和参考,另外所涉及的各地域的地方志也是本论题必不可少的参考资料。

还有相关的一些艺术学方面的研究成果有:

王进玉:《青海瞿昙寺壁画实测及其有关的问题》(1990);

王进玉,李军,唐静娟,许志正:《青海瞿昙寺壁画颜料的研究》(1993);

央巴平措多杰:《藏族美术之度量法与彩绘技术基础》(2006);

彭德:《中华五色》(2008);

金萍:《瞿昙寺壁画的艺术考古研究》(2012)。

首都师范大学、故宫博物院对甘青地区的藏汉美术进行了一系列考察,谢继胜、廖旸《甘肃永登妙因寺、感恩寺壁画与彩塑》(2004),谢继胜、廖旸《青海乐都瞿昙寺瞿昙殿壁画内容辨识》(2006)，谢继胜、廖旸《瞿昙寺回廊佛传壁画内容辨识与风格分析》(2006)，刘科《瞿昙寺回廊佛传壁画研究》(2007)，邢莉莉《明代佛传故事画研究》(2008)，魏文《甘肃红城感恩寺及其壁画研究》(2009)，谢继胜《汉藏佛教美术研究2008》(2010)等，是针对该地域的绘画、雕塑等藏汉美术的研究，这些关于艺术学本体的研究成果有助于对比本论文的研究对象。

(2)基于建筑学角度，对藏汉建筑及其彩画的研究。部分宏观成果有：

刘敦桢：《中国古代建筑史》(1984)；

中科院自然科学史研究所主编：《中国古代建筑技术史》(1985)；

常青：《中华文化通志·建筑志》(1998)；

梁思成：《梁思成全集》一、二、六卷(2001)；

马瑞田：《中国古建彩画艺术》(2002)；

沈福煦、沈鸿明：《中国建筑装饰艺术文化源流》(2002)；

杨嘉名、赵心愚、杨环：《西藏建筑的历史文化》(2003)；

孙大章：《中国古代建筑彩画》(2006)；

[日]伊东忠太著，刘云俊、张晔译：《中国古建筑装饰(上)》(2006)；

何俊寿：《中国建筑彩画图集》(2006)；

梁思成：《清式营造则例》(2006)；

西藏拉萨古艺建筑美术研究所编著：《西藏藏式建筑总览》(2007)；

陈耀东：《中国藏族建筑》(2007)；

丁昶：《藏族建筑色彩体系研究》(2009)；

梁思成：《图像中国建筑史》(2011)等等。

关于古建筑彩画的主要研究文章有：

杨建果，杨晓阳：《中国古建筑彩画源流初探(一、二、三)》(1992、1993)；

郑连章：《紫禁城建筑上的彩画》(1993)；

吴葱：《旋子彩画探源》(2000)；

陈晓丽：《明清彩画中"旋子"图案的起源及演变刍议》(2002)；

吴梅：《〈营造法式〉彩画制度研究和北宋建筑彩画考察》(2004)；

李路珂：《〈营造法式〉彩画研究》（2006）；

高晓黎：《传统建筑彩作中的榆林式》（2010）。

以上这些代表性研究成果是对古建筑彩画领域整体基本的认识，也是本论题重要的技术支持和研究依据。

针对该地域古建筑艺术研究的专著有：

陈梅鹤：《塔尔寺建筑》（1986）；

蒲文成：《甘青藏传佛教寺院》（1990）；

宿白：《藏传佛教寺院考古》（1991）；

姜怀英、刘占俊：《青海塔尔寺修缮工程报告》（1996）；

谢佐：《瞿坛寺》（1998）；

格桑本：《瞿昙寺》（2000）；

旺谦、丹曲：《甘肃藏传佛教寺院录》（2000）等。

重要学术文章有：

张驭寰、杜仙洲：《青海乐都瞿昙寺调查报告》（1964）；

张君奇：《青海乐都瞿坛寺》（1998）；

李卫：《汉式建筑风格的喇嘛庙——瞿昙寺》（1999）；

苏得揩：《瞿昙寺历史及其建筑艺术》（2001）；

筱华、吴莉萍：《河西走廊的古建筑瑰宝——甘肃永登鲁土司衙门》（2004）；

吴葱、程静微：《明初安多藏区藏传佛教汉式佛殿形制初探》（2005）；

张宝玺：《永登海德寺和红城感恩寺调查研究》（2006）；

吴葱、李洁：《甘肃永登连城雷坛探赜》（2006）；

李越、刘畅、王时伟、孙闯、雷勇：《青海乐都瞿昙寺隆国殿大木结构研究补遗》（2010）；

谢继胜、魏文：《甘肃省红城感恩寺考察报告》（2010）；

罗文华、文明：《甘肃永登连城鲁土司属寺考察报告》（2010）等等。

这些研究成果是对河湟地区古建筑本体的地域性研究，与本论文的研究对象直接相关。

（3）另外，自上世纪90年代至今，天津大学在甘青地区进行了长期的古建筑测绘专项研究。吴葱《青海乐都瞿昙寺建筑研究》（1994）就是重要成果之一，其中有关于瞿昙寺建筑彩画的专题论述。2001年，国家自然科学基金项目"甘青地区传统建筑及其保护研究"推出了一批相关研究成果。唐栩《甘青地区传统建筑工艺特色初探》(2004),程静微《甘肃永登连城鲁土司衙门及妙因寺建筑研究——兼论河湟地区明清建筑特征及河州砖雕》(2005),樊非《青海黄南隆务寺及其附属寺院建筑研究》(2005),阴帅可《青海贵德玉皇阁古建筑群建筑研究》(2006),李江《明清甘青建筑研究》(2007)等硕士学位论文。这些研究成果从建筑学角度出发,较为集中地对甘青建筑进行了建筑测绘考察。

以上所举只是诸多研究成果中的一部分,综观前人研究成果,可以看到河湟地区文化研究已逐渐进入人们的眼帘,并且已有了很大研究成效。但是针对该地域古建筑的研究,学者们较多宏观地关注藏汉交流中古建筑的类型、布局、结构、形制等建筑本体。相对而言,综合了绘画和建筑两种艺术的建筑彩画较为微观,学者们对它只是作为建筑装饰的一方面给予介绍,没有引起学界足够的重视。目前还没有学者对此进行过专题性研究,更没有对该地域建筑彩画发展变化的脉络进行过系统探究。因此,笔者认为本论题在基于前人的研究基础之上,有着很大的延深空间。

另外,根据本文研究范围,需对文中涉及到的字词说明:

①斗栱:也写做"枓栱","斗拱",根据《明史》等文献,本文统一为"斗栱"。

②三亭式:也写做"三停式","三段式","三廷式",本文统一为"三亭式"。

③枋心:有些文献也写做"方心"。

④找头:亦写做"藻头"。

⑤苯教:在一些文献中也翻译为"本教"、"笨教","苯波教"、"苯蕃",本文统一为"苯教"。

⑥曼荼罗:有些文献也译做"曼陀罗"。

4 河湟地区建筑文化的人文生态环境

4.1 河湟地区的自然、地理环境

地理环境是一个民族和民族文化形成的基本因素，不同的地理生态环境造就了色彩纷呈的区域文化，也是民族区域生成的客观条件。生态人类学认为，一种特定的生态环境孕育一种特定的人文环境，人们对环境的认知、感受和经验决定着人们对环境的态度。各民族在长期历史发展的过程中，均形成了适应各自生存环境的行为、观念、态度和生活方式。①"人类通过劳动创造了自己的文化，再通过文化求得自己在自然界中的生存和发展，所以就某种意义而言，可以将文化看成是人类适应自然的一种手段。"②所以认识一个地域的文化，与其地理生态环境的认识和分析是不可分离的。作为建筑彩画这一文化现象，更是与其特定的自然地理状态不可分离。

从表1可以看到，本文涉及的地域以现在的行政划分区域，具体包括青海省的乐都县、西宁湟中县，甘肃省的永登县、天祝县、夏河县等五县。这五县从西向东，自南向北，构架起了河湟地区的地理范围。河湟地区是黄河流域人类活动最早的地区之一，这里河谷间肥沃的土地，便于灌溉的水系，为先民们的生存发展提供了相对良好的自然条件。

"河湟"地区名最早出现在汉代，据《汉书》记载：汉宣帝神爵元年（前61），赵充国经青海湖以东羌人居住地区，《赵充国辛庆忌传第三十九》记载："臣谨条不出兵留田便宜十二事……至春，省甲士卒，循河湟漕谷至临羌，以视羌虏，扬威武，传世折冲之具，五也。"③此处之"河湟"地区名，是正史文献中的最早出典。后在《后汉书·西羌传》中有载："乃度河、湟，筑令居塞"的记载。该地区又称为"三河间"地区——《后汉书·西羌传》记载："遂俱亡入三河间"，《续汉书》释曰："今此言三河，即黄河、

---

① 何泉《藏族民居建筑文化研究》. 西安建筑科技大学博士学位论文，2009. P56.
② 童恩正《人类与文化》. 重庆：重庆出版社，2004. P49.
③ （汉）班固《汉书》第9册，卷六十九《赵充国辛庆忌传第三十九》. 北京：中华书局，1962. P2987.

赐支河、湟河也。"① 由此看来，自汉代开始，河湟地区便成为一个以二水相连形成的专有的地理名称，而跨越了行政区域划分，后来在文化领域也沿用此称。

（1）地形与气候

河湟地区的地形存在着区域间的差别。河湟东北部即祁连山东段以南山区，以及西南部的甘南高原，海拔在3000—4000米左右，其中夏河县海拔2931米②；乐都、西宁、湟中为高原盆地区，既有高海拔山区，也有海拔在2000—3000米之间浅山地区③；黄河和湟水谷地，地势低平，为黄土丘陵区，海拔在2000米左右，大通河和庄浪河沿岸的永登县海拔为2400—1800米之间④。形成西南、西北高海拔，东南、东北中间河谷为盆地区域，以海拔形成三个阶梯（图2）。地形相差较大，使得气候呈现出多样性。海拔的差异与气候的多样共同形成了该地区兼有农耕文明与游牧文明。

图2 河湟地区地形图⑤

---

① 《后汉书》第10册，卷八十七《西羌传第七十七》. 北京：中华书局，1965. PP2875—2876.
② 甘肃省夏河县志编纂委员会编《夏河县志》. 兰州：甘肃文化出版社，1999. P130.
③ 侯丕勋，刘再聪《西北边疆历史地理概论》. 兰州：甘肃人民出版社，2007. P52.
④ 永登县地方志编纂委员会《永登县志》. 兰州：甘肃民族出版社，1997. P86.
⑤ 根据逛网全国地形图进行截取，http://www.guang.net.

河湟地区属我国内陆高原干旱气候区，整体气候寒凉，日照时数多，太阳辐射强。冬季长逾半年，春秋相连，常年无夏区，冬季雨雪少、寒冷时间长。春季升温快，冷暖变化大。夏季降水集中，年平均降雨量319.2—531.9毫米，6—9月都是雨季。秋季降温快，初霜来临早，无霜期较短。气温年、日相差均大。① 河谷地带为主要的农业区，气候温暖湿润，农作物比较多样化，生长季短，大部分为为一年一熟制。如在湟水中部的湟中、西宁、民和、乐都的几个县市，以浅山地为主（约占耕地70%），农作物比较多样化。主要作物是小麦、豌豆、青稞、洋芋、燕麦、油菜、亚麻、蚕豆等。② 而夏河县地高气寒，谷宽坡缓而土层较厚，气候的主要特点是高寒低温，冷暖变化大，湿润多雨，雨雪很多。所以该地区以牧业为主，而林、农业为副。③

高海拔地区是游牧文明形成的基础，河谷地区多种类的农作物形成了该地区的农业文明。因此，该地区具有农耕文化与游牧文化过渡性的文化特点。

（2）河流水系

河湟流域水系发达，黄河为干流，主要支流为湟水，还有其他众多小支流。便利的河流水系为大型建筑所用的木料等物质材料提供了运输条件。

黄河从河湟地区南境自西向东流过，流经地段长达300公里。湟水发源于青海省海晏县包呼图，东南流经西宁市，在今甘肃省兰州市西的达家川注入黄河，长349公里。④ 湟中和乐都两县分别位于湟水上中游，大通河与庄浪河经过永登和天祝两县，夏河县城位于大夏河上游北岸。

大通河是湟水的支流，《汉书》称浩亹水⑤，亦称合门水。发源于疏勒南山东段，青海省祁连县内的沙果林那穆吉木岭。东流名唐莫日曲，入大通县后始称大通河。东南流，自大龙沟下，流经天祝、永登县境，过连

---

① 冯绳武《甘肃地理概论》. 兰州：甘肃教育出版社，1989. P192.
② 胡序威等《西北地区经济地理 陕西、甘肃、宁夏、青海》. 北京：科学出版社，1963. P161.
③ 冯绳武《甘肃地理概论》. 兰州：甘肃教育出版社，1989. P225.
④ 侯丕勋，刘再聪《西北边疆历史地理概论》. 兰州：甘肃人民出版社，2007. P52.
⑤ "浩亹水出西塞外，东至允吾入湟水。莽曰兴武。"（汉）班固《汉书》第6册，卷二十八. 北京：中华书局，1962. P1610.

城,再南入兰州市红古区,过享堂峡入湟水①。

庄浪河,《汉书》称乌亭逆水②,又名丽水。上游名金强河,源于天祝藏族自治县得泉山南麓,东南流,自界牌村附近入永登县境。至兰州市西固区河口村注入黄河③。

大夏河为黄河上游的支流。《汉书》称"离水"④,藏语称"桑曲",发源于夏河县西南部甘青边界之大日合卡山,横贯夏河县城,至临夏回族自治州永靖县莲花乡,汇入黄河的刘家峡水库⑤。

河湟地区的湖泊主要是青海湖,《汉书》称"仙海"⑥,蒙语称"库库诺尔",藏语叫"错温波"。是我国最大的咸水湖,面积达4456平方公里⑦。青海湖沿岸地区广阔,是优良的天然牧场。

(3) 生态植被状况

在西汉之前,河湟地区是一片原始森林与草原的分布地区。这一地区直至今日仍有大面积森林存在。在《后汉书·西羌传》中有载:"河湟间少五谷,多禽兽,以射猎为事。"⑧西汉赵充国屯田河湟地区时,称当地"地势平易";羌人居住处有"美地荐草",为"肥饶之地"。"荐草",颜师古释为"稠草"。赵充国还曾令"部士入山。伐材木大小六万余枚,皆在水次"⑨(即"材木"伐自山根河流沿岸地方,可借水漂流浮运出)。

西汉之后,历代在该地域进行开垦、屯田农耕,对河湟地区的原始森林和草原进行了改变。大通河流域宋代有南宗堡,藏语意思是有森林的城堡。森林遍布,地理学将这一带称做"森林带";其地气候适宜树木生长,大通河水质清,《安多政教史》亦有"浩门河(即大通河)原来称为清水

---

① 永登县地方志编纂委员会《永登县志》.兰州:甘肃民族出版社,1997.P98.
② "乌亭逆水出参街谷,东至枝阳入湟。"(汉)班固《汉书》第6册,卷二十八.北京:中华书局,1962.P1610,在兰州市地方志编纂委员会《兰州市志第1卷·建置区划志》中记载:《汉书·地理志》和《水经注》都说逆水至枝阳入湟水。然而今庄浪河不入湟水而入黄河,清人已辩其误。兰州:兰州大学出版社,1999.P256.
③ 永登县地方志编纂委员会《永登县志》.兰州:甘肃民族出版社,1997.PP98—99.
④ "离水出西塞外,东至枹罕入河。"(汉)班固《汉书》第6册,卷二十八.北京:中华书局,1962.P1611.
⑤ 甘肃省夏河县志编纂委员会编《夏河县志》.兰州:甘肃文化出版社,1999.P168.
⑥ (汉)班固《汉书》第6册,卷二十八.北京:中华书局,1962.P1611.
⑦ 侯丕勋,刘再聪《西北边疆历史地理概论》.兰州:甘肃人民出版社,2007.P53.
⑧ 《后汉书》第10册,卷八十七《西羌传第七十七》.北京:中华书局,1965.P2875.
⑨ 侯丕勋,刘再聪《西北边疆历史地理概论》.兰州:甘肃人民出版社,2007.P53.

河……"的记载①。据《丹噶尔厅志》载：丹噶尔厅（今湟源县）境内林木"除修建庙宇所用松木巨材，远自他境外，其余宫室器用材木，皆取给于境内，每岁所伐至数千株，然森林占地亩数原非丈量，而得农田种植之树又非株株而数也。"②可见该地域历史上具有丰富的森林资源，为当地修建大规模的建筑提供了木材条件。

康敷镕《青海纪》又载：黄河"两岸杉树成林，河南完受寺汪什科先木多一带，天然林木极盛…林木茂密，松柏杨柳之属，皆中巨室之材，千百年前之物也，……惜蒙番不解培植之法、保护之法……任商贩采伐，日形减少，近黄河处，尤有濯濯之虞也。"③后代对森林的利用和农垦对植被有所改变，但是高地等不适合耕种之处还是保留了较好的植被。

该地区历史上良好的植被状况为修建大规模的建筑提供了木材物质基础，但是随着后代人口的增加，耕地的扩大，修建规模的增加，对原有的自然林木资源有一定的破坏性。

在当代文献记载中看到：永登县的植被由南部和东南部的荒漠化草原、干草原，向西北逐渐变为森林草原。在西北部的石质山地，植被具有明显的垂直地带性分布规律④。夏河县境内因高寒湿润，自东至西为温带森林草原垂直带、向高寒草甸灌丛与高山草甸荒漠的过渡带⑤。天祝县境内森林覆盖率为26.8%⑥。乐都县与湟中县都是青海省的主要产粮县，因其气候适宜，并且后代重视植树造林，在天然森林的基础上，进行了人工造林，因此森林覆盖较好⑦。

河湟地区自然地理的低海拔向高海拔过渡条件是植被多样化的基本条件，也是形成气候多样性的因素之一。丰富的草甸、森林覆盖为建造大型

---

① 宋秀芳《宋代河湟吐蕃地区历史地理问题探讨》，《藏学研究论丛》第5辑．拉萨：西藏人民出版社，1993，P190。

② 《丹噶尔厅志》卷3《森林》．《中国西北文献丛书》第55册．转自侯丕勋，刘再聪《西北边疆历史地理概论》．兰州：甘肃人民出版社，2007．P56.

③ 康敷镕《青海纪》"森林"条，《中国西北文献丛书》第55册．转自侯丕勋，刘再聪《西北边疆历史地理概论》．兰州：甘肃人民出版社，2007．PP56—57.

④ 永登县地方志编纂委员会《永登县志》．兰州：甘肃民族出版社，1997．PP108—109.

⑤ 冯绳武《甘肃地理概论》．兰州：甘肃教育出版社，1989．P223.

⑥ 天祝藏族自治县概况编写组《天祝藏族自治县概况》．兰州：甘肃民族出版社，1986．P19.

⑦ 参考青海省测绘局《青海省地图册》内部用图，1990．PP26—28，记载乐都县有天然森林29.24万亩，人工造林6.96万亩，湟中县有林地46万亩。

木构建筑提供了基本的物质条件,而发达的水系及河谷平坦之地为当地交通运输提供了基本条件,也为文化的交流提供了便利条件。

4.2 河湟地区的历史背景

(1) 历史沿革

据考古发掘,河湟地区早在新石器时代就出现了卡约文化、马家窑文化和齐家文化等较为发达的原始文明。这些远古文化是由生息于青藏高原古老民族羌人所创造的①。

秦始皇二十六年(公元前221年)统一全国,"初并天下为三十六郡"②,河湟之地东部属陇西郡管辖。河湟地区有着极为重要的军事地位,可西控"塞外诸卫","北拒蒙古,南捍诸番",东卫关陇,乃"用武之重地,河西之捍卫。"③

汉因秦制,汉武帝时,湟水一带是汉军北击匈奴的军事驻地。修筑军事据点西平亭(西宁),设置临羌县(西宁以西)和破羌县(青海乐都以东),由此将河湟诸羌纳入中央王朝疆域。西汉末年,王莽改制,开土拓边,设置西海郡。东汉在河湟复置护羌校尉,设金城郡④。

公元3到6世纪,河湟地区先后被辽东慕容鲜卑的吐谷浑政权(329—663年),鲜卑秃发部的南凉政权(397—414年)统治。此外,对河湟地区产生影响的还有前凉、后凉、西凉、北凉、西秦等割据势力。北魏、北周时在湟水地区设鄯州(今乐都)。

隋唐时期在河湟设鄯、廓二州。吐蕃并灭吐谷浑(663年)后,唐蕃双方以河湟地区为前沿展开对峙。安史之乱后,陇右、河西各地为吐蕃统治。公元11世纪,中原宋代,河湟吐蕃为唃厮啰政权(1032—1104年)所统一。西夏政权在1136年短暂统治过西宁州、乐州、廓州等河湟之地⑤。

---

① 丁柏峰《河湟文化圈的形成历史与特征》.《青海师范大学学报》,2007(06).P68.
② 《史记》,卷5《秦本纪》.北京:中华书局,1963.P220.
③ 杨应琚《西宁府新志》卷之三十五艺文志.台湾:文海出版社印行,1966年六月初版. P1354.
④ 彭措《西北汉族河湟支系的形成及人文特征》.《青海民族学院学报》,1999(04).P34.
⑤ 公元1038年,元昊称帝大夏国时,其疆域东临黄河,西至玉门关,南迄萧关(今甘肃环县北),北抵大漠。杨蕤《西夏地理研究》.北京:人民出版社,2008.P1,P127.

蒙元立国，公元1264年，忽必烈在政府中设立宣政院，将藏族地区划分为三个宣慰司，其中吐蕃等处宣慰使司都元帅府治所在河州门（临夏市）[①]，以章吉驸马为宁濮郡王驻西宁。随着陇右至河西一带边防意义的消失，建立了独立的甘肃行省。河湟地区分属于陕西行省、甘肃行省、吐蕃等处宣慰司。

明初，中央政府在河湟地区大力推行"屯田"政策，正式建立土司文武职官制度，巩固了明王朝在河湟地区的统治。明代曾废甘肃省，由陕西右布政司、陕西都司及陕西行都司分领省境各地，河湟地区属陕西行省。

清初，基本沿用了明代在河湟地区的政策。至清光绪二年（1876年）陕甘明确分省，河湟地区行政归属甘肃行省。

民国十七年（1928）青海正式建省，将西宁、大通、乐都、循化、巴燕、湟源、贵德七县划归青海省，河湟地域才分属于青海、甘肃两省，直至今日。

从以上历史沿革来看，河湟地区在历史上一直是整体的一个地域范围，在1928年之前，同属于一个行政省属，所以在其地区内的各类交流自然很频繁，形成了文化上的整体性和统一状态。

（2）各县区划

约在公元前二十一世纪至公元前十一世纪，河湟地区在《禹贡》中为雍州地[②]，先秦时期多为羌人居住之地。下面将自西汉开始，至1949年本论题所涉及的七个县市历史建置沿革进行整理（表2），以厘清相关地区在历史各时期的名称变化，方便后文表述。

[①] 贾霄锋《藏区土司制度研究》. 兰州大学博士学位论文，2007. P43.
[②] 《禹贡》是我国最早的综合性地理文献，其中记录了雍州为"黑水、西河之间"，见龚胜生《〈禹贡〉地理学价值新论》.《华中师范大学学报》，1993（12）. P540.

表2 相关各地历代建置沿革表①（公元前206—公元1949年）

今地名 朝代及年代	西宁市	乐都县	湟中县	天祝县	永登县	夏河县	兰州市
西汉（前206—24年）	西平亭	破羌县	临羌县	令居塞	枝阳县、允街县、浩亹县	白石县西南	金城郡
唐/吐蕃（618—907年）	鄯州鄯城县	湟州	隶陇右道	隶陇右道	广武县 金城县	河州永固县、乌州	兰州
元（1280—1368年）	西宁州	吐蕃宣慰司	南川伏羌堡	庄浪县/古浪	庄浪县	宣政院脱思麻路	兰州
明（1368—1644年）	西宁卫—1372	碾伯右卫所—1372	镇海/南川千户所	庄浪卫/古浪	庄浪卫	河州卫 河州府	兰州
清（1644—1911年）	西宁府—1725	碾伯县—1725	西宁县	庄浪所/古浪县	平番县	河州卫	兰州府 1738
民国年间（1912—1928年）	西宁道尹—1926	碾伯县	西宁县—1928	天祝乡—1936	平番县，庄浪理番委员	拉卜塄设治局—1926	兰山道 1913
1928—1949年	西宁市—1944	乐都县—1929	湟中县—1946	天祝区—1949	永登县—1928	夏河县—1928	兰州市 1941

① 该表依据资料：谭其骧《中国历史地图集》．上海：地图出版社，1982．青海省志编纂委员会《青海历史纪要》．西宁：青海人民出版社，1980．PP259—263．湟中县地方志编纂委员会《湟中县志》．西宁：青海人民出版社，1990．P34—35．永登县地方志编纂委员会《永登县志》．兰州：甘肃民族出版社，1997．PP47—51．甘肃省夏河县志编纂委员会《夏河县志》．兰州：甘肃文化出版社，1999．PP113—130．冯绳武《甘肃地理概论》．兰州：甘肃教育出版社，1989．PP25—29．兰州市地方志编纂委员会《兰州市志第1卷，建置区划志》．兰州：兰州大学出版社，1999．PP1—14．天祝藏族自治县编写组《天祝藏族自治县概况》．兰州：甘肃民族出版社，1986．PP1—3.

从上表中可以看到，自西汉对这七个市县进行设置以后，根据其在历史上军事政治经济的地位不同，中间经历了各个时代和民族的占领、分割、合并，对其建置有废有立，名称也多有变更。元代统一之后，这些地区的建置基本定型，经过明清两代得以进一步稳定。到1928年青海单独建省之时，这些地名基本确定，到1949年之后也在沿用，虽然在20世纪50年代个别地名有过变更，但都是暂时的，至今沿用的仍然是1949年之前确定的名称。

（3）交通

考察点涉及到现在的五个行政县，而西宁市与兰州市作为省府所在地，在政治军事上占有重要地位，也是中原进入河湟地区的交通关隘。从中原经过河湟地区河谷平坦之地，向西可以进入藏地，向西北可以进入河西走廊，通向西域。河湟地区的交通条件为中原与西北边陲之地的交流提供了基础，其军事政治的重要性也为历代统治者所重视，这也是该地区文化特色形成的因素之一。

秦汉时期形成了西北干线。由长安往西，沿渭水河谷或泾水河谷，逾陇山或六盘山，贯通河西走廊，通往西域各地[1]。在汉武帝元鼎六年（前111年），汉军西逐羌族，渡黄河、湟水，筑令居寨。王莽时期，从内地经过金城，沿湟水至青海的道路，成为内地与青海地区联系的主要干线[2]。河湟地区主要居住着诸羌，所以当时称"羌中道"。"羌中道"又称为"青海路"、"唐蕃古道"、"青唐路"、"河南道"等，都是为着指示该道由长安至兰州、河州，经过羌中，经过青唐城（西宁），经过日月山（赤岭），在黄河以南逶迤之吐蕃逻些（拉萨）[3]。《汉书·赵充国传》记载，赵充国在羌中与长安文书往来仅需七日，就是交通道路进一步拓展的结果[4]。

魏晋南北朝时期，从中原向漠北和西方的两条主要道路（河西路、居延路）皆为北魏所踞，于是青海路成为南朝与西域间的主要通道。这就使青海路上的河湟地区在东西贸易上处于重要地位。它的兴盛，一直持续到

---

[1] 邹逸麟《中国历史地理概述》.福州：福建人民出版社，1993. P215.
[2] 周伟洲《西北民族史研究》.郑州：中州古籍出版社，1994. P368.
[3] 李明伟《丝绸之路贸易史》.兰州：甘肃人民出版社，1997. P293.
[4] 李世华《陕西古代道路交通史》.北京：人民交通出版社，1989. P134.

隋朝大业年间①，隋炀帝西巡就是取临津关—鄯州—大斗拔古道至河西的②。

吐谷浑政权控制青海、西域南道时，该道称为"吐谷浑道"；吐谷浑当时被中原称为河南国③，所以又称为"河南道"。吐蕃时期通过该道与唐朝开展频繁的绢马贸易和互市，因此该道又称为"唐蕃古道"。唐朝两次遣文成公主、金城公主率大批杂伎、诸工、丝帛、农事入藏和亲，都是经由青海路的④。这是丝绸之路的第三条东西主干线⑤，吐谷浑、诸羌、吐蕃人与唐朝在此道进行密切的经济文化交流。

宋代"茶马互市"贸易，从今武威往南经古浪—打柴沟—永登一线是由河西走廊进入河湟谷地的最佳通道，即为宋人所讲的湟州境内的三处要害⑥之一。根据学者们的考证，其中永登连城与河桥驿之间在北宋时称作南宗堡，连城后来称做大同堡⑦，都是夏人出入河湟地区的交通要道。

元代全国遍设驿站，水陆交通十分发达。据至顺二年（1331）《经世大典》记载，驿站总数达1500多处，构成以大都（北京市）为中心的稠密交通网。驿站西面到达乌思藏境（西藏），其范围之广为前所未有⑧。在甘肃行省境内的驿道有三路长行站道、纳怜站道和诸王兀鲁思站道⑨。其中庄浪（永登县）、红城儿站（红城）都是重要的驿站。

明清时期形成了甘青之间的南北两线（驿道）。南线经过临洮府、河

---

① 周伟洲《西北民族史研究》.郑州：中州古籍出版社，1994.P370.
② 侯丕勋，刘再聪《西北边疆历史地理概论》.兰州：甘肃人民出版社，2007.P130.
③ （唐）姚思廉撰《梁书·卷54·诸夷传》.北京：中华书局，1973.P810.
④ 李明伟《丝绸之路贸易史》.兰州：甘肃人民出版社，1997.P277.
⑤ 该道路早在汉代已具雏形，至迟在4世纪前半叶，"青海路"已开辟。这条通道，西与丝绸之路中段的南道相连，东则主要与陇右段的南道（由长安沿渭河西行，过天水、临洮、经临夏过黄河到河西的路线）相接，由东向西，大致为：由临夏过黄河，西北方向行至乐都，再沿湟水西行至西宁，向西沿日月山经青海湖北面向西进入柴达木盆地北缘，至阿尔金山噶斯山口进入若羌。李明伟《丝绸之路贸易史》.兰州：甘肃人民出版社，1997.P194，P129，P275.
⑥ 《纪事本末》卷139引王厚奏文："湟州境内要害有三：其一曰'白扎当'，在州之南……；其二曰'省章'，在州之西，正当青唐往来咽喉之地……；其三曰'南宗寨'，在州之北，距夏国卓罗右厢监军司百里，而近夏人，交构诸羌，易生边患。"见周宏伟《连城古城新考——兼与赵朋柱同志商榷》.《西北师大学报（社会科学版）》，1990（05）.P81.
⑦ 综合参考周宏伟《连城古城新考——兼与赵朋柱同志商榷》.《西北师大学报》，1990（05）.P81.宋秀芳《宋代河湟吐蕃地区历史地理问题探讨》，《藏学研究论丛》第5辑.拉萨：西藏人民出版社，1993.P190.
⑧ 邹逸麟《中国历史地理概述》.福州：福建人民出版社，1993.P226.
⑨ 侯丕勋，刘再聪《西北边疆历史地理概论》.兰州：甘肃人民出版社，2007.P138.

州卫,循化厅、碾伯直达西宁府。北线从兰州沿庄浪河北上,经苦水驿、红城堡、大同堡到庄浪卫所,再向西沿大通河过连城地区的河桥驿、窑街、老鸦峡、乐都抵达西宁府①。乾隆四十五年(1780)六世班禅奉旨进京时由藏区进入汉地即是经由此线②。直到二十世纪初的民国二十四年(1935)民国蒙藏委员会派员护送班禅回藏,依然是走这条北线③。

河湟地区处在"甘新驿道"、"甘青驿道"等商贸驿道之上。明清甘新驿道——起自兰泉驿(兰州永昌路),经永登境内的八驿④,进入凉州直至新疆;明代称"西宁大边"的甘青驿道——自兰州起,沿甘新大驿道至永登。从永登过庄浪河西南行,经通远驿、渡大通河,入青海乐都至西宁卫。这条路线是明代甘凉、西宁两条边防路线相接而成,是甘青之间的主要干线驿道之一⑤。

本文所考察的乐都瞿昙寺、西宁湟中塔尔寺、夏河拉卜楞寺、永登连城鲁土司衙门、妙因寺、显教寺、天祝东大寺等古建筑群均处于古代交通关隘之处,连接内地与青藏,内地与河西走廊之间的重要驿站附近。在《御制瞿昙寺碑》记:自瞿昙寺建成后,"中国之人往使西域,及西域之人入朝中国者,至此而欲摅诚徼福,有归依之地焉。"可见这些寺院在方便礼佛僧官往来的同时,也使得寺院与外界之间、寺院互相之间,有着频繁

---

① 参见陈正祥《中国历史·文化地理图册》.东京:(株)原书房(日本),昭和57年(1983)4月30日,P117,图71明代的驿路和驿站。另可参见《明太祖实录》卷一百四十,洪武十四年(1382)十一月至十二月:"置庄浪西宁马驿四。庄浪卫二曰在城(庄浪卫所),曰大通河(河桥驿)。西宁卫二,曰在城(西宁城),曰老鸦城,每驿给以河州茶马司所市马十匹,以兵士十一人(广本作十二人),收之就屯田焉。"此条史料明确出了明代庄浪至西宁的驿路路线。

② 扎贡巴·贡却丹巴饶吉,吴均,毛继祖,马世林译《安多政教史》.兰州:甘肃民族出版社,1989. P133 "……班禅仁波且赴内地时,据说从塔尔寺启程,于西宁城短暂休息后,途经平中驿,正对此地的湟水彼岸,有白马寺经高店子渡过湟水,到了碾伯城,再经老鸦城,当天到达蒙古人叫腾格日达板的冰沟山,下山后在冰沟歇息。渡过从大通流下的浩门河,途径河桥驿、桃角驿,穿过红土深谷,由松山达隆寺的喇嘛执事和鲁土司等迎请到了庄浪城。由此经过一条长长的峡谷,由衮卓诺门罕图钦寺的夏仲、昂贝等迎请到平羌堡;接着由达隆寺、止贡寺、甲雅寺等迎请到松山。由此越过一座小山,经一些零星散布的村庄抵康果,越过大滩、小丘,穿过深谷断洞,到达三眼井……"

③ 马鹤天《甘青藏边区考察记》,《中国边疆学会丛书》.上海:商务印书馆,民国三十六年(1947).第二编.PP175—181.

④ 八驿站指:沙井驿、苦水湾驿、红城子驿、大通山口驿、在城驿、武胜驿、岔口驿、镇羌驿。永登县地方志编纂委员会《永登县志》.兰州:甘肃民族出版社,1997. P286.

⑤ 永登县地方志编纂委员会《永登县志》.兰州:甘肃民族出版社,1997. P286.

的交流和联系。这就为它们形成历史性的综合交流面貌提供了可能性。

（4）人口迁移及民族融合

河湟地区于西汉宣帝时期，从赵充国湟水屯田开始了大规模有组织的移民。西汉末年，王莽改制，"犯者徙之西海。徙者以千万数"[1]，罪犯谪边成为移民的一部分。东汉延续向河湟地区移民实边，将屯田上升到国策地位。实边民户中，关东下贫与秦雍世家并有[2]。随着军事的进展，汉族人口源源而来，将中原地区先进的农耕技术与文化、铁犁牛耕和代田法传入河湟谷地，该地区的农业"受到东部陕甘地区原始农耕文化的强烈影响"[3]。

魏晋南北朝时期，中原流民躲避战乱涌入河湟，同时青海道的兴盛吸引了大批商业移民的西来。而随着各民族割据政权的先后统治，汉、匈奴、鲜卑、氐、羌、柔然等民族由此走向共同融合，河湟地区经历了历史上第一次民族大融合的过程。

隋时经过移民和经营，河湟汉族人口有所增加。唐初随着贞观之治、开元之治和地方官吏的抚循安置，开拓经营，到盛唐时河湟汉族的农耕人口在5万以上[4]。

公元8—10世纪，吐蕃统治，包括河湟地区的河陇之地进入"吐蕃化"时期。以至到唐大中五年（851），沙州张仪潮收复河西河湟等十一州归唐时，史称"河湟之地遂悉为戎"。唐人杜牧有《河湟》一诗："牧羊驱马虽戎服，白发丹心尽汉臣"，汉人穿戎服，反映了该时期民族融合的特色是汉与吐蕃的涵化[5]。

蒙元在进军河湟地区的过程中不仅把大批蒙古人带到了这一地区，还迫使西亚地区大批信仰伊斯兰教的色目人迁居河湟。这些措施最终催生出回、撒拉、土、东乡、保安等诸多新的民族共同体[6]。形成了河湟地区历史上的第二次民族大融合。

---

[1] （汉）班固《汉书》第12册.《王莽传卷九十九上》.北京：中华书局，1964.P4077.
[2] 彭措《西北汉族河湟支系的形成及人文特征》.《青海民族学院学报》，1999（04）.P34.
[3] 崔永红《青海经济史》（古代卷）.西宁：青海人民出版社，1998.P4
[4] 彭措《西北汉族河湟支系的形成及人文特征》.《青海民族学院学报》，1999（04）.PP34—35.
[5] "涵化"指两个或两个以上不同文化体系间发生持续接触而导致一方或双方原有文化模式的变化现象，往往是"两种文化的元素混合和合并的过程"。冯瑞《从文化视角探讨蒙古族民族过程的特点》，王希恩主编《民族过程与中国民族变迁研究》.北京：民族出版社，2011.P437.
[6] 丁柏峰《河湟文化圈的形成历史与特征》.《青海师范大学学报》，2007（06）.P69.

至明代，为了恢复国力，对移民屯田高度重视，并辅以明确的法规制度。从江淮湘蜀、冀晋秦陇等地大批向河湟移民，多数是举族而迁，也有谪垦罪囚。随着大量汉人的迁徙，一度几乎中断的边陲文化交流重新活跃起来，出现了自两汉以来的又一次高潮。据有关文献记载，明中期河湟汉族人口达到约25万余，出现了"各处流民久住成业"的现象①。明初蒙元脱欢旧部的鲁土司定居连城，万历三十年（1602），八世土司鲁光祖从南京大教场总理提督离任时带回一些人定居永登县。同时还有原籍南京朱市巷苏氏、高氏等，跟随鲁氏来庄浪定居②。

清代的屯田开始于清政府对准格尔的用兵，另外还通过商贸、流民和招募移民实边等方式进入河湟、安多地区。据《清实录》载，罗卜藏丹津事件平定后，依年羹尧奏请，从内地迁入不少汉族农民。到乾隆十一年察审人丁时，河湟支系此时约有36万多人。到咸丰、同治时湟水流域地区，汉族人口已发展到46万以上。清以来，自发的迁徙一直没有间断，青海成为政治流亡及自发移民的渊薮③。自此，明清以来河湟地区的"汉化"过程逐渐完成。

河湟地区在历史上经历了各个时代多民族的变迁，到元、明、清时期河湟地区民族分布格局定型，也是河湟文化圈最终形成的一个重要时期。河湟地区经历了长期的各民族争夺分割之后，在统一的元明清三个朝代，逐渐形成了汉文化、藏传佛教文化、伊斯兰教文化三大文化系统并存，汉、藏、回、蒙古、撒拉、土、东乡、保安等近十余种民族文化杂陈的多元鼎立、兼容并包的文化格局。其中包括汉族在内的各族人民在河湟地区的历史上都起着不可缺少的作用，通过军事、商贸的往来，汉族人口在迁移过程中，其农耕技术、物种以及建筑、服饰、艺术等文化也随之一起进入该地区。而吐蕃在此地统治时间较长，其政治、宗教、服饰等文化也通过该地区走向中原。两次民族大融合在此地留下了影响深远的文化痕迹。民族融合是形成河湟文化多样性面貌的一个重要因素，各民族在保持

---

① 彭措《西北汉族河湟支系的形成及人文特征》．《青海民族学院学报》，1999（04）．P35.
② 永登县地方志编纂委员会《永登县志》．兰州：甘肃民族出版社，1997．P136.
③ 梁份《秦边纪略》，青海人民出版社1987年版，第33、79页，"……汉人亡命者，咸萃渊薮"．转引自彭措《西北汉族河湟支系的形成及人文特征》．《青海民族学院学报》，1999（04）．P36.

自己特色的同时，更多地表现出文化的交流性和趋同性，在文化模式、价值观念等方面形成了普遍的认同。河湟文化的地域面貌特点体现在经济生活和文化艺术领域的方方面面，包括建筑及其彩画。

4.3 河湟地区建筑彩画的民族宗教文化背景

朱光亚在《中国古代建筑区划与谱系研究初探》文中根据地域建筑的特点，对中国古代建筑文化有一分区简图（图3）。河湟地区建筑在图中处于黄河文化圈，靠近藏文化圈的位置。

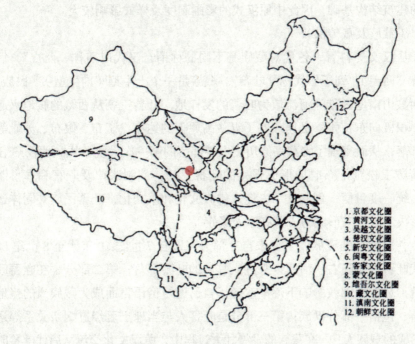

图3 中国古代建筑文化分区简图①

从历史沿革来看，河湟地区历史上经过了两次民族大融合，无论是吐蕃化，还是汉化的民族融合，都在一个时段内形成其文化特点。而纵观历史，这些阶段都在该地域留下了痕迹。河湟地区作为中原与周边地区的政治、经济、文化力量伸缩进退、相互消长的中间地带，故而形成了自己独

---

① 朱光亚《中国古代建筑区划与谱系研究初探》，陆元鼎《中国传统民居营造与技术》. 广州：华南理工大学出版社，2002. P8.

具特色的地方文化。

(1) 河湟地区建筑彩画的宗教文化背景

宗教除了传播其思想和教义外,还有传承文化的功能。①河湟地区在长期的历史发展中,各民族宗教文化都在当地产生了深远的影响,形成了藏传佛教、儒家思想、伊斯兰教等多宗教并存的、复杂边缘化的区域文化特征。首先是藏传佛教的影响,考察的大部分建筑都是藏传佛教寺院,建筑彩画体现着其宗教特性。另外汉族的道教及其他文化也有着一定的影响,考察中大部分建筑采用了汉式大屋顶结构,这是汉式建筑彩画赖以存在的建筑结构基础,因此中原汉式的彩画制度及样式影响较大。

①藏族及藏传佛教

从汉文史料看,各代对藏族有不同的称谓,汉代以前称"西戎",后来称"西羌",到了唐代称"吐蕃"。藏族是一个土生型(内生型)②民族,今西藏山南地区雅隆河流域为吐蕃的发祥地。吐蕃王朝从西藏的腹地兴起后,积极向东扩张,迅速兼并了青藏高原上的达布、工布、娘布、苏毗等诸部落,从而实现了青藏高原历史上各部落的第一次大统一③。到第33任吐蕃藏王松赞干布时期形成强盛的吐蕃王朝,创制法律及职官和军事制度,统一度量衡,创制文字,传入佛教文化和汉文化,吐蕃民族共同体逐渐形成(其后来形成为青藏高原的藏族)。④

甘青地区的藏族,主要来自三部分:即自7世纪60年代至8世纪60年代吐蕃占据陇右、河西以来进入甘肃的吐蕃部落;第二部分是在吐蕃政治统治和藏传佛教影响下逐渐改变了自己的习俗语言而成为藏族人的当地土著,包括一部分汉族;第三部分是吐蕃人与当地土著经过姻亲关系等逐渐形成的藏族人⑤。在藏族的发展壮大过程中,藏汉文化交流从唐代吐蕃时

---

① 郎维伟,郭小虎《蒙藏关系下的文化变迁和民族认同》.王希恩主编《民族过程与中国民族变迁研究》.北京:民族出版社,2011.P368.
② 土生型是指我国的少数民族先民自古以来就在中华大地上生息繁衍,她们一般都经过氏族→部落→部落联盟的发展过程,经历过族群群体的分化或组合,在形成方式上一般表现为原生态。廖杨《中国少数民族的形成类型及发展趋势》,王希恩主编《民族过程与中国民族变迁研究》.北京:民族出版社,2011.P287.
③ 洲塔《甘肃藏族部落的社会与历史研究》.兰州:甘肃民族出版社,1996.PP9—10.
④ 廖杨《中国少数民族的形成类型及发展趋势》,王希恩主编《民族过程与中国民族变迁研究》.北京:民族出版社,2011.P289.
⑤ 杨建新《中国西北少数民族史》.北京:民族出版社,2003.PP366—367.

期就已开始,其中藏传佛教所起的作用不容忽视,寺院代表了社会最高的传统文化水平。

佛教由两个方向传入吐蕃,从中原传入的主要是大乘佛教,从印度、尼泊尔传入的主要是佛教密宗。松赞干布的两位王妃——文成公主和赤尊公主都信奉佛教,松赞干布分别建立了大小昭寺以供奉她们带来的佛像,佛教得以在统治阶级上层中传播。

在佛教传入吐蕃之前,当地由产生于西藏象雄(今阿里地区)的苯教所统治,创始人辛饶·弥倭[①]。苯教崇拜自然力量,是"万物有灵论"的原始本土巫教。其祭祀仪式有占卜、驱鬼伏魔、盟誓丧葬、焚烧谷物给神灵煨桑等等[②]。苯教巫师在政府机构中享有极高的地位,并且其权力和职能渗透到藏族民间的婚丧嫁娶等一切社会生活和民俗习惯中。

佛教进入吐蕃之后,和苯教经过了两百多年的相互斗争。随后,佛教密宗和苯教开始互相结合渗透,苯教承认和吸收了大部分佛教经典,佛教吸收了苯教的诸多仪轨仪式,并将很多苯教神收作佛教护法,从而形成了以大乘佛教为主,始终坚持显密兼修的藏传佛教。藏族传统美术的许多题材内容和造型纹饰亦直接来源于苯教文化,苯教对藏文化面貌产生着决定性的作用。

根据藏传佛教的兴衰阶段,分为前弘法时期和后弘法时期。从公元641—841年的两百多年间是藏传佛教的前弘法期,正是吐蕃王朝的兴盛时期。在墀松德赞(742—797年)的大力支持下,767年建立了第一座真正的佛教寺庙——桑耶寺[③]。到吐蕃末年,朗达玛赞普开始了大规模的"灭佛"运动,藏传佛教在卫藏地区[④]经历了灭法时期(841—978年)。10世纪后期,当年出逃的高僧在安多地区推动了藏传佛教的发展,进入"后弘法期"。11世纪,西藏阿里古格王迎请印度那烂陀寺住持之一阿底峡[⑤]大

---

① 辛饶·弥倭的生卒年年代无法确切考证,史学界一般认为其生活在公元前5世纪左右.土观善慧法日著,刘立千译《宗教流派镜史》.兰州:西北民族学院研究室,1980.P185.
② 马晓军《甘南宗教演变与社会变迁》.兰州:甘肃人民出版社,2007.P54—55.
③ 天挺《西藏佛教及其教派简介》,中央民族学院藏族研究所编著《藏学研究文集》.北京:民族出版社,1985.P272.
④ 整个藏族地区分为卫藏法区、西康人区、安多马区三大区。三区又分为十三部。丹曲,谢建华《甘肃藏族史》.北京:民族出版社,2003.P192.
⑤ 阿底峡(梵文 Atisa,公元982—1054)古印度僧人、佛学家、藏传佛教噶当派祖师,汉名无极自在,出生于萨霍尔国(今孟加拉国达卡地区)。

师等赴藏传法，佛教真正在藏区获得高度发展。在后弘期，藏传佛教中先后出现了二三十种教派和教派支系，其中主要有宁玛派（红教）、噶丹派、萨迦派（花教）、噶举派（白教）等。至此，藏传佛教得到蓬勃发展，对政治、经济、哲学、文学、艺术、天文医学、建筑等领域都产生了巨大的影响，也是藏族传统建筑文化的理论支撑。

唃嘶啰时期在青唐、河湟洮岷等地广修佛寺，为佛教的广泛传播提供了更为优越的条件[①]。《宋史·吐蕃传》记载，此时佛教几乎处于国教的地位，僧人享有崇高的特权和地位，常常参预政事、军事活动，但同时苯教仍然是人们的信仰之一。元代以萨迦派为尊，昆·关却杰布于1073年创建萨迦派，经萨迦五祖弘扬而兴盛。1246年萨班贡噶坚赞奉蒙古阔端王之诏，前往凉州会谈西藏归顺蒙古事宜，自此，萨迦派赢得了蒙古贵族的信仰和支持[②]。八思巴（1239—1280年，藏名罗追坚赞）为萨迦派教主，忽必烈封其为国师，将藏传佛教确定为元朝国教。自此，萨迦教派走向辉煌，其势力波及卫藏、康区、安多地区以及蒙古、中原地区，进一步推动了藏、蒙、汉等民族间的文化交流。元朝统治者通过这种宗教联系，不仅满足着自身的宗教需要，而且有效地实施了对西藏的行政统治；西藏教派势力则同样以这种宗教联系为基础而在政治上紧紧依附于元朝统治者，并从元朝手中源源不断地获取了巨大的政治、经济和宗教利益[③]。

15世纪初，宗喀巴创立格鲁派，这是藏传佛教中形成最晚、目前最为强大的一个教派。1409年（明永乐七年）宗喀巴大师在拉萨东北建立甘丹寺，因此被人称为"甘丹寺派"，意译为善规派，又因该派僧人穿戴黄色僧衣僧帽，简称为黄教[④]。宗喀巴大师针对当时的宗教环境，进行宗教改革，要求僧人严守戒律，显宗密宗结合相修，得到了明清统治者的大力支持，使格鲁派占有了统治地位。明中期后大部分信奉萨迦派的地方势力纷纷改信格鲁派，形成了格鲁派的六大名寺——西藏的哲蚌寺、色拉寺、甘丹寺、扎什伦布寺，甘肃的拉卜楞寺，青海的塔尔寺。活佛转世制度始于

---

① 丹曲，谢建华《甘肃藏族史》. 北京：民族出版社，2003. P140.
② 才让《萨迦派在安多藏区的传播概述》，《藏学研究论丛》第5辑. 拉萨：西藏人民出版社，1993. PP57—61.
③ 石硕《西藏教派势力与元朝统治集团的宗教关系》，《藏学研究论丛》第5辑. 拉萨：西藏人民出版社，1993，PP93—94.
④ 王森《西藏佛教发展史略》. 北京：中国藏学出版社，2002. P178.

噶玛噶举派第二代祖师噶玛拔希（1204—1283年），格鲁派承袭了该制度，并立达赖、班禅两大活佛转世系统。以后藏传佛教诸派寺院普遍采用了活佛转世制，并受到明清两朝政府的承认、管理及册封。

随着藏传佛教的传播，其宗教仪式、造像艺术、建筑形制等文化向外传播到中原等地，这种传播在明清时期逐渐扩大，影响到中原各个地区及社会各个阶层。目前当地藏族、土族、蒙古族、裕固族和部分汉族信仰藏传佛教。

②汉地及其文化

河湟地区与河西走廊形成"T"字形交叉①，随着西汉以来历代中原人口的迁徙，加深了中原汉文化在河湟地区的影响。先进的农耕技术和文明是对该地区最重要的影响，而与其相伴的农业民族价值观念及其他各方面的汉文化亦随着人口而带入。同时，在历代皇帝的和亲、敕赐、赏赍过程中，将中原的礼制文化、建筑文化以及其他相关的儒家伦理文化、宗教文化及中原的世俗文化带入该地域。

明代中原地区从朱元璋开始，便极为重视道教。明世宗（1521—1566年）是崇道最盛的一个皇帝，他一反过去历朝皇帝佛道并重，或崇释甚于崇道的传统，对道教的崇奉达到登峰造极的地步。在此风气下，崇道风遍及全国各个角落。在河湟地区的永登鲁氏土司家族，在信仰藏传佛教的同时，积极崇道，其崇道的方式就是修建道观。因此在嘉靖年间由鲁氏修建或重修的道教宫观较为集中，现存有元真观和雷坛及永登县城的城隍庙。鲁氏对佛教和道教的作用有着深刻的认识，在鲁麟撰写的《敕赐感恩寺碑记》中写道："盖人生之化有三：曰释、曰道、曰儒，理本无二，其源亦同，……是故佛经般若心之章以明其性，道著五千之典以悟其真，儒述性理之传以复其善，以斯明真善三异，而虽言之有殊，其元元之微见厥于亦中而已。"将释、道、儒三者的关系进行了阐发，认为三教的本源一致，显然是宋元以来三教合一思潮的反映。鲁氏的信仰包括藏传佛教的神、道教的神，不仅如此，在祖先堂里还供奉着蒙古鞑靼三公、关公、旮旯爷等地方神。总之，在这个家族的信仰背后，其真实目的就是为了维护鲁氏的世袭统治特权。鲁氏在政治、经济、宗教三个方面占据了绝对优势，在庄

---

① 刘夏蓓《安多藏区族际关系与区域文化研究》.北京：民族出版社，2003.P120.

浪一带显赫之极，维系了近五百年的历史①。

（2）元、明、清时期中央政府对河湟地区的稳定统治

元、明、清时期的行政、民族宗教政策，对稳定的河湟地区文化形成有着关键性作用。藏传佛教作为吐蕃文化的支点和精髓，在11世纪的"吐蕃化"过程中得以广泛传播。经过了元代的发展，时至明代，藏传佛教已是藏族全民信仰的宗教。以寺院为宗教基地的各教派都有自己的寺院经济，有些十分强大。教派首领或是地方势力的首领，或与地方势力有密切不可分的联系，政教关系密切。宗教在该地区超越了意识领域，成了治藏时必须引以重视的政治问题。

①元时期：在元朝正式成立前九年即1252年，便设立了吐蕃宣慰使司都元帅府，1264年，设置了总制院，1288年改称宣政院，为专管全国少数民族地区政教事务的中央机构。元朝派宣慰使常驻西藏，设立驿站。在青海黄河以南、黄河河源以东直至今甘肃藏族自治州东部、四川阿坝藏羌族自治州北部地区，设置了朵思麻路、吐蕃等处宣慰使司都元帅府，以管辖当地的藏族②。

元政府对藏区采用了"因其俗而柔其人"的政策，大力扶植藏传佛教，通过宗教的力量来收揽人心。设官分职，僧俗并用，而军民通摄③。萨迦派教主八思巴先后被封为国师、帝师，建立了帝师制度④，在藏区推行政教合一、以教兼政。这不仅意味着中央政府对于藏区行政权力的开始，也成为藏文化在内地得到广泛传播的肇始。元政府在政治上征服和统治西藏，同时，西藏教派势力则在宗教上征服了元朝统治集团⑤。

元朝政府在甘肃藏区各地按部落首领的实力大小封授土司，部落首领的地位及承继要得到政府的承认才算合法，各部落向元朝官府承担兵役、差税等。

藏传佛教的萨迦派、噶举派等在此时期都不断派遣僧人到甘青各地，传授佛法，兴建寺院，传扬各派教法，河西走廊、湟水流域及洮岷地区的

---

① 郭永利《试论甘肃永登连城鲁土司家族的宗教信仰》，《青海民族研究》，2002（04）. PP77—78.
② 洲塔《甘肃藏族部落的社会与历史研究》.兰州：甘肃民族出版社，1996. P23.
③ 王继光《安多藏区僧职土司初探》.《西北民族研究》，1994（01）.
④ 谢铁群《历代中央政府的治藏方略》.北京：中国藏学出版社，2005. P49.
⑤ 石硕《西藏教派势力与元朝统治集团的宗教关系》，《藏学研究论丛》第5辑.拉萨：西藏人民出版社，1993. P92.

佛教寺院相继改宗藏传佛教，莫高窟、马蹄寺石窟、炳灵寺等久负盛名的汉地佛教中心成为藏传佛教的中心①。

②明时期：按明制，羁縻卫所归行都司统管。1374年在河州设西安行都指挥使司，总辖河州、朵甘、乌思藏三卫，甘青地区属陕西布政司管辖。中央政府对河湟地区大力推行"屯田"政策，有民屯、军屯、商屯三种②。屯垦实边和茶马贸易加强了青藏高原东北部的安多地区与陇右、河湟及河西地区的联系。

废除了元朝中央管理西藏地方事务的宣政院和帝师制度，在西藏地方沿袭郡县旧职，直接实行多封众建、贡市羁縻的政策，使西藏地方始终处于明朝中央的统一管理之下③。设立僧录司管理全国佛教事务，设立僧纲司作为土司的补充形式。这不只是一种宗教管理制度，其本质是一种"尚用僧徒"的僧官制度④。在政治、经济上大力扶持宗教上层，继续加强推行藏传佛教政教合一的统治政策。尊崇各派藏传佛教，不侧重一派一系，分别予以册封。分封噶玛噶举派、萨迦派、格鲁派的领袖为大宝法王、大乘法王、大慈法王，还封了大国师、国师、都纲、喇嘛等僧官。僧官的任免、继封都由明中央政府决定，并且一般准许僧官职位世袭⑤。这一宗教态度，激励了河湟地区的宗教上层。

明政府不仅在政治上密切了中央政府与河湟地区宗教上层的关系，而且在经济上同样给予了极大的优惠和支持。朝廷对进贡的番僧报以优厚的回赠，更不惜重金，赐封土地，敕建寺院，派兵护持。例如由朱元璋赐名的乐都县瞿昙寺⑥，创始僧人三剌喇嘛即因协助明军招抚流寇而被封西宁僧

---

① 先巴《元明清时期藏传佛教在甘青宁地区的兴衰》.《青海民族学院学报》，1999（03）.
② 李世华《陕西古代道路交通史》.北京：人民交通出版社，1989. P348.
③ 谢铁群《历代中央政府的治藏方略》.北京：中国藏学出版社，2005. P62.
④ 徐世栋《青海瞿昙寺区域性政教合一制度的确立与发展》.《青海师范大学学报》，2009（04）.P57.
⑤ 马文余《明朝前中期中央政府对藏族地区的治理》.《西藏研究》，1989（01），PP34—35.
⑥ 瞿昙寺洪武时赐寺额，见录于《太祖实录》卷二二五："[洪武二十六年（1393年）二月] 壬寅……西宁番僧三剌贡马。先是[洪武二十五年（1392年）]，三剌为书招降罕东诸郡，又创佛刹于碾白南川，以居其众，至是始来朝，因请护持及寺额。上赐名曰瞿昙寺。敕曰：自有佛以来，见佛者无不瞻仰，虽凶戾愚顽者亦为之敬信。化恶为善。佛之愿力有如是耶！今番僧三剌生居西土，蹼佛之道，广结人缘，辑金帛以创佛刹。比者，来朝京师，朕慕其向善慕义乏诚，特赐敕护持。诸人不许扰害，听其自在修行，违者罪之，故敕。"同书卷又记："（洪武二十六年三月）丙寅，立西宁僧纲司，以僧三剌为都纲……复赐以符曰……今设僧纲司，授尔等以官，给尔符契。其体朕之心，广修功德，化人为善，钦哉。"可见明初瞿昙寺即是西宁一带僧寺之首。宿白《永登连城鲁土司衙和妙因、显教两寺调查记》,《藏传佛教寺院考古》.北京：文物出版社，1996.P289.

纲司都纲，经洪武至宣德四代皇帝不断敕谕扩建；天祝县天堂寺，平安县夏琼寺和西宁市弘觉寺等都是随后所建。据不完全统计，明朝初期仅在西宁地区给予赐名的主要寺院有十一座之多[1]。

在元代土官制度的基础上，正式确立和完善了汉官与土官参治[2]的"土流参设"行政建制。在派驻流官的同时，任命当地各族头人、首领为土官，土司除对中央政府负担规定的贡赋和征伐任务外，在其辖区内保持原有的统治机构和权力[3]。土流官彼此间并无上下级关系，流官不参与宗教事务。甘青的藏、土、羌族地区皆封授了一些土司，如甘肃临洮赵土司、卓尼杨土司、永登鲁土司等。其中永登鲁土司始祖脱欢是蒙元旧吏，次子巩卜世杰于明洪武七年（1374）率部归附，三世土司失迦以军功被钦赐鲁姓。鲁氏在庄浪地区出资修建、扩建了许多藏传佛教寺院，以宣德二年（1427）赐名的"妙因寺"为首，包括了显教寺、嘎哒寺、东大寺、西大寺、宣化寺、大佛寺、海德寺在内的庞大寺院建筑群，并保持长期的供施关系。鲁氏具有广大的辖地，在经济上控制寺院[4]，弟子出家为僧[5]，家族势力实行了局部地区的政教合一。

③清时期：清政府在中央设置理藩院作为统辖少数民族事务的最高机构。1652年，五世达赖应召觐见顺治皇帝，次年，册封为"西天大善自在佛所领天下释教普通瓦喇但喇达赖僧人"，确立了达赖僧人的封号和其在西藏的政教地位[6]，也正式确立了清朝对西藏地方的统属关系。康熙六年（1667）分陕西行省为陕西、甘肃行省。甘肃省辖包括西宁卫在内的部分藏区，而青海西宁以西南、甘南大部分藏区在青海和硕特蒙古的统治之下。

---

[1] 张维光《明朝政府在河湟地区的藏传佛教政策述论》.《青海社会科学》, 1989（02）. P95.

[2] 王森《西藏佛教发展史略》.北京：中国社会科学出版社，1987. P237.

[3] 邹逸麟《中国历史地理概述》.福州：福建人民出版社，1993. P156.

[4] "由鲁迦勘布活佛管理十旗寺院，各寺长老由土司发俸粮，土司还给寺院划拨大片森林和土地。"赵鹏翥《连城鲁土司》.兰州：甘肃人民出版社，1994. P61.

[5] 十五世土司鲁纪勋的两个儿子分别出家做鲁迦勘布活佛和支迦活佛；《鲁氏世谱》记载："（次子）勘卜默尔根班智达佛生，管束东耳廓隆寺喇嘛，戒行精严"；还有鲁如皋的四个儿子有三个"皆出为喇嘛"。王淑芳、王继光《蒙古族鲁土司家族史料系年》.《西北民族学院学报》，1999（01）.

[6] 贾霄锋《藏区土司制度研究》.兰州大学博士学位论文，2007，P184.

青海和硕特蒙古的首领罗卜藏丹津于雍正元年（1723）策动了寺院僧人参加的武装叛乱。甘青众多寺院起而应之，持械与清军交战。清廷派出以年羹尧为统帅的大军进剿，乱事平定后，根据政治形势的变化及年羹尧提出的《善后事宜十三条》和《禁约青海十二事》，对藏区的行政体制作了调整和改革。设置"钦差总理青海蒙古番子事务大臣"，雍正三年（1725）正式任命西宁办事大臣，作为朝廷在当地的最高代表。同时添改地方行政机构，在甘、凉、西宁等军事要地添设营汛，增加官兵，增强了"流官"对甘青藏区蒙、藏族的控制[①]，雍正五年（1727）清政府正式在西藏派遣驻藏大臣。乾隆十六年（1751）确定了驻藏大臣与达赖喇嘛的平等地位，黄教管理西藏的"政教合一"制度由中央政府确定下来[②]。

雍正八年（1730）开始改土归流，因清朝地方流官、营汛力量的增强，土司势力大为削弱。至民国初年，西北军阀势力崛起，各族土司日渐淹没。民国二十年后，进一步"改土归流"，土司最终废除。鲁氏家族历经十九代，自明初崛起走向鼎盛至清末盛极而衰的历程正是西北地区众多土司的一个缩影。

在罗卜藏丹津之乱时，青海和硕特蒙古亲王察罕丹津以大局为重，拥护清朝，故战乱平定后，仍保有亲王爵位，编为青海右翼盟前首旗，牧地河南。而甘肃境内的拉卜楞寺、黑错寺、郎木寺等均在河南蒙古亲王的辖区内，未参与罗卜藏丹津之乱，因此得以迅速发展。

康熙四十九年（1710）嘉木样活佛一世（1648—1721年）在今夏河县创建拉卜楞寺，在河南蒙古亲王的支持之下发展迅速，仅在嘉木样二世（1728—1791年）时，就修建了近四十所寺院[③]。拉卜楞寺所直属的藏族部落至少有六七十个，他们被称为"拉德"（属民），由寺院派僧官进行管理，是甘南甚至甘青地区最大的"政教合一"体制的寺院[④]。

这种以大寺院为中心的"政教合一"社会组织形式还包括青海的塔

---

① 周伟洲《清代甘青藏区建制及社会研究》．《中国历史地理论丛》，第24卷第3辑，2009（07）．PP11—12．
② 刘振中《中国民族关系史》．北京：中国青年出版社，1999．PP210—212．
③ 智观巴·贡却乎丹巴绕吉著，吴均等译《安多政教史》．兰州：甘肃民族出版社，1999．P365．
④ 周伟洲《清代甘青藏区建制及社会研究》．《中国历史地理论丛》，第24卷第3辑，2009（07）．P17．

尔寺、佑宁寺等。其中塔尔寺是宗喀巴大师罗桑智巴[①]的诞生地，明嘉靖三十九年（1560）由大禅师仁钦宗哲嘉措建寺，清康熙年间，经和硕特蒙古亲王达什巴图尔、郡王额尔德尼济农等捐助，得以扩建。最后一次扩建在康熙五十一年（1712），始成现在的规模[②]。清同治七年（1868），回民军与清军在塔尔寺交战，塔尔寺遭到建寺以来最严重的一次破坏[③]。从19世纪中叶开始，随着整体国力衰弱，寺院逐步走向衰落。到20世纪80年代之后，这些寺院逐渐恢复开放，开始进行重建。

从吐蕃时期开始，经过元明清三代的历史变化，河湟地区在经过几个世纪的"吐蕃化"后又悄悄地恢复"汉化"，形成了藏、汉民族间交互调试的平行互动关系。无论是藏族文化，还是汉族文化，延展到河湟地区都已是该文化的边缘地区，如青藏高原文化至此地已是"熟番"，与藏文化的中心地区有了差别；而中原汉文化发展至此已属西渐部分，与汉文化的中心地区已有了区别，其文化的调试与整合在此地十分鲜明。正是这种文化的互化运动，才形成了以藏传佛教为主的藏文化与中原汉地文化的相互认同接受，引发了藏汉建筑文化交融的契机，其中建筑彩画从微小的一个侧面反映着这种交融。藏汉之间因军事、政治、宗教、经济商贸等产生的外部交流意义已逐渐消退，文化交流的痕迹逐渐沉积下来，同时又进一步超越了文化内部交流的层面而形成不可分解的整体文化。藏文化与汉文化都成为整体中华民族多元文化系统的一部分，共同形成了开放的、多元一体的文化格局。

[①] 元顺帝至正十七年（1357年），宗喀巴诞生于今塔尔寺所在地，纳书族人。三岁时由父母送往湟中峡峻寺（现平安县境内）出家，拜高僧噶玛俄瑞多杰为师，法名公尕娘五。七岁时又拜端朱仁庆为师，去化隆县夏琼寺学经十年，取经名罗桑智巴。16岁去西藏深造，改革藏传佛教，创立格鲁派。永乐十七年（1419），他圆寂于甘丹寺。陈梅鹤《塔尔寺建筑》.北京：中国建筑工业出版社，1986. P5.

[②] 色多·罗桑崔臣嘉措著《塔尔寺志》，青海民族出版社藏文本，P53—64. 转自蒲文成《青海的蒙古族寺院》.《青海社会科学》，1989（06）. P106.

[③] 姜怀英，刘占俊《青海塔尔寺修缮工程报告》.北京：文物出版社，1996. P42.

上编

河湟地区建筑彩画历史遗迹考识

1. 河湟地区建筑彩画的两类典型代表

河湟地区现存的古建筑数量较多，通过实地考察和初步分析，根据建筑彩画的历史和保存现状，确定了九处建筑群作为研究藏汉建筑彩画交流的分析对象（图 1-1）。其中每个建筑群所包含的单体建筑多则十几座，少则只有一座。这些单体建筑在初建之后都不同程度地有所维修与重建、扩建，因此目前木构上保留的建筑彩画有明初原构，也有后代重绘，各历史阶段的彩画遗迹并存，有些重绘有明确纪年，大部分重绘没有明确纪年。例如在瞿昙寺建筑群内，既有最初明洪武年间的原构彩画样式，也有清代中、后期不同的彩画样式。即使在同一座单体建筑上，殿内外的彩画也有可能为不同时期所绘，例如雷坛，殿内为明代彩画，殿外为清代重绘彩画，因此需具体仔细区别分析对待。

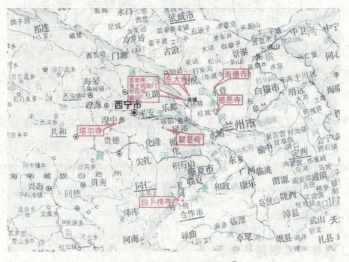

图 1-1 各考察点分布图①

---

① 根据逛网 http://www.guang.net，甘肃、青海地图而自行标注。

瞿昙寺明代建筑彩画为河湟地区汉式彩画代表，它是明皇家出资敕建，建造时不仅委派太监和监工，连部分工匠都是皇家所派，因此采用的必然是符合当时皇家彩画制度的彩画样式。雷坛正殿内为明嘉靖年间的彩画原构，与瞿昙寺明代彩画既有相同又有区别，将其作为明汉式彩画多样性的代表。藏式彩画主要以清代的拉卜楞寺下续部学院为代表，它是仿照拉萨下密院的建筑体制创建，为藏式平顶式殿堂建筑，现存建筑装饰为清代的藏式原构，是藏式建筑彩画的典型样式。

因所考察的建筑大部分始建于明代，为明官式建筑形制，个别建筑为清代维修重建，故木构名称相应采用传统的官式名称，下面列出了本文涉及的相关木构名称的变化。

宋：柱头铺作　柱间铺作　栌斗　普拍枋　阑额

　　　↓　　　　↓　　　↓　　↓　　　↓

清：柱头科　　平身科　　坐斗　平板枋　额枋

同时，文中还涉及一些藏式建筑木构的名称，具体在后文以图示表达。

1.1 汉式建筑彩画典型——瞿昙寺、雷坛

随着历史上屯田移民政策的推行，中原汉文化进入河湟地区，汉式建筑及其彩画的类型样式进入河湟地区相较于藏式建筑彩画要早一些。从考察中看到，汉文化进入该地域之初保持着较纯粹的汉式风格。

瞿昙寺为明洪武年间由皇家出资敕建的藏传佛教寺院，有着强烈的政治背景，目前保存着的明代彩画为典型的官式风格。而雷坛为明嘉靖年间修建的一座道教性质寺庙，其正殿内现在保存的彩画也带有明显的明代汉式特点，成为与瞿昙寺相呼应的彩画样式。它们提供了藏汉彩画交流过程中汉式彩画的典型样式。

1.1.1 瞿昙寺早期建筑彩画

瞿昙寺位于青海省乐都县南21公里处的瞿昙镇，依罗汉山而建，瞿昙河流过寺前。瞿昙寺是以最早修建的瞿昙殿为名的，"瞿昙"二字是释

迦牟尼佛（乔达摩悉达多太子）的姓氏和尊称，即乔达摩的别译①。藏语称瞿昙寺为"卓仓拉果丹代"，亦称"卓仓多杰羌"，意为"乐都持金刚佛寺"。《安多政教史》记载"卓仓佛殿，亦称瞿昙寺。修建者是著名大成就者青海湖海心山人，或称为白牛大士，海喇嘛·桑杰扎喜。"②即三剌喇嘛，系噶举派高僧。因招降河东诸部而被明朝政府授封西宁僧纲司都纲，是西宁卫的宗教首领。三剌喇嘛的家族成员后来定居瞿昙寺一带，世代为当地土官，该家族因来自卓垅，故称"卓仓"，又因三剌喇嘛与噶举派祖师玛尔巴同族，故其家族为"玛尔仓"，意为"玛尔家族"，当地音变为"梅氏家族"。

瞿昙寺原是一座藏传佛教噶玛噶举派寺院，明末格鲁派崛起后，改宗格鲁派。"作为明王朝在青海树立的皇权代表，全寺呈现出明代宫廷建筑风格和手法。瞿昙寺是由明朝皇家出资、派太监督建的。"③因此瞿昙寺建筑群采用汉地佛寺"伽蓝七堂"之制④，全院中轴线布局，左右均衡对称（图1-2）。其中的建筑彩画也较好地保存了明代样式，是目前已知数量最多的明代官式建筑彩画。它为我们了解汉式建筑彩画初入藏区的面貌，也为后来汉式彩画在藏地的变化提供了最初样本。

---

① 张剑波《瞿昙寺总体布局和单体形制》，格桑本《瞿昙寺》.成都：四川科学技术出版社，新疆科技卫生出版社，2000.P12.谢继胜，廖旸《瞿昙寺回廊佛传壁画内容辨识与风格分析》.《故宫博物院院刊》，2006（03）.P20.

② 智观巴·贡却乎丹巴绕吉著，吴均、毛继祖、马世林译《安多政教史》.兰州：甘肃民族出版社，1989.P165.

③ 徐世栋《青海瞿昙寺区域性政教合一制度的确立与发展》.《青海师范大学学报》，2009（04）.P58.

④ 王其亨，吴葱《瞿昙寺建筑的历史文脉》，格桑本《瞿昙寺》.成都：四川科学技术出版社，新疆科技卫生出版社，2000.P15.

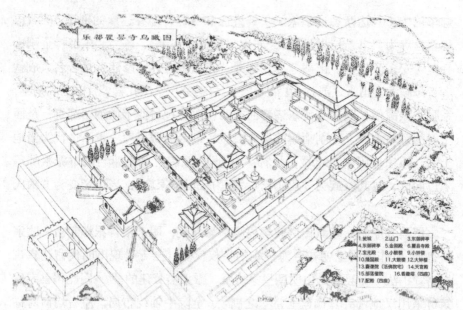

图 1-2 瞿昙寺鸟瞰图[①]

该图描绘了瞿昙寺当时最完整的布局,但瓮城和外城墙现已不存,山门成为整个建筑群的入口。本图采自王其亨、吴葱《瞿昙寺建筑的历史文脉》,由张君奇绘制。

  瞿昙寺最早的瞿昙殿建成于明洪武二十四年(1391),二十六年明太祖敕赐寺名[②],据此确定了瞿昙寺建筑群的最早年代,现在看到的中院即成了整体建筑群的基础。永乐初,明廷派太监孟继,指挥使田选等协助瞿昙寺扩建殿宇,先后建成宝光殿、金刚殿、前山门、护法殿、三世殿以及中院回廊[③]。后院的隆国殿于宣德二年(1427)扩建落成[④],大钟、鼓楼左右对称与回廊相连,前院是随着隆国殿等重要建筑完成后兴起的。直到成化年间,经过了近半世纪的经营,历四代皇帝(太祖、成祖、宣宗、宪宗),最终修建形成了今天的规模。先后有七位皇帝为瞿昙寺颁布谕旨,赐匾额、修佛堂、立碑记、封国师、赐印诰,成为明王朝在西北的一处坚强依托。到了清代,因罗布藏丹津反清事件的影响,瞿昙寺地位衰微,失

[①] 格桑本《瞿昙寺》.成都:四川科学技术出版社,新疆科技卫生出版社,2000.P16.
[②] 瞿昙殿正栋枋下墨书正楷"大明洪武二十四年岁在辛未季秋乙酉朔月六日庚寅□□",瞿昙殿匾额上款书"敕赐",左下墨书题"洪武二十六季月日"。
[③] 苏得措《瞿昙寺历史及其建筑艺术》.《青海民族研究》,2001(02).P87.
[④] 檐下有陛匾一方,榜书"隆国殿"三个大字,下款书"大明宣德二年二月初九日建立"。

去了由政府加以保护的赋税来源和田产,其经济来源急剧减少[1],仅在乾隆四十七年(1782)进行过补修[2]。后因地震,寺院受过破坏,在民国三十三年有过修缮[3]。

整体建筑坐东北、面西南,为表述方便,本文简称为北—南[4]。由南往北,中轴线上依次布有山门、金刚殿、瞿昙殿、宝光殿、隆国殿。整体建筑分为前院、中院和后院三进院落。前院起于山门、止于金刚殿,院内有左右对称的两座碑亭[5]。中院起于金刚殿,经过瞿昙殿,止于宝光殿。瞿昙殿和宝光殿两边各有一个配殿佛堂,院内左右对称共有四座香趣塔,靠外墙处有左右对称的三世殿、护法殿、小钟、鼓楼。后院隆国殿,建于高大的须弥台座上,为整个建筑群最高大的建筑,高出中院地平约4米。隆国殿左右两边建大钟、鼓楼。连接中后院的一圈廊庑,起于金刚殿两侧、止于隆国殿后墙,连接着三世殿,护法殿,大、小钟楼,大、小鼓楼,隆国殿,形成一个相对完整封闭的内廊外墙。廊内墙面上保存有较好的壁画,吸引了艺术界、考古界学者对其进行过专题研究。墙外为僧舍和活佛囊谦院(活佛居住的府邸)。

(1)山门:是寺院的正门,建立在1.2米高的台基上,面宽三间(15.51米),进深二间(9.50米),单檐歇山顶,五檩木架。檐下用三踩单昂斗栱,明间用斗栱四攒,次间用三攒[6]。山门是明代前期遗物,但在清代的重修中有较大的改动。并且在重修中,将建筑内部梁架上的明代彩画刨去,损失了一份珍贵明代彩画资料[7]。

(2)御碑亭:平面呈正方形,四面砌厚墙,每面各辟券门一洞,上覆

---

[1] 谢佐《瞿昙寺》.西宁:青海人民出版社,1998.P75.
[2] 瞿昙殿前抱厦金枋下墨书"时乾隆四十七年五月吉日寺主佛僧宽卜图克图暨常住丞木工谢天印、梅文群切尔旦、朵卜具格囊、梅额亨拉阿下、尼喜巴而旦,通邑士庶全诚募化補修建立謹誌。"
[3] 张驭寰、杜仙洲《青海乐都瞿昙寺调查报告》.《文物》,1964(05).
[4] 而在谢佐《青海乐都瞿昙寺考略》.《青海民族学院学报》,1979(Z1期),P21中记录为"整个寺院依山而建,占地面积约40亩,坐西向东."
[5] 碑亭内各立有一石碑,东边为"御制瞿昙寺碑",洪熙元年(1425年)所制;西边为"御制瞿昙寺后殿碑",宣德二年(1427年)所制。
[6] 此处及以下建筑数据均参考张驭寰、杜仙洲《青海乐都瞿昙寺调查报告》.《文物》,1964(05).
[7] 张剑波《瞿昙寺总体布局和单体形制》,格桑本《瞿昙寺》.成都:四川科学技术出版社,新疆科技卫生出版社,2000.P14.

重檐十字脊。下檐用三踩单昂斗栱,上檐用五踩重昂斗栱,细部手法与山门接近,平板枋已加厚,宽与额枋相等,从木结构的制作手法和瓦顶装饰来看,二碑亭应是清代所建①,另有学者认为御碑亭建于成化年间②。御碑亭的彩画已无存。

(3)中院:金刚殿与中院回廊、小钟鼓楼、三世殿和护法殿相连接,围成一个中院空间,故彩画也相类同(图1-3a)。

中院回廊起自金刚殿,至宝光殿两翼,与后院回廊相连接。整个回廊轴线两侧不设配殿,而以七十八间回廊封护起来,构成廊庑周匝的总体布局。就廊庑的建筑结构而言,檐柱比例低矮,瓦顶坡度平缓,装修形制古雅,博风头不用菊花线,而雕作四卷瓣,整块博风板前锐后丰,轮廓秀美简练有力,与清代建筑风格截然不同,是明代早期典型的小式大木建筑。

金刚殿面宽三间(13.14米),进深二间(8.20米)。木构架为五檩小式大木,采用柱梁结构,故前后檐俱无斗栱。单檐悬山顶。护法殿上为小钟楼,三世殿上为小鼓楼,可以把它们看成一体的二层楼阁。金刚殿室外彩画已不存,在进深的第二间门内悬挂有"独尊"的红色匾额,室内梁架上保存着不多的彩画。回廊彩画保存较完整,但是中院彩画与后院的有所不同。在梁架每个外露的面上都绘有彩画,并且纹样互相连接。

①檩、梁和枋上的彩画相似,皆为三亭式形制,花纹整体风格较为宽大简单。有相对简单和复杂两种纹样,在相邻构件上两种纹样相间隔设置,一简一繁成为规律。

枋心框有单层、多层两种,都是内弧形如意头。枋心内没有花纹,称为素枋心。在相邻的地方间隔施以黑、绿色,简单式直接在枋心内施绿色,复杂式在枋心内再加一个内框后施黑色,故绿色枋心都大于黑色枋心。枋心框的两半个如意头与一整个如意头组成"一整二破"结构的找头,此处正是吴葱老师谈到的直接用如意头进行"一整二破"构图的明代彩画实例③。简单式纹样如意头只有两层,复杂式纹样在团花轮廓内有一层

---

① 张驭寰、杜仙洲《青海乐都瞿昙寺调查报告》.《文物》,1964(05)
② 苏得措《瞿昙寺历史及其建筑艺术》.《青海民族研究》,2001(02),"于成化年间,建成如今坐落在前院的碑亭。"该文只谈到成化年间(1465—1487),与张驭寰、杜仙洲清代的看法不同,在此暂时并提。
③ 吴葱《旋子彩画探源》.《古建园林技术》,2000(04),P85.

花瓣（图1-3a）——有些地方像如意头，有些地方又变得像旋花，吴葱认为是"简单旋花"。内部再加一层莲花瓣，花心是不太饱满的石榴头。岔角处多是单独圆圈，间有柿蒂花。箍头多是两道竖宽带，黑线勾勒，中间隔以白条，黑、绿为主色。也有单道的箍头，仅以黑线勾勒填色即可。

②普拍枋上做升降云纹（图1-3b），这里的云头不是常见的三瓣式云头，只有两瓣云头，上下相扣，黑、绿色相间。云头内用较细的黑线勾第二层线，或者不勾线，直接填黑色，形成层次感。另一种是斜回纹（图1-3c），用黑、白、绿三色相间绘成有立体感的连续斜回纹。这种装饰都绘制在较窄的条状枋上，在檐下和梁下都有出现。

③柱头彩画分为两部分。上半部分绘锦纹，大圆圈锦纹纵向排列，每一列又相互连接。下半部分为如意头纹样，两个如意头上下或者左右相向而列，它们中间有大圆点连接。有四个如意头相向，中间为一个大圆点做中心的结构。皆以直宽带做箍头。也有些柱头外露面积较小，即单独使用圆圈锦纹或如意纹做装饰（图1-3b/c）。它们有简繁变化，但是形制基本相同。

图1-3a/b/c 回廊梁枋

（4）宝光殿：位于瞿昙寺殿的后面，面宽五间（20.90米），进深五间（19.25米），平面接近正方形，重檐歇山顶。宝光殿两侧各有一个配殿，现为佛堂。宝光殿"前檐的老檐檩和阑额上还保留着一些建筑彩画，画着疏朗流畅的旋子花纹，全部以石绿色为主，掬墨线，勾白粉，间以樟丹作点缀，色调鲜明雅丽，从风格看来，较钟鼓楼彩画的时期还要早一些，可能是永乐年间绘制，值得珍视。"[①]而吴葱根据彩画保存情况及图案风

---

① 张驭寰、杜仙洲《青海乐都瞿昙寺调查报告》.《文物》，1964（05）.P50.

格，认为宝光殿的彩画应绘于清代或更晚一些[①]。下面仅就实地所见，进行分析。

1）外下前檐彩画

下檐虽为五间宽，但因左右砖雕照壁遮挡了梢间，能够清晰看见的前檐为中间三间，并且各间的彩画形制相同。椽头、檐下檩、枋及额垫板、雀替等处彩画都已漫漶不清，仅存阑额上的彩画较为清晰。额垫板采用高高的涤环板镂雕玲珑剔透的海棠池子作为装饰，雀替部分也采用镂雕缠枝纹样相互连接，风格特异。

①整体为三亭式结构彩画。中间为内弧式枋心框，明间为单层外框（图1-4a），次间为白、黑、绿三层外框（图1-5a）。枋心框内有弧形边池子，明间的池子内没有施色，次间的池子内施绿色。没有图案，均为素枋心。

②找头部分较为独特，虽为旋子团花纹构成，但不是"一整二破"的构图。基本为上下对称图案，但不是完全对称，较为自由。横向分四层构成，每层之间由三段或两段式弧形框分隔。

明间找头较长，约为枋心长度的一半（图1-4b）。从枋心开始，第一层为横向半个旋子团花上下背对：半个绿展色圆形花心，外面为西番莲花瓣，皆为黑色叠晕，最外层旋子为绿色叠晕，上下两组之间还有重叠相交。第二层为四分之一个旋花上下相背，与第一层之间形成一个菱形框，中间绘一个圆形旋子纹。第三层与第二层类似，略有变化。第四层为单独半个旋子团花纹，花纹构成与前面相同，外弧形轮廓非常饱满。

次间找头较短，约为枋心的五分之二（图1-5b）。第一层花纹与明间的第二层相同，第二层为一整个团花纹的角，半圆花心、西番莲瓣、旋子层以内弧式构成。第三层与第一层相似，但在花瓣形状上有所变化，第四层与明间相同，为半个团花纹。可见，明间比次间纹样更为丰富。

找头形制虽然有构成规律，但变化自由，没有固定的程式。线条勾勒有粗细变化，每个花瓣的变化也较为自由，并不是完全规整对称的。箍头仅为两条竖直线宽带构成。

---

① 吴葱、王其亨《瞿昙寺的建筑彩画——兼谈明清彩画的几个问题》，格桑本《瞿昙寺》.成都：四川科学技术出版社，新疆科技卫生出版社，2000. P39.

图 1-4a 宝光殿外下檐明间　　　　图 1-5a 宝光殿外下檐次间

图 1-4b 明间阑额　　　　　　　　图 1-5b 次间阑额

2）外上前檐彩画

上檐面宽三间，各间的彩画形制相同（图1-6a）。椽头色彩不存，檐下檩、枋的彩画还有一点残存，阑额上留存的彩画较多，但不完整。

①檐下檩已看不清整体纹样结构了，只存有找头部分的花纹。根据两端的残存，中部估计依然为素枋心。

找头部分的旋子团花纹横向分为四层（图1-6b）。由内向外共四层，第一层为半个团花纹，外弧框，由旋子、西番莲作为花瓣，圆形花心。第二层为上下相背四分之一个团花纹，花瓣外层为旋子，内层为规整莲花瓣，花心为四分之一的圆形。内弧式外框形成一个夹角。第三层似为整个旋子团花纹，外弧形饱满外框，旋子纹花瓣。第四层以大旋子纹形成内弧式外框，上下相对，各四分之一个团花，框内也是旋子纹构成花瓣。箍头是竖宽条。

②檩下枋由两个素枋心相连接，为五亭式[①]。以二个半团花上下相背为中心（图1-6b），左右各一整个团花纹：团花外层瓣为旋子，内层为莲花瓣，中间半个团花的莲花瓣为规整图案化，左右两个的莲花瓣接近自然形，花心都为圆形旋子纹。左右两边对称内弧式枋心框，内有池子素枋心。两边找头为减半的"一整二破"结构（图1-6c）。二破为两个四分之一个旋子团花纹，由旋子、莲花瓣自然形构成花瓣。一整为多半个旋子

---

① 五亭式为两个三亭式结构结合构成，这是本文为区别三亭式结构而命名，合适与否以待专家指正，第5章详述。

团花纹，旋子、规整形莲瓣组成花瓣。花心皆为圆形旋子纹，箍头为竖宽条。

次间枋上各有一个跟斜梁，上面依稀看来也是绿色旋子团花纹（图1-6d）。

③阑额彩画较为清晰。也为两个素枋心相连接的结构，五亭长度基本相等。明间以上下相背的二个半团花为中心（图1-6a）：外层为旋子花瓣，内层为西番莲花瓣，有外框与枋心相隔。次间中心为一整个团花（图1-6d）：外层为旋子花瓣，内层为规整莲花瓣，花心为圆形旋子纹，有瓣形外框。中心团花外的四个角各有一个由三朵旋子构成的团花一角，相互对称。这个中心与两边枋心共用外框。

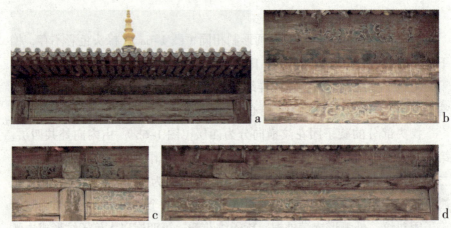

图1-6a/b 宝光殿外上檐明间 / c 宝光殿外上檐明间 /d 宝光殿外上檐次间

三间的找头部分花纹相同（图1-6c），共有两层。内层为上下相背的两半个团花纹：花心为半个圆形，内层为西番莲瓣，外层为旋子瓣，上下两部分有所重叠。团花纹外有上下对称束腰如意头，与外层的花纹相连接。外层花纹共有三层，花心为旋子纹，如意头与三个西番莲瓣共同形成第二层花瓣，第三层为不同色的西番莲花瓣。箍头为竖直条。

3）殿内彩画

殿内梁架彩画保存很好，非常清晰。色彩饱满，几乎没有脱落，只是室内烛火烟熏，使得当初的色彩更为深沉，可以作为研究彩画色彩的依据。

殿内天顶为六字真言曼荼罗平綦天花。天顶下露明梁枋部分绘有彩画（图1-7），结构仍为三亭式，枋心与箍头等处与外檐相同，与外檐不同之处是池子内皆施黑色。

图1-7 宝光殿内

找头部分较为简单，横向仅有两层，为一整二破的减半式：二破为四分之一旋子团花纹上下对称，一整为半个团花纹，花瓣由旋子和如意纹构成。整体来看，室内梁枋彩画形制简单，但比外檐勾线匀称有力，施色更为细致，从色彩衔接边缘就可以看出室内彩画比外檐更为精细。

从以上分析可以看出，宝光殿内外图案为同时期所绘。所用纹样较为自由，基本构成有旋子纹、西番莲纹，少量的如意纹、莲花瓣纹。而旋子纹、西番莲纹和如意纹都有一个相同处就是有旋转形。室外彩画枋心用绿或空，不用黑色。室内枋心有用黑色。形制上较为自由，出现了整个、半个、四分之一个团花形的组合，但没有形成严格程式化的"一整二破"构图。因此认为此处彩画虽较中院的复杂，但仍属于明代较为自由的形制。

（5）隆国殿：以明代紫禁城奉天殿为蓝本建成。大殿两侧抄手斜廊至今仍保留了明紫禁城奉天殿的形制，也因此而得以"小故宫"的称号。该殿是本建筑群级别最高的建筑，也是全寺中最高大壮丽的一座建筑，面积912平方米，高2.30米，四面绕以石阑干。大殿面宽七间（33.10米），进深五间（20.17米），宽深之比约为5：3。重檐庑殿顶，屋面盖布瓦。斗栱下檐用重昂五踩，上檐为单翘重昂七踩。殿中的彩画也体现了最高级别。

上下外檐原有彩画已大部剥落，但从残存部分尚可看出系青绿旋子彩画，在构图和设色方面有着明清之间的过渡风格。殿内彩画保存很好，与殿外檐彩画形制有所不同。

1）殿内彩画

殿内顶有平綦天花，彩画绘于天花下面的梁枋上（图1-8a）。因为在室内，彩画保存状况好。整体为绿色主调，黑色作辅，花心的黄色尤为显眼。以黄色代替点金，可见该处的彩画级别较高，在瞿昙寺属最高等级。

①梁枋彩画为三亭式结构，黑、绿色叠晕双层内弧式枋心框。素枋心，层层叠晕，显得层次丰富。枋心长度随木构长度变化，找头比枋心长

度稍短。

②找头为"一整二破"旋花结构。根据木构的长度不同，有两种旋花：莲座石榴花心旋花（图1-8b），如意头花心旋花（图1-8c）。两种旋花的外形虽然都是扁圆形，但是莲座石榴花心的找头比如意头花心找头更扁长，所以位于更长的木构。

单个旋花共有三层：最里面一层是花心，为莲座石榴或如意头，赋黄色，朱磦色勾内外两条线，莲座用八瓣仰覆莲瓣，石榴上没有露子。如意头下有两种底座：两片西番莲叶和三片莲瓣组成底座（图1-8c），八瓣莲座（图1-8d）。第二层为八瓣西番莲叶，上下两头勾如意头。第三层为八瓣大旋纹——外形是旋子，有翻卷形"抱瓣"装饰。共有三种略微不同的旋纹：一种为完整旋子，外轮廓加抱瓣（图1-8b）；第二种为外轮廓完整，旋子内旋的地方即为抱瓣（图1-8c）；第三种即为前两种的组合，内旋处及外轮廓都有抱瓣装饰。上下两边的旋子方向相向。花心方向的上方加如意头，如意心为黄色。在"整"花和"破"花之间有大小不同的如意头组合相连接：在较短的如意头旋花之间为一个简单如意头，而较长的石榴心旋花之间为如意头与长叶瓣的组合，拉长了整破花之间的距离。在整个找头之外有一层边框与枋心和箍头相分隔。

图1-8a/b/c/d 隆国殿内

箍头为条状带，箍头与旋花之间的岔角处多画四分之一个柿蒂纹。黄色花心，除了常见的柿蒂纹花瓣，还有如意形花瓣。

用色上除了上述花心显著的点睛黄色外，其余地方为黑、绿色叠晕，黑色勾线。每层花瓣之间二色相间使用。"整"花和"破"花的用色正好相反。两种色因了叠晕显得整体纹样很丰富。没有单纯的白色,黑色晕作黑、深灰、浅灰。绿色晕为头绿、二绿、三绿,但是二绿、三绿明度降低,接近橄榄绿。

③斗栱彩画简单清晰,与宋《营造法式》中"棱间装"相似,只是这里的青色全部以黑色代替。斗栱间以红色为地,木构全部以黑绿叠晕相间施色(图1-8a):单朵铺作的各构件用色相间,若斗为黑色,则栱为绿色。柱头铺作与柱间铺作的用色也相间。栱眼壁画为背光佛坐像。

④平棊天花顶皆绘曼荼罗纹饰(图1-8a)。桯条上施绿色地,在岔角及中段都有宝珠纹样,为贴制。这种宝珠纹样复杂组合成菱形后还出现在斗栱下梁的素枋心内,与其他处的素枋心不一致,疑为后人所加贴。

2)廊内檐彩画

廊内檐彩画脱落严重,与室内彩画形制相似,但整体感觉又不相同。

①梁架在大部分较长的檩枋上为"一整二破"三亭式彩画(图1-9a),在较短的廊内梁枋上为缩短的"一整"的旋花(图1-9b),旋花与枋心几乎都接近正圆形。枋心内无花纹,为素枋心。岔角内大部分为柿蒂纹,也有西番莲纹样。

与室内彩画的旋花找头有着相同结构,而施色有所区别。在黑绿色基础上,室内花心有黄色点睛,室外不用黄色,为白色或绿色,形成明显的色调不同,可见室内彩画更为重要。室内的白色和绿色都明度降低,较为深沉,形成神秘的氛围。而廊内檐处的明度较高,形成明快的色调。

图1-9a/b 隆国殿廊内檐

②斗栱与室内形制相同,仍为黑、绿色叠晕相间施色(图1-9a)。

③在绘制手法上,室内彩画明显绘制精细,施色均匀。而相同形制的纹样,廊内檐的就显得较为随意,相比较来看较为粗糙。

3) 廊外檐彩画

此处彩画脱落更为严重，只能辨认出一些勾勒的黑线和色块。檩枋和斗栱上彩画形制与室内、廊内檐均有不同，疑为后世重绘。其他阑额的纹样已经无法辨认。

图 1-10a 隆国殿外檐明间 /b 梢间

①檐下檩彩画为池子结构，池子内绘花草纹、云气纹（图 1-10a）。明间池子框外的半个团花纹呈放射状：内层莲瓣，与外层旋子纹组合。在梢间最外两端所绘不是半个团花纹样，而是三层叠的旋花纹样（图 1-10b），与宝光殿前檐阑额处彩画有所相似，但更为规范，应为宝光殿之后所绘。纹样的黑色轮廓线较为清晰，色彩使用已不确定。

②斗栱上明显不同的是其斗、栱、昂上均有对称的小如意头纹样，黑色勾勒，内齐白粉线（图 1-10a）。因脱落严重，用色规律不太明晰，应该是在每朵铺作上相间用黑、绿色。外檐下似乎有白色做地，因为很多处颜色脱落后留有白色地仗，但是一般白色经常只是在叠晕和齐黑线旁使用，很少以块面状使用。这种小卷云纹在后来的妙因寺斗栱上应用广泛，并且更为繁复。

③栱眼壁画为背光坐佛像，背光的流动状与室内栱眼壁画相似，色彩明度更为鲜亮，以绿色调为主（图 1-10a/b）。

（6）大钟、鼓楼：对称分布在隆国殿前的两侧，东西遥相对峙，面宽三间（14.00 米），进深二间（6.10 米），重檐庑殿顶，巍峨壮丽。钟、鼓楼的彩画相一致，形制与隆国殿相类同。因其室内为彻上露明造，故室内彩画更为完整，为"烟琢墨旋子彩画"，彩画形制的细节与隆国殿略有不同。大钟楼内额枋彩画之上的嘉靖三年（1524）游人题记说明此处彩画为明代原构[①]。

1）室内彩画基本形制为三亭式结构，但有些位置增加了盒子。枋心和找头的比例接近各占三分之一，但也随着木构不同而有着相应的变化。同时在赋色和旋花细节上与隆国殿也有一些区别，不同之处有：

①在隆国殿内使用黄色的花心，钟鼓楼因建筑级别不同而没有使用黄色（图1-11a）。在钟鼓楼内以莲座石榴为花心的旋花出现较多，皆施绿色，内点黑色石榴籽，莲座有三瓣仰莲和八瓣仰覆莲两种。如意头花心旋花出现较少，绿色叠晕，有西番莲座或八瓣莲座，施黑、绿色。另外还出现第三种九瓣莲花形的花心旋花（图1-11b），花心晕染黑色。

图1-11a/b 大钟楼二层

②除了"一整二破"旋花结构外，还出现单独的"一整"旋花（图1-11b）。"整"旋花大多数是为适应较短的木构，缩短形成近圆形旋花。

---

① 该题记在大钟楼西北梢间内檐额枋上，直接用墨题写在彩画上："……大明嘉靖年岁次甲申六月初一日书"，甲申为嘉靖三年，即公元1524年。

而在这里虽然木构有足够的长度，但是"整"旋花被拉长，在旋花尾处延伸出两瓣大旋瓣，代替了"二破"的位置。这种延长的大旋瓣也会出现在"整"花和"破"花之间，作为连接。岔角有柿蒂纹、西番莲纹。在一层的明间阑额箍头内加有盒子（图1–12），内绘菱形柿蒂纹。盒子外有副箍头，为四瓣如意头以十字交叉结构组合。墨线勾勒，黑绿施色。

图1–12 大钟楼一层

③斗栱皆采用棱间装形制（图1–12），但是二楼最上一层斗栱上有雕刻的三福云形制，并在黑绿基础上增施红色，这在其他殿内没有见到。而在河湟地区的妙因寺、感恩寺等处见到相似的云头斗栱，应是这类斗栱形制后来在河湟地区的影响。

④普拍枋上绘升降云纹，云纹内绘宝珠和半个柿蒂纹，黑绿叠晕相间（图1–12）。

2）外下檐彩画和隆国殿廊内檐彩画相似，现仅存墨线勾勒及一些痕迹（图1–13a）。

①檐下檩和阑额上彩画为三亭式结构，找头为"一整二破"旋花，旋花形制与隆国殿廊内檐相似。岔角处为柿蒂花纹。在明间檐下檩的找头外还有盒子，盒子内为上下对称的如意头纹。

②普拍枋为勾连的升降云纹，内有柿蒂纹（图1–13b）。色彩全部不存。

③斗栱亦为"棱间装"形制，有黑绿色痕迹。栱眼壁画为背光坐佛（图1–13b）。

图 1-13a/b 大钟楼外下檐明间

图 1-14 大鼓楼外上檐

3）外上檐彩画和隆国殿外檐相同,并且保存状况较好(图 1-14)。

①檐下檩彩画能够清晰看见为池子结构。斗栱上有卷云头纹装饰,栱眼壁画亦为背光坐佛。

②普拍枋上是升降云头相互勾连,内施黑、绿色相间。而隆国殿外檐的普拍枋上已看不见彩画,估计应与此处相同。

（7）后院回廊及抄手斜廊

从宝光殿两翼开始,连到隆国殿两侧的抄手斜廊,构成一体的后院回廊。而大钟、鼓楼即是在廊上起楼,故后院回廊彩画与隆国殿内、钟鼓楼内的相一致。廊内梁枋彩画找头皆为"一整二破"结构,但是随着梁枋长度变化,找头旋花的形制出现规律性变化。

①最长的梁枋找头相应也长（图 1-15a）,找头与枋心长度相当。花心为莲座石榴形,在"整"和"破"之间由一个如意头相连接。

②次长的梁枋上缩短了旋花,花心为莲座如意头,花瓣由西番莲瓣与旋瓣组合,也有两层皆为旋瓣的组合。整破旋花之间黑绿串色,而相邻木构之间并不是严格遵循串色制度（图 1-15b）。

③最短的梁上枋心缩短,接近正方形。找头长度大于枋心,在结构不变的前提下,改变了旋花形制以适应木构长度。花心缩短仅为两瓣西番莲座如意头,第二层花瓣原来是西番莲瓣,在这里简化成了圆形旋子,与最外层的旋子相同,也没有抱瓣的装饰（图 1-15c）。上下旋子方向皆为相对。在"整"与"破"花之间出现了叠压,即"整"花完整,而"破"花

外层旋子不出现。这种旋花形制接近后来清代的"喜相逢"旋子形制。

从以上的变化清晰地呈现出了旋花彩画从繁到简,从丰富自由多变到规整单一的演变规律。这说明在明代,旋花从整体结构到旋花自身形制,都处于变化阶段,尚未形成固定模式,有着较为自由的面貌,因此相较于清代规范化的旋子彩画更丰富,更具有活力与张力。

图 1-15a/b/c 后院廊庑梁枋

(8) 后院回廊壁画:回廊上不仅木构绘有彩画,而且在后院 28 间廊庑的墙壁上绘满了以释迦牟尼本生故事为题材的壁画,壁画内容丰富多彩,刻划细致入微。更可贵的是,回廊壁画里共绘有宫殿建筑图 14 组,其中明代建筑图 5 组。这些建筑图中的亭台楼阁等形象具有写实性和鲜明的时代特征,有着高超的界画技巧,建筑上绘有清晰、丰富的彩画。这些壁画上的建筑彩画是研究明清建筑彩画的真实对比参考资料。借助前人学者在对壁画的研究成果中做出的断代考证,分析壁画上的建筑图绘,与本寺院实物建筑彩画进行对应和比照,更能确定其彩画的时代与形制。

现存壁画 45 个画面[①],根据壁画上的题记、结合寺院建筑的修建记录,现存壁画的绘制时间分为两个时期:第一时期为 1427 年左右,与隆国殿和两侧回廊的建造时间一致,该时期壁画共 19 面。第二时期为清代补绘,共 26 面,根据清代画工题记上地名的时代特点确定其绘制于雍正三年之后,由甘青一带民间画工绘制。依《乐都县志》所载孙克恭事迹,则可将

---

① 谢继胜,廖旸《瞿昙寺回廊佛传壁画内容辨识与风格分析》.《故宫博物院院刊》,2006(03).P22.

第二时期的年代具体定为 1834 至 1851 年间[①]，简单来讲，回廊壁上保留着明、清两个时期的壁画。

明时期壁画主要有两部分，即大钟、鼓楼南端的两段廊壁。如"护明菩萨降摩耶夫人临腹"和"净饭王新城七宝衣履太子体"图[②]，摩耶夫人的寝宫和净饭王的厅堂檐下额枋均绘制了彩画（图 1-16a）。这时期壁画上的建筑即明代建筑形制。梁枋彩画与中院的金刚殿、中院回廊、小钟鼓楼、三世殿、护法殿相似，斗栱彩画和隆国殿内、廊檐内的样式相对应。

①梁枋上为三亭式彩画，素枋心，如意头枋心框与整的如意头构成"一整二破"找头，箍头为直线形。在用色上，都施以黑绿白色，只是在建筑上以为黑绿色为主，壁画上是绿白色为主，白色已经变色发褐色。另外在"净饭王取四大海水与太子"和"净饭王请阿□陀仙占太子"图中，净饭王的宫殿彩画又增加了另一种稍复杂的图案，如意头内部有莲座石榴和旋瓣（图 1-16b）。

图 1-16a/b 廊庑明代壁画

②在建筑的柱头上为锦纹和如意纹相组合，而在壁画里柱头既有如箍头一般为直线条横向装饰，也有锦纹等纹样。

③壁画上斗栱为绿白和绿黑相间施色，没有花纹，斗栱背景为红色。由于内院廊庑、金刚殿和小钟鼓楼等建筑中均不施斗栱，所以早期壁画上的斗栱彩画在它们之中找不到对应的实物；而与隆国殿内、廊檐内斗栱、大钟鼓楼内檐斗栱彩画相一致。

早期明代壁画和建筑彩画所反映的，有可能就是出自京中的明初官式

---

① 刘科《瞿昙寺回廊佛传壁画研究》. 北京大学硕士学位论文，2007. P14.
② 壁画名称参考金萍《瞿昙寺壁画的艺术考古研究》. 西安美术学院博士学位论文，2012. P98.

彩画的一种形式。在寺内建筑上的色彩主调为黑绿色，但在壁画建筑彩画上却以青绿为主，并没有完全对应。虽然壁画上的彩画样式较多，但是没有出现隆国殿内、钟鼓楼内、后院回廊梁枋那种大气的旋花建筑彩画。也许是明代壁画在清代重绘时已不存，这还有待进一步考证，而晚期的清代彩画反映的则可能是明代晚期或清代时在甘青一带流行的一种彩画形式，在后文详述。

（9）彩画特点：从以上对瞿昙寺建筑群中各殿及回廊的考察，可见虽然各殿在不同时期建造，并且其彩画结构形制出现多种样式，但是就如建筑所体现出的统一风格一样，该处的彩画风格也是基本统一的。而明代彩画还没有形成清代严格的程式化特点，因此在瞿昙寺明代建筑群彩画统一的风格之内，根据彩画的形制特点，又具有一些不同的时代风格样式：

1）以金刚殿、中院回廊，与明代壁画建筑彩画为一类。这一类梁枋彩画皆为三亭式结构，找头为如意头直接做"一整二破"形制，简单清晰，并且这种如意头也出现在柱头装饰上。同时出现较为丰富的如意头与旋子、莲瓣组合，有简单石榴形花心。箍头多为直条式，以一至三条进行变化，黑白线分隔。纹饰较为简单，施黑绿色调。

2）以隆国殿内及廊内檐、钟鼓楼内及外下檐、后院回廊梁枋为一类。这一类彩画为本寺最辉煌精彩，具有代表性的彩画，表现出有法度而又有细节规律性变化的各种彩画形制。大部分仍为黑绿色调，只是在花心等个别地方使用黄色来代替用金，但这只是建筑级别的显示而不是彩画规律的改变。经对比，此类彩画与北京故宫钟粹宫内的彩画形制完全一致[①]，因此该彩画可以作为明代中原地区官式彩画在河湟地区的代表。

梁枋彩画整体以旋花形制为主，结合如意头、莲瓣、西番莲、石榴头等纹样，形成各种形制组合的彩画。无论是整体的结构设置，还是局部的花纹构成，都体现出丰富多变但大气饱满的风格。依然是三亭式结构，素枋心。找头变化最为丰富，也最能体现其特点。旋花形制与色彩均丰富饱满，气度弘伟。出现了有变化规律的旋花纹样，以花心变化为特点，共有三种形制：①莲座石榴头花心旋花；②如意头花心旋花；③圆形如意心旋子。另外也出现了单"整"形制、"二破加一破"形制、整破层叠旋花形

---

① 郑连章《钟粹宫明代早期旋子彩画》.《故宫博物院院刊》，1984（03）.P80.

制等多种结构，充分体现了彩画的自由丰富性。而斗栱皆为直接用黑绿叠晕相间施色的棱间装形制。

3）以宝光殿为主，这部分脱落严重，因此在考察中难以确定。除了三亭式结构外，还出现五亭式的组合，找头部分也出现了很多"一整二破"之外的彩画结构，显示出比较自由随意的彩画风格，例如找头的自由化，但枋心仍然采用素枋心，与瞿昙寺内清代彩画中的枋心纹样有明显区别，并且仍用黑绿色调，因此它们应属于明官式彩画向后来清代地方式彩画的过渡转变形式。

从瞿昙寺建筑群不同时期建造的殿堂及其彩画，我们能够追寻到从宋代到清代建筑彩画演变的轨迹，它们是中国建筑彩画发展的历史缩影。在此，看到了莲瓣旋花→旋瓣如意团花→宝相花→旋子花之间的演变关系。它们较完整地体现了在程式化旋子彩画形成之前，旋花较为自由、丰富多变的特点，是清式典型程式化旋子彩画的先声。在施色方面，明代彩画全部为黑绿相间施色，黑白线勾勒，黄色仅在隆国殿出现。石青在此成为一个缺失，后文第 3 章详述。

1.1.2 雷坛正殿内明代建筑彩画

在永登连城鲁土司衙门、妙因寺以北有一座不太起眼的雷坛建筑，寻找它颇费了些周折，因为它隐藏于一片民居中，正门不开，从一户人家进去才得见建筑正面，而后墙和两面山墙却位于其他两户人家的院落。被密密匝匝的民居包围着的这座明代建筑，在今日显得那么冷清和孤单，但是它的建筑构造、壁画之美仍然那么引人注目，尤其大木构上精美的建筑彩画更是引起了笔者的关注。2006 年被定为全国重点文物保护单位。

（1）建筑概况

雷坛位于鲁土司衙门建筑群西北侧，距衙门建筑群后围墙约 80 米，是鲁土司属寺之一。正殿为六世土司鲁经及其子鲁东于嘉靖三十四年（1555）所建。脊枋有题记为"大明嘉靖三十四年岁次乙卯正月上元吉旦建立"（图 1-17），与其他属寺[①]不同的是，它不是藏传佛教建筑，供奉着

---

① 鲁土司的其他藏传佛教属寺为：妙因寺、东大寺（贡钦）、西大寺（赛拉寺）、古城寺（曲浪寺）、嘎达寺（珠亥寺）、宣化寺、宗家寺、显教寺。中共甘肃省委统战部编《甘肃宗教》兰州：甘肃人民出版社，1989. P165.

道教龙门派雷部尊神，是我国西北地区修建年代较早的道教遗存之一①。雷神在当地汉族中是最受崇拜的神灵之一，同时，包括蒙古族、藏族在内的许多民族在原始信仰、宗教或民俗中都包含着对雷神的崇拜。②这体现了鲁土司及当地民众在信仰藏传佛教的同时，也信仰道教，接受汉文化。在连城由鲁氏家族出资修建和重修的道观为数不少，现存有元真观、雷坛及永登县城的城隍庙③。

雷坛原有山门、过殿、大殿和厢房等建筑群，与院内的花园组合恰似一"雷"字，占地面积1617平方米，惜大部已毁，现仅存过殿和大殿两座建筑④。正殿为单檐歇山顶，布瓦屋面，施三踩斗栱。前檐辟门四扇，后檐及左右山三面砌墙。体量不大，通面阔仅4.58米，但通进深5.625米，大于通面阔，殊为罕见。前檐为单开间，后檐则以中柱分为两间，进深四椽架⑤。

图1-17 脊枋题记

正殿门左右门框上有刻制对联一副："掌卅六部之赫权长生保命众姓同登寿域，同亿万物之造化施雨行云连城共享丰年"（图1-18）。体现了连城百姓祈求风调雨顺愿望，也说明了当初雷坛的建造目的。室内原有36尊雷部尊神塑像，在1958年被损毁⑥，现只保留有正门楣上方的7尊木胎泥塑立像，脚踏木雕祥云（图1-19a），左右墙壁上方有木雕云朵痕迹。

---

① 罗文华，文明《甘肃永登连城鲁土司属寺考察报告》.《故宫博物院院刊》，2010（01），P80.

② 乌丙安《中国民间信仰》.上海：上海人民出版社，1996. P28—29. 林继富《西藏天神信仰》.《西藏民俗》，2003（02）. PP67—70.

③ 郭永利《试论甘肃永登连城蒙古族土司鲁氏家族的宗教信仰》.《青海民族研究》，2002（09）. P77.

④ 罗文华，文明《甘肃永登连城鲁土司属寺考察报告》.《故宫博物院院刊》，2010（01）. P80.

⑤ 吴葱，李洁《甘肃永登连城雷坛探赜》.《天津大学学报（社会科学版）》，2006（03）. P196.

⑥ 罗文华，文明《甘肃永登连城鲁土司属寺考察报告》.《故宫博物院院刊》，2010（01）. P81.

图1-18 雷坛正殿外　　　　　图1-19a 雷坛正殿内

左右墙壁上有沥粉堆金壁画，各绘两尊雷部神像，人物形象饱满有力。东壁壁画题记为"大明龙飞嘉靖三十四年岁次乙卯正月十二日起首八月十五日完毕吉祥如意"，西壁为"钦差前军都督府都督同知鲁经男鲁东修盖"。

（2）建筑彩画

图1-19b 雷坛正殿内

从殿内的灰尘来看，这里少有人来。但是厚厚的尘土，遮掩不了色彩辉煌的木构彩画。说它辉煌，因为此处所用的色彩，多处采用了金黄、大红等色，椽下望板即施红色，而青绿色经过时间的熏染，也倾向暖色调。整个室内的每一处，包括深层的木构上都有彩绘，并且纹样都非常精细（图1-19b）。

1) 梁、檩、枋正面：这几类木构长宽度相似，赋着其上的彩画也相似，皆为三亭式结构，枋心长度略长于找头。双层青绿色叠晕内弧形枋心框，青色叠晕的最深处接近黑色。枋心内全部有绘，皆以红色做地，纹样丰富：有祥云双鹤纹、贡品云纹（图1-19c）、二龙戏珠纹（图1-19e）、云气纹等纹样。纹样绘制精美，白鹤羽毛片片分染，龙身赋着金黄色，山石、云气等为青绿叠晕施色，这些纹样与红地交相辉映。

找头皆为"一整二破"旋花形制，此处的旋花与瞿昙寺明代梁枋上的颇为相似，但各有特色（图1-19d）。"整"旋花的花心为莲座葫芦形，莲座为八瓣红色仰覆形，上下有两个小葫芦形施白地红点，下方小葫芦口有一个圆珠，同时两个小葫芦外又形成一个大的葫芦形，施绿色。"破"旋花的花心为红色莲瓣座，黄色如意头。"整"花心左右为两朵黄色花瓣，再外为西番莲瓣，其中有对称的两瓣为红色瓣心，其余皆为青或绿色。最上面中心为如意形，在外层花瓣之间有黄色半圆连接。最外面为瓣形团花轮廓，与"破"花如意轮廓相并接，施色相反。"破"花用如意头瓣代替了西番莲瓣，其外轮廓的如意头成为如意形花瓣的一瓣，只是施色相反。其他与"整"花相同。整破花之间、每层花瓣之间青绿用色相反。皆为叠晕施色。

箍头为青绿色宽条，依据距离不同，有些为两条，有些为四条。岔角处有些为空，有些施青色角纹（图1-19d）。

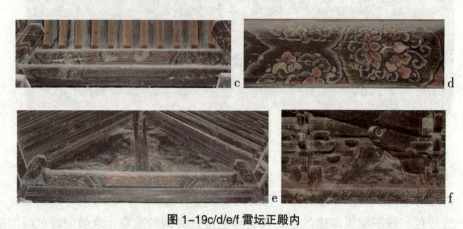

图1-19c/d/e/f 雷坛正殿内

2）斗栱有两种（图1-19f）：一种为普通柱间铺作的单翘三踩斗栱，另一种是有抹角梁插入带45°斜栱的斗栱。两种斗栱皆以红色做地。栌斗最外边缘描红色，内施青或绿色叠晕，最中心为红色三瓣式石榴头，也似升云纹形状。斜栱头雕卷云形，侧面绘红色卷草云气纹。其余地方皆为黑绿叠晕施色，依斗栱位置不同而相反施色。

栱眼壁画为凤凰流云纹（图1-19f），动态各异，有站立、有上升、有降飞。黑色为地，凤身为红，羽毛为金，长尾施金、红、三青色，色彩丰富。

3）窄枋连续纹样：斗栱上的撩檐枋绘升降云纹，应为青绿相间，色彩变深难以确认色相（图1-19f）。云头内半个栀子花纹，变成了中心一个黄色圆形，周围三个互不相连的红色圆形，在暗色背景下，红黄色清晰耀眼。大木枋的底面除了脊枋底面为墨书题记外，其余大多为有所变化的连续回纹，红地青绿色叠晕（图1-19c/e）。斗栱下普拍枋纹样也相似（图1-19f）。

4）递角梁与抹角梁十字交叉（图1-19g），侧面与底面皆有彩画，仰头望去，底面图案竟比侧面图案更引人瞩目，在底面十字相交处形成一个完整图案，类似于"盒子"的形制。四个如意头相对，围绕中心双层圆圈。中心圆圈外层为黄

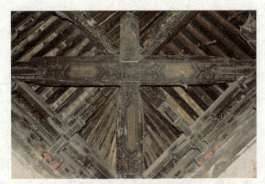

图1-19g 雷坛正殿内

色，内心为红色，中间隔以青、白两条线。如意头为绿色叠晕，中间有红色心。整个花纹在白色轮廓线旁染有青色，产生一种光晕感。

从交叉点向四段梁看去，皆为三亭式彩画，与梁枋彩画相似但更为简单。唯独递角梁尾较短，只有一边的找头和枋心局部，其他三段都完整展示。内弧式双层枋心框，内绘红地黄色西番莲纹样——抹角梁枋心内绘两朵，递角梁长的一段绘三朵。西番莲缠枝纹以黑线白描，线条活泼多变，填以黄色，没有晕染。找头部分为"二破"如意头团花纹，莲瓣花心为红色，外层如意瓣为绿色叠晕，在各如意花瓣间隔处有黄色半圆相连。抹角

梁最外两端被斜斗栱遮挡了一个"整"团花，只能看见左右花瓣，花心不得见。红色为地，其余用色与"破"花相反。岔角处为黄色圆圈，箍头为直宽条。

5）柱头：室内瓜柱中部施锦纹（图 1-19e），青绿色已变深，凸现黄、红色。箍头亦为直条。在斗栱与梁架的内层枋上也绘有如意缠枝纹样，黑线勾勒填以红色。在较深层的木构上也施以彩绘，并且线条匀称、染色细致。

6）雀替：脊枋、抹角梁、递角梁两端施雀替，雕夔龙纹，施红黄色。

从雷坛殿内明代彩画原构可以看出，红色作为地色大量运用，纹样中也有使用。黄色也不仅仅是"点金"似的使用，所用处较多，由红黄二色形成了整体统一的辉煌氛围。殿内斗栱整体施色，少花纹，仅结构间有规律性变化，与梁枋细丽的纹样相区别，视觉上更为凸显。同时也看到，建造者在当初修建时非常重视这座建筑，画匠们一丝不苟地对待整个建筑彩画，在深层木构也施以彩画，对每一个细节都追求完美，绝无潦草随意之处。

1.2 藏式建筑彩画典型——拉卜楞寺

1.2.1 拉卜楞寺建筑概况

拉卜楞寺，藏语全称为"噶丹协珠达尔杰扎西叶苏曲为林"，意为"且喜讲修兴盛吉祥右旋洲"，简称"拉章扎西曲"，泛称为拉卜楞寺，意为"僧侣宫邸"，指嘉木样所居之公所[①]，是藏传佛教格鲁派六大宗主寺之一[②]，位于甘肃省甘南藏族自治州夏河县城西 0.5 公里的大夏河北岸。该寺建于藏历第十二个甲子的乙丑年（清康熙四十八年，1709 年）。是安多藏区政治、经济、文化的中心，亦为甘、青、川交通的要衢，1982 年被国务院列为第二批全国重点文物单位。

---

① 陈中义，洲塔《拉卜楞寺与黄氏家族》.兰州：甘肃民族出版社，1995. P1.
② 黄教六大寺院是：西藏的甘丹寺、哲蚌寺、色拉寺、扎什伦布寺、甘肃的塔尔寺和青海的拉卜楞寺。

拉卜楞寺的根本施主是青海和硕特蒙古前首旗黄河南亲王察罕丹津，于1709年在拉萨迎请到誉满康青卫藏的嘉木样协巴多尔吉，返原籍修建拉卜楞寺①。首先修建了有八十根柱子的大经堂，以及内设的神殿②，嘉木样一世亲任拉卜楞寺首任总法台。清乾隆三十年（1765），嘉木样二世在任本寺法台的同时，兼任青海塔尔寺法台。清道光二十八年（1846），嘉木样三世兼任青海塔尔寺法台。清光绪九年（1883），嘉木样四世兼任青海塔尔寺法台③。"自清代以来，此地向属于循化厅，民国初年，相沿仍为宁海军驻防之地。"④直到1958年。经历代嘉木样不断扩充和广大僧众的努力，逐渐发展成包括显、密二宗的闻思、续部上、续部下、医学、时轮及喜金刚等六大学院。拉卜楞寺形成了一套政教合一的组织机构和教务、政务的统属关系。它既是安多地区的最高学府，也是最高行政首脑机构之一。

顾颉刚先生曾记载"上山，望拉寺全景。此寺区域大于北平皇宫，其璀璨亦逾于皇宫，金银珠宝之饰尤较皇宫为甚，殊有黄金铺地之概，盖二百数十年来安多区蒙藏民之财富尽流潴于此矣。"⑤何正璜对其有"中国的梵蒂冈"⑥之评价，足见其宗教地位之重要和建筑规模之宏伟。

---

① （清）阿莽班智达原著 玛钦·诺悟更，道周译注《拉卜楞寺志》. 兰州：甘肃人民出版社，1997. P576.
② （清）阿莽班智达原著 玛钦·诺悟更，道周译注《拉卜楞寺志》. 兰州：甘肃人民出版社，1997. P156.
③ （清）阿莽班智达原著 玛钦·诺悟更，道周译注《拉卜楞寺志》. 兰州：甘肃人民出版社，1997. PP586—589.
④ 王树民《甘青闻见记·陇游日记》，《甘肃文史资料选辑》第28辑. 兰州：甘肃人民出版社，1988. P242.
⑤ 顾颉刚《甘青闻见记·西北考察日记》，《甘肃文史资料选辑》第28辑. 兰州：甘肃人民出版社，1988. P89.
⑥ 何正璜《何正璜考古游记》. 北京：人民美术出版社，2010. P68.

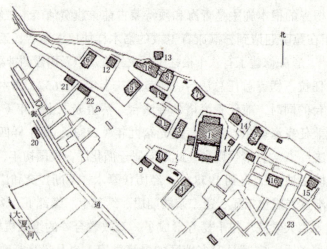

1 闻思学院　2 续部下学院　3 时轮学院　4 医药学院　5 喜金刚学院
6 续部上学院　7 弥勒佛殿　8 释迦牟尼佛殿　9 文殊菩萨殿　10 狮子吼佛殿
11 绿度母殿　12 白度母殿　13 白伞盖佛母殿　14 夏卜丹殿　15 宗喀巴殿
16 藏经殿　17 离合塔　18 嘉木榇佛宫（上宫部分）　19 喜木梓磋欠大殿
20 贡唐仓宫邸　21 郭莽仓宫邸　22 朗仓宫邸　23 僧舍群

图 1-20 拉卜楞寺主要建筑分布图[①]

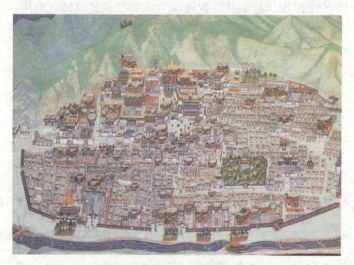

图 1-21 拉卜楞寺全景布画图[②]

---

① 甘肃省文物考古研究所，拉卜楞寺文物管理委员会《拉卜楞寺》．北京：文物出版社，1989．P12．

② 甘肃省文物考古研究所，拉卜楞寺文物管理委员会《拉卜楞寺》．北京：文物出版社，1989．图版 3．

拉卜楞寺坐北朝南，依山临水。据近年的测量数据，寺院经轮转道围墙以内占地1234亩，据上个世纪90年代的测量数据，建筑面积约有86万平方米[1]。寺院总平面略呈东西横向的椭圆形，整个寺院由六座经堂、四十八座佛殿和囊谦、五百多座僧院、两座佛塔的庞大建筑群。最外圈有一条长达五百余间的转经廊，将全寺从三面束围起来（图1-20）。论建筑规模，拉卜楞寺在格鲁派六大寺院中居第二位（图1-21），仅次于西藏日喀则的扎什伦布寺。可以说它是离西藏最远、离内地最近的藏式建筑[2]。拉卜楞寺还有大面积的僧舍，按照格鲁派的清规，僧舍一律不许建楼房，也不准彩画油漆和栽树，因此彩画多存在于学院经堂、佛殿和囊谦。

拉卜楞寺是长期逐渐扩建而成，在建设以前，并没有完整详细的规划，但在建成以后，建筑与自然环境之间相协调，具有浑然天成的统一感。整体建筑布局与主体设计均为藏式传统样式，同时保存有不同时代的大量雕绘装饰，绚烂多彩。个别建筑在藏式建筑基础上加入了汉式建筑的特色，如在藏式平顶建筑上加建汉式殿堂屋顶的做法，给了建筑彩画施展的空间，还有以汉式结构为主的建筑，也保留有精美的彩画。因单体建筑较多，修建年代与彩绘年代各异，因此只能以所建年代较早的下续部学院为藏式彩画的典型代表，而弥勒佛殿彩画以藏式彩画为主体，在金顶檐下加入了汉式彩画的一些纹饰。

1.2.2 拉卜楞寺建筑彩画

（1）下续部学院经堂：位于闻思学院大经堂东北，基地颇高，坐西北朝东南，依山而建。南北长41.75米；东西宽20.75米；通高17.24米[3]。

藏语全称"华尔旦迈居扎仓"，意为"瑞祥"下续部学院。由嘉木样一世俄昂宗哲于清康熙五十五年（1716）仿照拉萨下密院的体制创建而成。1732年，德哇仓一世——罗藏东智亲自主持完成全部建筑工程，系

---

[1] 扎扎《佛教文化圣地——拉卜楞寺》. 兰州：甘肃民族出版社，2010. P18.
[2] 甘肃省文物考古研究所，拉卜楞寺文物管理委员会《拉卜楞寺》. 北京：文物出版社，1989. P5，P11.
[3] 甘肃省文物保护研究所《下续部学院建筑残损勘察报告及修缮设计方案》（内部资料），2011. P1.

藏式密梁平顶结构，由前廊、前殿和后殿三部分组成[①]。为本寺最早的密宗建筑之一，因此可将此建筑作为该地域藏式建筑的代表。殿内主供密宗集密、胜乐、怖畏三大金刚及身、语、意很多皈依佛塑像。其后殿高四层，结构严谨，设置肃然。内主供黄河南蒙旗亲王从西藏请来的铜质鎏金释迦牟尼与西日桑格大师和其他活佛塑像多尊[②]。

1）前廊为藏式二层平顶结构，面阔五间，进深二间，六根雕绘的楞四棱柱子[③]，底层为木板地面，供礼佛、学院举行仪式时就座。按照藏式建筑惯例，整个上半部分被围帘遮挡，柱子下半部也被红毯包裹（图1-22a）。这种做法也许与此地日照强烈，遮挡可以保护木构，减缓色彩变色脱落有关。在围帘内仰头可以看见廊内檐精美的装饰雕绘，整体色调以红色为主，因历史自然原因，红色已发暗，显得沉稳雅致。按照木构结构，由上往下依次介绍。

图1-22a/b 下续部学院经堂

①天花：廊内天花顶由各色丝绸织锦按一定花色规律所覆盖（图1-22b），不见木构。用丝织品直接包裹、装饰建筑，是藏式建筑装饰中典型的一种装饰手法。

---

① 甘肃省文物保护研究所《下续部学院建筑残损勘察报告及修缮设计方案》（内部资料），2011. P1.
② 引自拉卜楞寺管理委员会的下续部学院门口介绍，1987年6月15日.
③ "楞四棱柱"是藏族多折角柱的一种，其断面据说和佛教坛城图案相同，具有宗教含义。做法是在一方形木料每面加贴木版，使断面形成多折角形。每面加贴一块木板而成十二折角形，称楞四棱柱；每面加贴两块木板而成二十折角形，又称楞八棱柱，多用于主要殿堂。陈耀东《中国藏族建筑》. 北京：中国建筑工业出版社，2007. P27.

②椽头：方形短椽头上绘红地金色花纹，中心为四瓣花，向八个方向散射，进而向椽体延伸出三瓣云头，外为金色框压边。椽身为深绿色，椽间挡板为红地，白线沥粉勾勒四朵云头，内赋青绿色。在转角处椽头密集旋转，没有露出挡板（图1-23a）。

③叠函枋：椽头下为雕刻的蜂窝状内凹式叠函[①]纹样。内凹处施红色，叠函上下两部分三角处为金白二色齐边，上部施绿色，内绘红色圆心，外为金色三角环绕。下部三角施青绿二色相间，内无花纹（图1-23a）。

图1-23a 下续部学院经堂前廊

④莲瓣枋：叠函枋下为一金色细条，下接上仰莲瓣枋。莲瓣间红色为地，外轮廓用金色花纹装饰。莲瓣内部分为两层施色，外层相邻两个莲瓣内青绿相间施色，内层轮廓为浅绿色与金色两层，内施红色，有金色小纹饰（图1-23a）。

⑤条枋：莲瓣枋下为升降云纹，在大梁枋的上下皆有此纹样。升降云纹在汉式彩画中常见，不过此处的施色不同，上方为升红降绿色，下方为升绿降红色，皆用金色勾线，形状规整严格，一丝不苟（图1-23a）。

⑥大梁枋：上下升降云纹细枋之间的梁枋由柱子间隔，分为三开间。每间正面纹样以相向的两条龙纹为主体，绿色为地，外为棱形框，框外为对称金色法轮卷草纹样相连接。明间的二条龙之间为红青色相间的喷焰夜明珠纹[②]，焰为金色，周围满饰以青绿小朵卷云纹（图1-23b）。次间梁上主

---

① 凸凹不平的叠函图为藏式建筑中常用装饰图案，是层层叠放的佛经经卷形式。见西藏拉萨古艺建筑美术研究所《西藏藏式建筑总览》.成都：四川美术出版社，2007. P340.

② [英]罗伯特·比尔著，向红笳译《藏传佛教象征符号与器物图解》.北京：中国藏学出版社，2007. P84.

体纹样亦为龙纹，但二龙之间为牡丹花叶纹样，龙身周围遍布牡丹花叶纹样。整体花纹皆采用沥粉贴金手法，金色龙纹富有张力，盛开的牡丹花瓣外形饱满大气，瓣内分染粉红色，叶子以白色勾勒填以绿色，施色饱满雅致而不艳俗（图1-23c）。侧面两端梁上框外纹样及地色皆相同，框内施以缠枝牡丹纹样，左右对称。黑色作地，白色的牡丹纹样周围装饰以红绿色小卷云纹（图1-23a）。纹样轮廓皆用沥粉施金手法，花头施白色，与正面梁上相似，纹样富丽精美，绘制严谨。廊外檐彩画可在帘内仰视到，无短椽木构，其他纹样与廊内檐基本相同，仅枋内纹样出现金色梵文吉祥语。

图1-23b/c 下续部学院经堂前廊

⑦弓木与托木：梁下弓木与托木上的纹样相连接，沿着木构边缘雕刻卷曲复杂的卷草纹样，左右对称，卷草纹漫卷舒展。弓木中间雕绘金色池子框，内雕绘祥云龙纹（图1-24a）、饕餮卷草纹样等，而此处的兽面形象并不凶猛，表情竟似有些和善。托木中间为山石上伸出对称卷草纹（图1-24b）。整体施色为红地，纹样施金、绿、黑、青色，显得深沉庄严。

⑧栌斗与柱：柱子为藏式楞四楞柱，柱头上雕绘卷草垂珠纹样，纹样从上往下逐渐变小，左右对称。在十二棱上都有此纹样，正面看层叠繁复密匝。柱体下半部分被织锦包裹，栌斗与柱头相连接，平面形状与柱相同（图1-24a）。栌斗上部分雕刻边缘，施金色，内凹雕刻一椭圆形，施白边红色，椭圆形外绿色为地，下部分雕绘卷草花纹。

图1-24a/b 下续部学院经堂前廊

⑨殿门：外形为藏式结构，门框两边墙上的门套施黑色（图1-25a），形成有收分的梯形门视觉效果，与整体建筑墙体的向上收分相呼应，形状一致，也与窗户、柱子的收分外形一致，增强了建筑造型的稳重与庄严感。木构门框上方为一排七个雕刻彩绘的正面蹲兽，两端为伸出的象首，象鼻向前伸出。门框最外层为一较薄木构，上绘绿色简单卷草纹样。向内为内凹式叠函，施红色，叠函正面绘红、绿、青叠晕的三色相互交替放射状纹样。再向内为一层

图1-25a/b 拉卜楞寺下续部学院殿门

金色木条，连接一层莲瓣纹样。红色作地，莲瓣内外轮廓沥粉，施金色卷草曲线，外层施青或绿色叠晕交替，内层瓣心为红或橙色平涂交替。莲瓣层内为金色木条，上面沥粉绘拉不断纹。最内层门框为青色作地，绘卷草纹与其他纹样结合，上方为卷草饕餮纹，左、右为卷草宝珠纹，转角处为法轮卷草纹，纹样主要施金色，以红绿色点缀（图1-25b）。这种结构与纹样均是藏式殿门的典型代表。

2）殿内彩画的基本结构与殿外前廊一致，只是较为简化。天花也是由不同花纹的绫锦有规律地覆盖装饰。叠函枋的正面花纹因烟熏已看不清色彩变化，叠函统一施红色。莲瓣枋的轮廓没有过多装饰，只是简单的分内外两层，分别施红、青色（图1-26a）。每层之间的细木构上只施色，没有纹样。

图 1-26a/b 拉卜楞寺下续部学院殿内

大梁枋内深色作地,绘有沥粉贴金的梵文吉祥语,所占比例较长。两端由上下对称卷草纹构成枋心框,亦为沥粉贴金。弓木与托木上红色作地,没有池子框,中间绘"十相自在"吉祥纹样,青地金边。木构轮廓边缘上的卷草纹样与外前廊相同(图 1-26b)。斗为方形,上面雕绘纹样亦与前廊相同。斗以下的柱子整个被彩缎包裹装饰,不得见木构。因为寺院管理制度严格,此处是唯一拍到的殿内彩画,可作为殿内彩画形制的代表。

(2)弥勒佛殿:也称大金瓦殿,殿门悬有嘉庆皇帝御赐,用汉、藏、满、蒙四种文字书写的"寿禧寺"匾额,故又名寿禧寺。该殿位于闻思学院西北,坐西北向东南,殿前有三面平房围成的横长小院,院门不大,在南房中部建筑群的中轴线上。进入院门有石砌甬道通向佛殿前廊,前廊面阔三间,进深一间,高一层,平顶。殿本身面阔同前廊,进深四间。第三层只高 3 米,仅第一、二层的半层高。建筑总面宽 26 米,总进深 20.5 米。根据剖面比例图(图 1-27),计算高度约为 21—22 米之间。

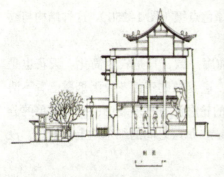 

图 1-27 弥勒佛殿剖面图[①]   图 1-28 弥勒佛殿

① 弥勒佛殿剖面图:甘肃省文物考古研究所,拉卜楞寺文物管理委员会《拉卜楞寺》北京:文物出版社,1989. P16.

该殿建于清乾隆五十三年（1788），第二世嘉木样·贡曲乎久美昂吾遵照六世班禅的法旨，按西藏扎什伦布寺尼泊尔风格大金殿样式修建，1791年竣工。当时，二世嘉木样特请三位尼泊尔的工匠主持修建，并招收了印度、孟加拉、西藏、内蒙古、河州（临夏）等地的工匠承担建筑和塑像工程，总共耗资5万两白银。其中尼泊尔工匠负责铸造殿内供奉的弥勒佛镏金铜像；西藏工匠负责石、木结构工程；河州等地的汉族、回族工匠承担木工制作和雕刻工程。……佛殿建成后，三位尼泊尔工匠定居于拉卜楞寺以东大夏河畔乎尔卡加村，当地人称之为"瓦吾仓"，其后裔仍然生活在这里，有23户[①]。

初建时只到平顶为止，至清光绪八年（1882），在平顶后部正中，加建了一座单檐歇山顶小殿（图1-28），覆鎏金铜瓦[②]。在屋顶上饰有鎏金铜狮、铜龙、铜宝瓶、铜法轮。[③]现存彩画主要在两个位置：其一为大殿一层前廊下，木构及其彩画形制皆与下续部学院相同，均为典型的藏式图案形制。其二为后代添建的单檐歇山金顶檐下彩画。

1）大殿一层前廊：其基本建筑结构与下续部学院经堂的一致，装饰纹样略有不同。

①天顶由各色织锦覆盖装饰，色彩鲜艳（图1-29a），不见木构。

②天顶下飞檐上为黑色或绿色作地，绘上下两层金色如意头纹样。椽头上纹样除了前面见到的四瓣花纹外，还有一种红色为地的太阳状纹样。在椽间垫板上有简繁两种宝珠云纹，还有黑瓣花卉纹样，施红地，纹样为白、黑、绿、橙色，变化较多（图1-29b）。

图1-29a 弥勒佛殿前廊

③下面的叠函枋、莲瓣枋，都与下续部学院经堂前廊相同。只是此处

---

① 甘肃省文物保护研究所《弥勒佛殿建筑残损勘察报告及修缮设计方案》（内部资料），2011. P1.

② 佛殿建筑部分主要参考甘肃省文物考古研究所，拉卜楞寺文物管理委员会《拉卜楞寺》. 北京：文物出版社，1989. P15.

③ 甘肃省夏河县志编纂委员会编《夏河县志》. 兰州：甘肃文化出版社，1999. P924.

的施色分为不同的两段，中间部分的冷色处施加了黑色，整个用色深沉；两端的木构采用明度较高的青绿色，使得色调较亮。两处的红黄暖色使用相同（图1-29b）。

图1-29b/c 弥勒佛殿前廊枋木/柱头

④莲瓣层下为方框形垫板，层叠雕刻，每层框施黑、黄、绿等色。中心垫板内绘缠枝卷草纹，红地，单线勾勒（图1-29b），或只平涂红色而无花纹。

⑤下方的弓木、托木与柱头纹样与下续部学院相似。池子框内亦为雕绘饕餮卷草纹样，下方宝盒状纹样凸起，内为雕绘的莲花宝珠卷草纹（图1-29c），形象饱满繁复。

2）金顶檐下：因为弥勒佛殿外周围没有可依托平台，所以金顶檐下彩画在殿外不能拍到。前后去了三次，费了很大的周折，才得到允许上楼拍摄。爬上黑暗的四层楼梯，终于得以登上金顶平台，看到金顶檐下的彩画。

佛殿面阔五间（13.6米），进深四间（7.86米），四周出廊一间，廊步1.9米，总高9.8米。金顶殿内各大小木构件均有落架维修时的编号，据管理人员称，1987年曾进行过大维修，在维修中对金顶进行过半落架维修，更换全部椽望[①]。现存椽、望板上均无彩画，廊檐下彩画应是1882年的原构。保存现状不佳，尤其是廊檐外彩画，因风吹日晒和鸟粪污损，色彩大部分已脱落，而廊檐内彩画保存较好。整体纹样形制简单，色彩丰富但不饱和，绘制规矩但不精细。

①廊外檐下檩：色彩剥落严重，只能记录现存残留彩画。以苗檩花牵[②]为间隔，每段檩上纹样为橙色作地，赭石色绘水波纹或称仿木纹（图

[①] 甘肃省文物保护研究所《弥勒佛殿建筑残损勘察报告及修缮设计方案》（内部资料），2011. P2—4.

[②] 一种用花牵代替栱的檐下木作。在河州工艺中，施苗檩的做法叫作"苗檩花牵"。参见唐栩《甘青地区传统建筑工艺特色初探》. 天津大学硕士论文，2004. PP70—72.

1-30a）。有些位置还可以看到在檩的中间位置直接绘有云纹，没有枋心框，施橙色、群青色、绿色叠晕。檩下细条枋似为后世更换过，没有施彩。

②平板枋：为池子结构，内弧形如意头双层枋心框，与竖列莲瓣及半朵旋花构成找头，条状色带为箍头。枋心内为锦纹或手法率意的折枝花卉纹，具有较高绘画水平（图1-30a）。

③额枋：纹样剥落严重，只可根据残留推测。在三亭式结构中枋心占主要部分，两端箍头长度只占很小的比例。殿两侧的额枋上，大多数枋心内为左右对称的花卉缠枝纹样（图1-30a）。明间额枋枋心绘有对称的龙云缠枝纹，龙纹采用沥粉手法，二龙之间用简单彩色弧线代表山水（图1-30b）。次间为夔龙云纹，剥落严重，形象不能完整判断，只看到残留的沥粉线底和翻卷的彩云卷草纹样（图1-30c）。如意头枋心框较为单薄，与半个团花连接，箍头仍为彩条状。

④柱头：柱头纹样分为上下两部分，上半部分多为锦纹、云纹、如意纹等。中间以青、红、绿色与白线相间的直线条与一圈如意头相连接形成箍头，下半部分绘四组垂花纹相连，与藏式柱头上雕绘的纹样相似。也有的柱头上为纵向的彩条波浪纹（图1-30d），下半部分与前相同。

⑤廊檐内梁架：栿上的彩画因鸟粪腐蚀，污损严重，依稀可以辨认出绘红地褐色仿木纹（图1-30d）。

图1-30a/b/c/d 弥勒佛殿金顶檐下

枋上彩画保存较好，可以作为檐外彩画的参考依据。枋上彩画亦采用三亭式池子框结构，枋心内土红作地，纹样有两种（图1-30d）：一种为卷云纹组合，左右对称，以绿、青、红色叠晕，每层叠色之间变化截然，白线勾边；另一种以上下对称的八瓣莲花纹为中心，土红与橙色不同明度叠晕，左右各两组缠枝纹，分别施青、绿二色叠晕，纹样简单宽大，没有占满枋心框内面积，留下较大面积的土红做地。内弧形枋心框的如意头与半朵团花相连接为找头，箍头为彩色条状。

在此处梁枋彩画的三亭式结构中，枋心所占比例较大，找头与箍头部分较短。纹样简单，绘制规整。施色较多，暖色运用较多，但颜料应不纯是矿物质颜料，因为青色艳丽，但绿、红色彩纯度不高。柱头彩画上部分为常见的锦纹之类的纹样，下部分为藏式柱子上多见的垂花纹样，仅绘无刻，虽不太精细，但基本纹样相同。

1.2.3 拉卜楞寺建筑彩画特点

以上两座单体建筑绘制的是拉卜楞寺藏式的建筑彩画，其中下续部学院经堂是完全按照西藏建筑样式进行建造的，保存有该寺内建造年代最早的原构雕绘彩画装饰，可以视为藏式建筑装饰的典型代表，具有藏式建筑彩画的特点：

1）藏式建筑的殿堂内及前廊的天顶、柱身都以锦缎覆盖，殿内悬挂锦幡、堆绣品等装饰，可以看到织锦在建筑中的装饰作用仍被保留。

2）整体色彩多采用以红色为主的暖色调，并且用金很多，青绿色只起点缀作用。在较暗的围帘内这种暖色调显得明亮而温暖。

3）在采用藏式典型的蹲兽、叠函、莲瓣、连珠纹、饕餮纹等纹样的同时，也采用了各民族都认可的吉祥纹样，如龙纹、莲花纹、牡丹纹、如意纹、卷云纹，也有几何纹、锦纹、卷草纹等具有极强的装饰性和变化性的纹样。

4）在绘制手法方面，多采用雕绘结合的手法，显得层叠繁密，工艺精细，装饰性很强，壮美之中不失细节，非常吸引人的注意力。

弥勒佛殿前廊仍然是藏式建筑彩画的样式，但后来在藏式建筑上添加了汉式重檐屋顶，现在看到金瓦顶檐下所保留的彩画，是汉式彩画在藏式建筑中的简单接受模样，属于过渡阶段，直到后面所要介绍的嘉木样寝宫，才体现出藏汉两种建筑彩画较好结合的地方式特点。

2. 河湟地区的藏汉融合式建筑彩画

在所考察的建筑中，大部分单体建筑都可以认为是藏汉融合式彩画，它们以汉式和藏式彩画为依据，对彼此进行接受认可，在历史不同时期进行了相互碰撞、结合、交流，乃至融合的过程。在各单体建筑中只有彼此程度的不同，而已经难以相互剥离，无论是在藏传佛教寺院里，还是在其他建筑里，都很难分清彼此。

2.1 寺院建筑中的藏汉融合式彩画

2.1.1 永登县连城镇显教寺

（1）建筑概况

显教寺位于甘肃省永登县连城镇的鲁土司衙门建筑群东南，与衙门建筑群隔街相望。当地有"先有显教寺，后有连城城"的民谣，是连城地区最早的藏传佛教寺院。《鲁氏家谱》中保存有永乐九年显教寺的敕谕一道[①]，因此当地人及大部分学者认为其始建于明永乐九年（1411），由三世

---

① 《鲁氏家谱》纶音卷之一中收录：敕显教寺一道，"皇帝敕谕国师班丹藏卜等及众禅师、喇嘛、有道高僧等：今僧众中，多有道高德重之人。而圣凡混淆，一时未能周知。今差人赍礼币前往尔处，有道行高者及西天、西番各处远方来在尔处其道行高者，朕皆礼请。每人致礼币一表里。尔国师、禅师、喇嘛、有道高僧与之同来，宣扬妙法，成无量功德，则尔等功德亦种种无量。尔其体朕至怀。故谕。永乐九年八月十四日。"这一道敕谕一直存于显教寺，班丹藏卜为青海瞿昙寺僧人，也即创建瞿昙寺的唪喇嘛三旦洛追的侄子，据《明实录》载：永乐八年（1410）十月甲午，曾命其为净觉弘济国师，并赐诰印。王继光《安多藏区土司家族谱辑录研究》.北京：民族出版社，2000. P90.

土司失伽所建①。2003年测绘时,又新发现大殿五架梁及其瓜柱上的题记②,确定该寺在成化七年至十七年(1471—1481)有修建。1984年在大雄宝殿平綦顶内发现有明、清唐卡99件及许多散乱的藏文版印佛经,现存永登县博物馆。2006年被列为全国重点文物保护单位。

关于显教寺的文献记载有:《明实录·宪宗实录》卷二二四"成化十八年二月辛酉,陕西庄浪卫大通寺番僧劄失丹班建寺于本寺东南隅,簇克林坚刬建寺於本地西北隅,因来朝贡,乞赐名。诏赐东南隅寺曰显教,西北隅寺曰宣化。"③

由此可见,成化十八年(1482)宪宗皇帝敕名"显教寺"。《明实录·孝宗实录》中也有该寺番僧远丹坚刬入京朝贡,请袭国师之职的记载:

卷一六〇:"弘治十三年(1500)三月丁卯……显教寺番僧远丹坚刬等,三竹瞿昙等寺番僧班剌相竹等……各来贡,赐彩段钞锭等物有差。"④

卷一七八:"弘治十四年(1501)八月戊辰,陕西显教寺番僧远丹坚刬、殊胜寺番僧捨剌先吉各请袭其师国师、禅师之职。从之。"⑤

明制国师可直接贡物京师⑥,在文献中该寺列于安多地区皇家敕建的瞿昙寺之前,可见其在15、16世纪已成为地位较为显著的藏传佛教寺院。明成祖朱棣曾敕谕高僧班丹藏卜主持本寺。

鲁土司家寺妙因寺的古隆官殿于清咸丰九年(1859)至十年(1860)重修,南北外壁嵌有重修碑铭汉藏文各一,据南壁汉文碑铭记载:

---

① 赵鹏翥《连城鲁土司》.兰州:甘肃人民出版社,1994. P91.
② 显教寺大殿题记分为三部分:"(1)陕西武公县业受匠口……成化七年至成化十七年岁……大通共存四座(2)陕西行都庄浪卫匠人成化十六年大通寺一管修浩舍人呵利。(3)各邑匠人等共木匠刘清 张贵雷负 必后 画匠谭贵 刘是 郭镇……"程静微《甘肃永登连城鲁土司衙门及妙因寺建筑研究》.天津大学硕士学位论文,2005. P157.
③ 《明实录·宪宗实录》224卷.台湾:"中央研究院"历史语言研究所校, P3847.
④ 《明实录·孝宗实录》224卷.台湾:"中央研究院"历史语言研究所校, P2874.
⑤ 《明实录·孝宗实录》224卷.台湾:"中央研究院"历史语言研究所校, PP3281—3282.
⑥ 宿白《永登连城鲁土司衙和妙因、显教两寺调查记》,《藏传佛教寺院考古》.北京:文物出版社,1996. P285 注13. P289.

"……绰尔只妙因（寺长老）何一喜额目、显教寺长老铁恩占养丹片、宣化（寺长老）包思旦巴督工。"

由此可见显教寺与妙因寺来往频繁，同时推测，在重修古隆官殿时，显教寺可能亦有维修，故有学者认为显教寺此时又经大修，并奠定最后的格局①。从以上可以看到，该寺由明皇帝所赐名，主持与皇家亦有着紧密的关系，其建筑彩画必然离不开明官式风格。同时，作为藏传佛教寺院，彩画也要体现其宗教属性，故形成了藏汉结合的地方彩画样式。

显教寺坐北朝南，原占地面积1325平方米，建筑布局沿中轴线由南向北依次有山门、金刚殿、大雄宝殿以及东西僧房十余间。现仅存大雄宝殿一座和僧房五间，其余建筑均于1958年拆毁。大雄宝殿坐北朝南，平面呈方形，面阔进深俱五间（图2-1），建筑面积158平方米②，为单檐歇山顶建筑（图2-2）。据宿白先生考证，大雄宝殿"阑额、普柏方、角柱和角科垂悬宝瓶之制同妙因寺万岁殿和德尔金堂。檐柱柱头自内伸出之穿插方头雕饰桃尖曲线与德尔金堂同。柱头与补间铺作皆双下昂、重栱、计心、五铺作。下昂皆外插昂，昂面斫出中脊，华头子无曲线以及要头上伸出之劄牵头雕饰云头等俱与万岁殿同，唯瓜子栱、令栱上缘皆雕饰⌒线，颇为别致，不见于妙因诸殿堂。"③从建筑形制上与毗邻的妙因寺建筑对比了相似之处。

有学者专文对显教寺的天顶彩画、栱眼壁画、唐卡等绘画作品进行过专题考察与详述，并得出：至明清以后平棊、藻井及栱眼上的彩绘题材与样式逐渐增多，於平棊、藻井、栱眼等建筑构件上彩绘尊神及曼荼罗的做法，除在永登连城妙因寺、显教寺、红城感恩寺等明代鲁土司属寺中出现外，河西地区其他藏传佛教寺院中却属罕见，探其源头，可以追溯至14

---

① 罗文华，文明《甘肃永登连城鲁土司属寺考察报告》.《故宫博物院院刊》, 2010（01）. P70.

② 杨鸿蛟《甘肃连城显教寺考察报告》，谢继胜《汉藏佛教美术研究2008》. 北京：首都师范大学出版社，2010. P412.

③ 宿白《永登连城鲁土司衙和妙、显教两寺调查记》，《藏传佛教寺院考古》. 北京：文物出版社，1996, P285. 但在妙因寺多吉羌殿的斗栱上缘亦有相类似的形制，与宿白先生所谈不符。

世纪后藏地区的夏鲁寺和青海瞿昙寺[①]。对建筑形制及其宗教绘画两方面风格研究判断,有助于理解建筑彩画的文化关系。

图 2-1 显教寺

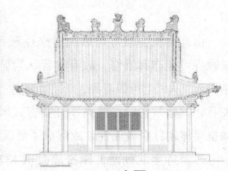
图 2-2 显教寺正立面图[②]

(2)现存建筑彩画

1)殿内彩画:大部分彩画被保存下来,只是因香火烟熏变黑,色彩辨认困难。

①天花:为平棊结构,中心设有藻井(图2-3a)。平棊以中心四柱为分割,柱外与柱内各两周,外圈距地面高度为4.07米,内圈为5.09米,内圈中心为更加升高的八阙藻井,所以在空间上形成了由外至内逐层收缩的聚焦效果。天顶彩画主要以诸佛、菩萨、护法、上师、曼荼罗等为题材,共计97幅[③]。

桯条较宽,在每块平棊方连接的岔角处都绘以寓意护持驱魔的十字羯磨杵,在中间绘以金刚杵。绿色为地,墨线勾勒,线条较为随意,施黄色。在每块天花四角都有如意云纹装饰,线条沥粉,绿色晕染,细致匀称。

---

① 杨鸿蛟《甘肃连城显教寺考察报告》,谢继胜《汉藏佛教美术研究2008》.北京:首都师范大学出版社,2010. P428.

② 程静微《甘肃永登连城鲁土司衙门及妙因寺建筑研究》.天津大学硕士学位论文,2005. P158.

③ 杨鸿蛟《甘肃连城显教寺考察报告》,谢继胜《汉藏佛教美术研究2008》.北京:首都师范大学出版社,2010. P413.

图 2-3a 显教寺天花　　　　图 2-3b 显教寺内斗栱

②斗栱：外圈墙体上的斗栱为棱间装形制，外勾墨线，内齐白边，以黑代青，与绿串色，无叠晕。耍头上雕刻三福云形制，在黑绿色基础上增加红色（图 2-3b）。

内圈斗栱上绘有花纹，较为精细（图 2-3c）。斗上以两道墨线为框，中间齐白边，内绘小花朵的锦纹，施红、绿、黑色。在栱的底面和正面都依木构绘绿色外框，墨线勾勒，中心绘 S 形卷草锯齿纹。这种彩画在感恩寺大雄宝殿见到类似形制，仅锦纹不同，皆为体现建筑的较高级别。栱眼壁画保存状况较好。

图 2-3c 显教寺内斗栱

③普拍枋：绘升降云纹，升青降绿形制，以黑代青。外圈普拍枋云头中间绘圆形花心，墨线勾勒外形，在绿地云头内又有红线勾圈，黑色为地云头内为红色实心。内圈普拍枋的升降云纹内绘右旋白海螺纹样，升降云纹里面的海螺纹样皆相同，墨线勾勒填色（图 2-3b/c）。这种纹样在其他

处没有见到过。

④檩枋：为三亭式结构彩画，枋心与找头比例依木构不同而变化（图2-3d）。檩上木构较宽，枋心占木构的三分之一强比例，而枋的木构较窄，枋心占木构长度的二分之一强。内弧形三层枋心框，框内以黑或绿为地，檩的枋心内有六个近圆形的红色佛龛纹样，中间书写梵文。枋的枋心内为间距相等的八朵莲花纹样，之间有缠枝相连，花瓣施红色，花心与缠枝均施绿色。

图 2-3d 显教寺内枋

两端找头为一整二破旋子花纹（图2-3d），旋花形制与感恩寺的颇为相似。内为莲座石榴头花心，如意形旋子花瓣，红色为地，大如意形外轮廓。岔角处也与旋子花瓣相同。整破旋花黑绿串色，相连檩枋上黑绿串色。

找头外连接盒子，檩上的盒子内为四瓣如意头相对，每瓣之间有黄色半圆连接，红色为地，黑绿相间。枋上的盒子内为对角线交叉的十字羯磨杵，与多见的垂直水平交叉有所不同。箍头为墨线勾勒内齐白边的竖条，中间施黑绿相互串色（图2-3d）。

⑤柱头：上部绘大圈锦纹，施红、绿、黑色（图2-3d）。下部由彩缎包裹，不见木构。

⑥雀替：柱间雀替为先雕后绘的相向龙头纹样，龙头形象并不凶猛，有点憨态可掬。圆眼凸睁，龙鳞宽大，雕刻简略，施黑、红、绿色（图2-3d）。

2）殿外檐彩画：色彩几乎不存，只留有墨线、白地。有些位置脱落严重，纹样形状难以分辨。

①廊内檐下檩：彩画与室内檩上形制结构一致，但是色彩不存，仅以白地墨线勾勒花纹（图2-4a）。枋心内为对称勾勒的如意形卷云纹，纹样

形状与拉卜楞寺大金瓦殿廊内梁枋上所见的云纹形制相似，只是此处云纹两边层叠较多，占满了枋心内面积，没有施色。找头的旋花与如意头盒子形状很清晰，墨线粗壮有力（图2-4b）。此处色彩似乎不是后来脱落，看线条很清晰，但看不到色彩的残留，因此认为此处当初就没有施色，或者是后世重绘时只勾勒而没有施色。

②廊内阑额：与室内檩上彩画一致，此处线条更清晰，色彩有褪去痕迹，仅留有墨色明晰。一整二破的旋花找头，连接四瓣如意头的盒子，双层圆心（图2-4c）。枋心内也有佛龛纹样，更为清晰。

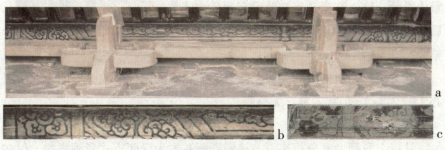

图2-4a/b/c 显教寺外檐

③廊外檐下檩：以斗栱为间隔，每段仍为三亭式彩画（图2-4d）。一整二破旋花找头，纹样饱满，墨线有力。内弧形枋心框极短，接近正菱形，中间绘云纹、圆形等纹样，脱落严重。无箍头。

④檩下枋：整体绘拉不断几何纹样，墨线双勾，没有施色（图2-4d）。

⑤斗栱：廊内檐与廊外檐下斗栱相同，全部施白地，皆为墨线勾勒木构边缘，似为刷制地色之后没有赋色（图2-4a/d）。

图2-4d 显教寺外檐

外檐的栱眼壁画脱落严重，能辨认的栱眼壁画共为29幅，多绘诸天形象和供养菩萨。有专文对其进行过考察与辨识："诸天作为栱眼彩绘，明代即已流行，普见于汉地寺院，但忿怒尊的加入，应为藏传佛教汉式建筑所特有，可谓藏传佛教与汉地建筑艺术融合的产物，明清之际流传于河湟一带。…从风格上判断，显教寺大殿主体建筑外壁一圈与环廊内圈栱眼的时代最早，未见重绘痕迹，其图像特征具有明显的尼泊尔艺术印迹，但已融入汉地风格元素。…将其与红城感恩寺的天顶彩画作比较，其尼泊尔艺术元素较强，因此可以将其时代断为明弘治之前，至少在成化年间应不为过。"①

如此对比，外檐下建筑彩画除了大门上阑额有褪色痕迹外，其他位置为何仅是白地墨线勾勒，从其纹样的形状绘制对比来看，又与殿内彩画一致。究竟是当初就没有施色，还是后代重绘时覆盖了原有彩画，但没有进行完整呢？

图 2-4e 显教寺外檐

⑥梁头：檐角伸出的梁头上绘有圆形轮廓的俯莲瓣纹，中间为双层圆心（图 2-4e），墨线勾勒，无施彩。

（3）彩画特点

从以上彩画考察分析来看，该殿彩画基本为汉明官式彩画样式，仅在细节处纳入了藏传佛教的纹样。与建筑形制的特点相同，在汉式彩画的结构基础上，体现着藏传佛教的宗教属性。

1）彩画基本结构为三亭式，旋花找头的基本形制为一整二破，形象饱满，旋花形制与瞿昙寺相似。长木构上有盒子箍头，而在短木构上则没有，旋花及盒子形制与感恩寺彩画相似，略有不同。

2）在纹样细节上，盒子内除了常见的如意形外，还出现了十字羯磨杵纹样，这在考察的其他建筑彩画的盒子内没有见到过类似纹样。在平棊的桯上也有金刚杵和十字羯磨杵纹样。在枋心内有佛龛形的梵文、莲花纹，在升降云纹内出现了右旋白海螺纹样，这些都显示了其藏传佛教的特点。而类似锦纹、几何纹、如意云纹等没有特别宗教属性的纹样，也有出现。

3）施色上比较凸出的是红色的运用，与雷坛、感恩寺等处的用色有所相似。没有青色，以黑代青，与绿相衬，与瞿昙寺所见相似。黄色使用

---

① 杨鸿蛟《甘肃连城显教寺考察报告》，谢继胜《汉藏佛教美术研究2008》.北京：首都师范大学出版社，2010. PP425—427.

较少，仅在法器、花心等较小面积上运用。因此亮色调较少，加之日久烟熏，殿内色调很深。而对殿外彩画的白地墨线无色彩的保存现状，本文提出了疑问。

根据殿内题记，除了记录年代之外，也表明了在当时的寺院建设工程中既有庄浪卫（永登）的当地工匠，也有来自陕西武功县的中原工匠参与①。可见在该地域建筑彩画发展中，明代官式首先进入该地域，后随着历史发展，在重绘或是较晚的建筑彩画中，又结合藏式典型纹样进行结合与变化。再对比该殿宗教绘画的研究文献②，较早期的绘画中呈现出的尼泊尔外来风格较为明显，而到后期结合汉式绘画，显出地方风格，同时也认为此处的一些绘制做法与14世纪后藏地区的夏鲁寺和青海瞿昙寺有相似之处。由此可见，建筑彩画与宗教绘画的发展并不是完全同步的，彩画与宗教绘画在个别情况下进行着相反相成的历程，但是最终各自都形成了河湟地区的地域性特点。

而根据宿白先生对建筑形制的考察对比，判断得出：

> 显教寺大殿和妙因寺万岁殿三间见方的佛堂，四周绕建礼拜道的安排，是15世纪以前藏传佛教佛殿流行的布局，而万岁殿重檐歇山下檐覆盖的一匝礼拜道与青海乐都瞿昙寺前殿形制相同，亦与西藏日喀则夏鲁寺门楼第二层上的布敦堂完全相同。夏鲁寺系元至顺四年（1333年）"夏鲁万户长吉哉从内地请来许多汉族工匠，同当地工匠合作重新修建"③的，看来，这种重檐歇山的藏传佛教佛殿最迟在14世纪中期即已出现，并于14世纪中期迄15世纪已流行于西藏及甘青地区。④

结合对彩画的考察，通过分析可以看到，显教寺彩画与瞿昙寺、感恩

---

① 程静微《甘肃永登连城鲁土司衙门及妙因寺建筑研究》. 天津大学硕士学位论文，2005. P3
② 此处参考杨鸿蛟《甘肃连城显教寺考察报告》，谢继胜《汉藏佛教美术研究2008》. 北京：首都师范大学出版社，2010. PP427—428，与宿白《藏传佛教寺院考古》. 北京：文物出版社，1996，PP285—286.
③ 欧朝贵《汉藏结合的建筑艺术夏鲁寺》.《西藏研究》，1992（01），转引自宿白《藏传佛教寺院考古》注44. 北京：文物出版社，1996，P290.
④ 宿白《藏传佛教寺院考古》. 北京：文物出版社，1996，PP287—288.

寺等处的彩画有着很多一致之处，因此可以初步判断出建筑彩画应该与建筑形制的发展是同步历程。

2.1.2 永登县红城镇感恩寺

感恩寺又名"大佛寺"，位于甘肃省永登县城约34公里的红城镇永安村，2006年该寺被列为全国重点文物保护单位。感恩寺为当地鲁土司家族建造，根据《鲁氏家谱》和碑亭内所立《敕赐感恩寺碑记》记载，该寺始建于明弘治五年（1492），竣工于弘治八年（1495），为明孝宗表彰长期镇守西北地区的鲁土司而特意敕建[①]。目前寺院始建布局保存完整，主要殿宇均为明代原构。1982年甘肃省文物局对建筑进行了维修，20世纪90年代又对残损的雕塑进行了修复。

（1）建筑概况

寺院坐北朝南，南北长133米、东西宽19.3米，占地面积2700多平方米，建筑面积约500平方米[②]。寺院布局为传统汉地禅院"伽蓝七堂"的格局，现存主体建筑自南向北，有牌坊山门、碑亭、垂花门（二门）、金刚殿、天王殿、地藏殿、药师殿、护法殿、菩萨殿、大雄宝殿以及厢房，其中山门、碑亭、垂花门、金刚殿、天王殿、大雄宝殿处于同一条南北向中轴线上。碑亭殿为嘉靖四年（1525）所修，山门和垂花门为清咸丰八年（1858）增修，地藏殿和药师殿为20世纪90年代新修，其余主体建筑均为始建时期的明代原构[③]。

（2）山门：为牌坊状，三楹四柱，共长10米，每楹上有一悬山顶，下垂斗栱，中间匾额曰"慈被无疆"，为咸丰八年（1858）十七世土司鲁如皋所书，上款为"咸丰十八年岁次戊午九日上浣吉日立"，下款为"钦加二品管束庄浪土官土军世袭掌印指挥使司指挥使副总府加五品鲁如皋撰并书"。牌坊后连一歇山顶正门。

---

① （明）鲁光祖《鲁氏家谱》三卷，永登县档案馆藏。又见明嘉靖四年《敕赐感恩寺碑记》，原碑保存在感恩寺碑亭内。
② 感恩寺建筑各处测量数据依据罗文华、文明《甘肃永登连城鲁土司属寺考察报告》，《故宫博物院院刊》，2010（01）.P69。
③ 参见《甘肃省永登大佛寺感恩寺勘察报告》，永登县文化局收藏。

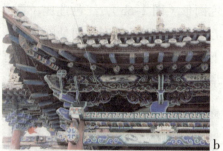

图 2-5a 感恩寺山门牌坊　　　　图 2-5b 感恩寺歇山门

山门框为莲瓣内凹叠函大金点，典型的藏式纹样。叠函上施青色，与牌匾上的地色相一致，色彩较古朴，推测门框彩画应为原构（图 2-5a）。牌坊上部及后面连接的歇山门，彩画纹样较为简单，色彩鲜艳完整，尤其群青色分外夺目，这部分是在 1981 年永登县文化馆维修时重绘（图 2-5b）。

（3）碑亭殿：平面呈长方形，面阔三间，进深一间，东西长 8.5 米、南北宽 5.8 米，建筑面积 49.5 平方米，单檐歇山顶，檐下施单翘单昂三踩斗栱。亭内正中为五世土司鲁麟（1456—1506 年）撰文、六世土司鲁经书丹、鲁经子鲁瞻（1516—1542 年）篆额的"敕赐感恩寺碑记"，嘉靖四年（1525）立碑①。整个石碑高 3.5 米，碑文前面为直书汉字，旁背面为横书藏文，两旁配以云朵图案。

碑亭殿内部木构皆为原构，赋有彩画原作。色彩褪色严重，但是依稀能够辨认纹样。而外梁架木构建筑彩画均为后世重绘，已难见旧貌。

①梁枋彩画大部分为三亭式结构旋子花纹（图 2-6a）。枋心和找头长度根据木构的长度不同，比例也不尽相同，应无严格规定。墨线粗疏大胆勾勒，整体花纹古朴简洁。

枋心大部分与找头长度相同，内弧形枋心框，绿黑色叠晕。枋心内有一相似形状的小框，红色或绿色为地，内绘有藏传佛教法器或吉祥图案，图案较为简单。若构件较短，则相应地缩短枋心，近似方形，单层枋心框（图 2-6a）。

找头部分为"一整二破"形制，花纹较为简单疏朗。花心有三种：红

---

① 苏裕民《红城〈感恩寺碑记〉撰写立碑时间考》.《丝绸之路》, 2001（01）.

色圆形（图2-6b）、红色莲座（图2-6c）、红色花瓣状（图2-6a）。在花心与大如意形外轮廓之间是旋子瓣，整花和破花并没有相切。在较短构件上，无整花，只有两个破花与枋心框相连接。找头花纹与瞿昙寺前院明代早期彩画有所相似。

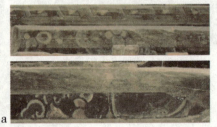

图2-6a/b/c 感恩寺碑亭殿

整体以红色做地，依稀能够辨认出绿色，没有青色，整与破之间串色。有些地方色彩已经脱落，根据脱落的位置，应该是与绿色相错的颜色。岔角为白色栀花或圆形。

较长的构件上加有盒子（图2-6b），盒子内花心为两层，内层为太极图式圆形，黑绿相间，外圈平涂浅色。花心外为四瓣对称如意纹，对角线用色相同，为黑绿叠晕施色。四朵大花瓣之间连接以四个浅色小半圆。较短构件则无盒子，只有直线条状箍头。

②石碑正上方的脊檩枋上绘有包袱子彩画。檩、枋侧面，枋底面用半圆形枋心连成一气（图2-6d）。双层枋心框，向上外弧形。枋心内绘平行的二方连续五瓣小花卉纹，花卉之间以白色环形结构相连接。找头部分在檩、枋侧面上为一整二破结构旋花，如意形岔角，盒子内为锦纹。直线条状箍头。枋底面与正面纹样相连接，找头紧接枋心框，为外圆内方的钱币形纹样，盒子部分与枋侧面纹样相连接，但是在钱币纹与盒子之间的纹样已脱落无法辨析。色彩也被香火熏染，只能辨认出红地，纹样施黑色、白色和黄色。

图 2-6d 碑亭殿脊檩枋

③斗栱上没有花纹，做棱间装形制（图 2-6a）。因历史原因，色彩仅能依稀辨认出绿色和墨色，似无青色。斗和栱交替施黑、绿色相间，墨线压边，齐白粉线。栱眼壁画为包含有六字真言的花卉纹样。

（4）垂花门仅有檐下木构有彩画，门楣及门柱都已被刷了红色防火漆（图 2-7a）。

图 2-7a/b 感恩寺垂花门

①飞檐椽和椽头皆为方形（图 2-7b）。飞檐椽头上绘黑白色对角线交叉，白线为中心，黑线紧切，四个三角形内对称施青、绿色。椽头上为水平垂直交叉分割，黑线为中心，白线相切。四个小方形内青绿相对施色。

②檐下檩绘波浪形结构的半莲花纹样（图 2-7b）。墨色勾线，线条爽利。以斗栱为分界点，花心为双层圆形，内层施青或绿色，外层为白色。圆心外为莲花瓣，施红色，色彩单薄。外层花瓣轮廓为圆形，内层有青色旋子状。整体团花外地色均为绿色，波浪形为青白色相间。

③斗栱有四攒，两边柱头斗栱整体施青色，中间两攒补间斗栱整体施绿色（图 2-7a）。斗栱上绘有如意纹样，栱两边对称向上的弧形构成如意柄形状，末尾翻卷如意头状。木构边缘整体压白边，内部施青绿色，双层叠晕。坐斗上绘相向卷云纹，其他散斗上没有花纹，仅有施色（图 2-7b）。

与妙因寺万岁殿、多吉羌殿斗栱上的卷云纹有类似之处，但此处花纹较为简洁大方，妙因寺的更为繁密。

（5）金刚殿：又名哼哈二将殿，平面呈长方形，

图 2-8a 感恩寺金刚殿

面阔三间，进深一间，东西长10.4米、南北宽5.8米，建筑面积60.32平方米。单檐悬山顶，檐下施单翘单昂三踩斗栱（图2-8a）。殿正门上挂"大明"匾额，系寺内所存唯一旧匾，原匾题字为"大清"，20世纪80年代维修时除去"大清"二字露出原有"大明"二字。

金刚殿的构建、彩画、壁画及塑像等工程都应在建寺之初（1492—1495年）完成①。檐椽、门柱墙体彩画已在后代维修中覆盖以红色而不存，檩枋和斗栱彩画为清晰。

1）外檐彩画

①前檐下檩彩画为三亭式结构（图2-8b），枋心与找头部分长度相同。枋心框为直线菱形，红色为地，大部分脱落，露出木底纹，内绘如意、珊瑚、象牙等藏传佛教的七珍②吉祥纹样。找头部分不是常见的旋子花纹，而是卷草宝珠纹，箍头部分为半朵西番莲纹样。墨线勾勒，齐白线，线条舒展有力，纹样大方。青绿色叠晕，绿色较为明晰，青色仅能依稀辨认，根据存留色彩判断，所用颜料应为植物色。

后檐色彩漫漶不清，依稀可以辨认找头图案为一整二破（图2-8c），内弧式枋心框，枋心内纹样已无法辨认。找头纹样与碑亭殿内相似，为一整二破式旋花。

---

① 廖旸《甘肃永登感恩寺金刚殿栱眼壁画图像考释》，何星亮《宗教信仰与民族文化》（第一辑）．北京：社会科学文献出版社，2007. P253.

② 转轮王七珍：1）犀牛角；2）一对方形缠枝耳环；3）红色珊瑚树；4）一对圆形缠枝耳环；5）十字徽相或标识；6）一对象牙；7）镶嵌在三叶饰金座上的三晴宝石。[英] 罗伯特·比尔著，向红笳译《藏传佛教象征符号与器物图解》．北京：中国藏学出版社，2007. P60.

图 2-8b 金刚殿外前檐 /c 外后檐

②前檐檩下枋彩画在明间为大圆圈锦纹，次间为直线条箭纹（图 2-8b）。皆为墨线勾勒，内齐白线，青绿叠晕施色，与檩上风格一致。

后檐檩下枋为升降云纹，施色应为黑绿二色，但褪色严重（图 2-8c）。

③斗栱在横栱木构的上边缘为内凹式⌒⌒形状，与显教寺、妙因寺所见相似。前檐斗栱上的耍头侧面雕有卷云纹形状，正面绘以左右对称的卷云纹（图 2-8b）。斗上绘对称如意头纹，横栱上依据木构形状拉长了卷云纹，大小卷纹组合，以弧线纹样消解了木构的直线条。昂上花纹已不存，在相邻斗栱施以青绿串色。

后檐斗栱为棱间装形制，昂上色彩已不存（图 2-8c）。

2) 殿内彩画

①檩枋彩画与碑亭殿内的相似，亦为三亭式结构（图 2-9a）。找头为一整二破结构，枋心框与二破花相连接。红色圆花心，三瓣或五瓣如意形花瓣，外层为叠晕的如意形轮廓。整花有完整的外轮廓，整破花之间没有紧密连接。红色为地，在相邻木构之间、整破花之间皆为青绿串色（图 2-9b）。枋心随木构的长度而变化，内弧式枋心框，红色为地，内绘金刚杵等法器、宝珠卷草纹、佛八宝、夔龙纹、缠枝团花纹、连续几何纹等纹样（图 2-9a）。岔角处为四分之一黄色圆形（图 2-9b）。

图 2-9a/b/c/d 感恩寺金刚殿内

找头外有盒子，内绘花心为太极式弧线划分的双层圆形，四瓣如意形纹样，对角线用色相同，如意瓣之间为黄色半圆形相连。大部分木构两端只有一个盒子，但是在长木构上，枋心长度不变，在长找头部分再增加一个盒子，内绘连续红色圆形锦纹，绿色为地（图 2-9c）。各段之间以青绿叠晕竖直箍头相间隔。

在枋的底面，即观者仰视可见的那个面上，绘有不同的波浪形二方连续锯齿纹（图 2-9b），施黑白色。

②普拍枋绘左右对称的两瓣式升降云纹，在木构中心为三瓣式一朵升云纹，在其两侧排列方向相反的两瓣式纹样。施红色半圆形花心，升青降绿（图 2-9d），在瞿昙寺中院见过类似纹样。而在随梁枋上有三瓣式升降云纹，但是施色为升绿降青（图 2-9a），甚为少见。

③斗栱为棱间装形制（图 2-9d）。前后檐墙内外两侧共绘制栱眼壁画36 幅，内容分为两组：十忿怒尊及二十六诸天，他们在明代佛教艺术中是常见的题材[①]。栱眼壁画具有比较典型的汉地艺术风格，每幅壁面均配有双线方框尊神名号榜题，其中汉传明王榜题名称为汉藏文对照书写，合璧而成[②]。

整体来看，外檐彩画仅施青绿色，而殿内彩画以墨色代替青色，增加了红黄两色。殿内与殿外后檐彩画形制相同，唯独前檐不同。同一座殿的前后檐在木构相同的情况下，彩画不同，并且色彩脱落的情况差别很大，是何原因形成，这需要进一步思考。是否因殿的正面比较重要，故所采用纹样较为隆重？还是前檐彩画在后代有过重绘，暂时没有见到文献记载？

---

① 廖旸《甘肃永登感恩寺金刚殿栱眼壁画图像考释》，何星亮《宗教信仰与民族文化》（第一辑）．北京：社会科学文献出版社，2007. P253.

② 谢继胜、魏文《甘肃红城感恩寺考察报告》，永登发展高层论坛文集（内部资料），2010. P169.

（6）天王殿：建筑形制与金刚殿相似，平面呈长方形，面阔三间，进深一间，东西长11米，南北宽6.9米，建筑面积75.9平方米，单檐歇山顶，檐下施单翘单昂三踩斗栱。天王殿与金刚殿彩画也类似，仅在细节处有所差异。

1）外檐彩画

①檐下槫彩画与金刚殿彩画相似，前檐和后檐彩画类似，仅在枋心内纹样上有所变化。

②槫下枋绘连续几何形万字纹，施黑、绿色。

③斗栱形制与金刚殿后檐相同，彩画亦为棱间装形制（图2-10）。

图2-10 感恩寺天王殿外檐

2）殿内彩画

①槫枋彩画为三亭式结构（图2-11a）。找头为一整二破式旋花，旋花比金刚殿内的更为繁华。花心为三瓣式红色莲座，两瓣绿或墨色莲瓣，上为黄色石榴花头，内有红点装饰。如意花瓣由三瓣增加到五瓣，并且在最上端花瓣内有红色花心，外轮廓依然为完整如意形。整破之间黑绿串色（图2-11b）。枋心内纹样更为丰富多样。有凤凰、莲花、八宝、羽人、金翅鸟等佛教吉祥纹样（图2-11a），也有几何纹样等纯装饰性纹样。纹样绘制线条明快，色彩丰富。较短的槫梁上没有盒子，长木构上有盒子，盒子内除了四个如意瓣的栀花纹样外，还有依据木构长度进行变化的不同锦纹、万字纹等组合纹样（图2-11b/c）。岔角处及旋花之间皆为黄色半圆形。

②普拍枋上依然绘升降云纹、连续几何纹样，施黑绿色，红色为地，绘制更为精细（图2-11c/d）。

③斗栱上的耍头雕刻成三福云形状向前伸出（图2-11d），三朵云头分别施黄、绿、黑色，下方衬以红色。其他位置依然为棱间装形制，黑绿串色。

天王殿共有80幅栱眼壁画，内外壁各40幅，其中外壁栱眼壁画内容为供养天女等，保存较差，脱色漫漶严重，具有鲜明的清代绘画特征。内壁栱眼壁画题材为布禄金刚、八大龙王、不动金刚、文殊菩萨、观音菩萨、忿怒明王等，局部经过清代重绘，大部分保存较好，具有明代中期藏传佛教绘画的艺术特色[①]。

图 2-11a/b/c/d 感恩寺天王殿内

与外檐彩画相比，殿内彩画明显不同之处在于色彩的明晰和多样，除了黑绿色彩的明确之外，还有大面积的红色作地，黄色点睛。该殿内彩画的形制结构与金刚殿的一致，但是色彩更为鲜艳，纹样更为清晰，显然保护状况更佳。并且相同的纹样，该殿的绘制水平更高，更为严谨，相比较而言，金刚殿内彩画较为随意。在此处才明确看到，根据串色制度应该使用青色的位置，全部施以黑色，与瞿昙寺的情况极为相似。

（7）护法殿和菩萨殿：护法殿坐东朝西，菩萨殿坐西朝东，两殿相对而设，实为大雄宝殿前的东、西配殿。两殿建筑形制一致，平面均略呈正方形，面阔一间，进深一间，南北长 6 米、东西宽 5.55 米，建筑面积 33.3 平方米，单檐歇山顶，檐下施单翘单昂三踩斗栱。护法殿和菩萨殿的彩画也相似，仅枋心内纹样有所区别。殿内彩画保存状况很好，色彩鲜艳明晰。

图 2-12 护法殿外檐

---

① 罗文华、文明《甘肃永登连城鲁土司属寺考察报告》.《故宫博物院院刊》, 2010（01）. P75.

1）外檐彩画：脱落严重，依稀辨认出与前面介绍的两座殿的纹样相似（图2-12）。

2）殿内彩画

①檩梁枋彩画皆为三亭式结构（图2-13a）。依据木构长度不同，找头部分旋花出现了几种形制：第一种为常见的一整二破形制（图2-13b）；第二种在较长木构上，在一整二破旋花外加上四瓣如意形的盒子（图2-13a）；第三种在较短木构上出现了没有整花，仅有二破旋花连接枋心框的形制（图2-13d），并在双竖条箍头外有如意瓣组成的岔角。

旋花也出现了两种形制：一种为天王殿内见到的较为繁密的五瓣旋花（图2-13a/b），还有一种较为简单的团花形（图2-13c），由大小层叠的如意形组成，不分花瓣。这两种旋花形制在瞿昙寺明早期彩画中都有类似的出现。

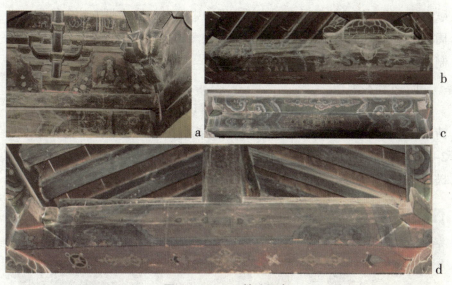

图2-13a/b/c/d 护法殿内

在内弧式枋心框内，红色为地。绘有丰富多样的枋心纹样，这部分最为体现宗教意义，藏传佛教的各种吉祥纹样如金翅鸟、龙众、法器、佛八宝、卷云纹、宝珠、莲花等与祥云组合等均有出现（图2-13a/b/c/d），各种形象绘制精美，体现着该殿的宗教性质。

②普拍枋上仍为升降云纹与连续几何纹（图 2-13a）。梁枋的底面以红色为地，绘有金刚杵等佛教法器，只是单独对称排开，没有组织结构（图 2-13d）。

③斗栱仍为棱间装形制，耍头伸出，黑绿串色（图 2-13a）。

两殿分别有 32 幅栱眼壁画。内外壁各 16 幅。其中外壁栱眼壁画内容相似，均为方位组神和印度教低级尊神，与显教寺大雄宝殿、妙因寺万岁殿栱眼所绘尊神相近，惜保存较差，脱色剥蚀严重。内壁栱眼壁画保存较好，色彩鲜艳，特征清晰，但两殿表现题材有别，护法殿为印藏祖师、大成就者和护法神，菩萨殿则全部绘制度母。从风格上看均属于明代作品①。

④柱头绘四瓣如意盒子或者锦纹，上下有黑色箍头（图 2-13d）。

（8）大雄宝殿：为感恩寺的主体建筑，平面呈正方形，面阔三间，进深三间，东西长 11.6 米、南北宽 11.6 米，建筑面积 134.56 平方米，单檐歇山顶，檐下施单翘双昂三踩斗栱。殿内中间有 5.15 米见方的主佛堂，四周围出宽 2 米的转经廊，这种布局体现出藏传佛教殿堂的特点，从建筑形制到彩画细节都体现着该殿主尊的地位。

1）外檐彩画

①前檐下檩彩画脱落严重，可以辨认的仅剩枋心框，框内花纹不清晰，似为满绘莲花宝珠纹。框外二破花直接连接盒子，无整旋花（图 2-14a）。侧檐下檩以斗栱为间隔，缩短三亭比例，枋心接近正方形，与二破花相连，无盒子（图 2-14b）。

图 2-14a/b/c 大雄宝殿外檐

②檩下枋绘升降云纹，因该殿为本寺的主殿，正檐的云纹较为细致。云头内除了黑绿二色之外，加了一层朱砂色。花心也由简单圆形变

---

① 罗文华、文明《甘肃永登连城鲁土司属寺考察报告》.《故宫博物院院刊》, 2010（01）. P78.

为栀花形（图2-14a）。而侧檐的相同纹样则较为简单，仅施黑绿色（图2-14b）。正檐下的枋底面绘有红黑色交替的连续拉不断纹和波浪锯齿纹（图2-14c），色彩清晰。

③斗栱彩画施与前面殿外檐相同的棱间装形制，双昂上色彩已不存（图2-14a/b）。

2) 殿内彩画

①檩枋彩画为三亭式结构，在短木构上找头用二破旋花形制（图2-15a），较长木构上仍然采用一整二破形制，或者增加锦纹盒子。内弧式枋心框，红色为地，内绘夔龙纹、鹰王、凤凰云纹等与佛教教义相关的吉祥形象。岔角为两瓣如意纹和四分之一圆心组合。与前面各殿不同的是色彩上除了黑绿红色外，增加用金。

②普拍枋上绘连续几何纹、缠枝莲花纹。红色为地，在黑绿色基础上增加了黄色（图2-15a）。

③斗栱上遍绘花纹。主佛堂内层斗栱上下为不同的形制，但是在耍头上都雕刻三福云为装饰（图2-15b），并且加一道横栱，雕相同纹样。栌斗

图2-15a/b/c/d 感恩寺大雄宝殿内

外轮廓施绿黑串色，内绘不同形制的团花锦纹，其他散斗上绘较为简单的锦纹，施金、绿、黑、红色。拱上绘黑绿串色的波浪形锯齿纹，即在前面枋底面出现的连续纹样。在佛堂外围的转经廊上斗栱则没有三福云雕刻，只绘有类似的不同形制锦纹（图2-15a）。

大雄宝殿内外共有224幅栱眼壁画。其中外壁栱眼壁画36幅，题材以供养菩萨和低级印度教尊神为主，但现存状况不佳，脱色剥蚀严重，从风格上看具有明代特征。内壁栱眼壁画140幅，内容丰富，有祖师（宗喀巴等）、大成就者、佛、菩萨、护法等，大部分保存较好，色彩鲜艳，线条明快；有的保存稍差，出现剥落现象，部分有重新上色的现象。藻井内壁栱眼壁画48幅，分上、下两层，上层24幅均绘梵文字母，下层24幅则绘供养菩萨，从风格判断，均为明代作品[①]。

④柱头绘大圆圈锦纹，施红黑绿色（图2-15c）。

⑤天花为正中设有藻井的平棊顶样式，由116块曼荼罗天花组成（图2-15d）。楻条上依然采用三亭式旋花结构。枋心较长，红色为地，内绘法器、龙纹、凤凰纹、夔纹等，找头为二破旋花形成燕尾。岔角处为完整如意纹样，花心为圆形太极式旋转，外围金色小瓣，四瓣如意在外层，与檩枋彩画上的四瓣如意形盒子相同。

⑥转经廊内柱间雀替为圆雕龙头云纹（图2-15a），龙头相向张嘴，生动凶猛，鬃毛后是上升状五彩云朵。

（9）彩画特点

根据以上考察分析，感恩寺建筑彩画出现三种不同时期的样式：

第一种是明代样式，包括大雄宝殿内外、护法殿和菩萨殿内外、天王殿内外、金刚殿内及外后檐、碑亭殿内，它们是该寺的主要部分。这几处彩画施色中常以红色为地，纹样施黑绿串色，以黄、金或红色点睛，没有出现青色。

1）檩枋彩画以三亭式旋子纹样居多，也出现包袱子形制。三亭式结构较为统一，比例不同，在不同长度的木构上，以伸缩枋心长度，增减旋子团花、盒子的数量等手法进行变化。

[①] 罗文华、文明《甘肃永登连城鲁土司属寺考察报告》，《故宫博物院院刊》，2010（01）．P80．

①枋心纹样最为丰富，绘制也非常精细。出现的纹样有：缠枝花草纹样，藏传佛教的法器、吉祥纹样、夔、龙纹样、凤凰纹样、连续几何纹样等几大类。除了碑亭殿内绘制较为粗疏简单外，其他各殿内的枋心纹样绘制精美，形象饱满，线条舒展有力，可与该寺主要的壁画相媲美。

②找头以一整二破为基础结构，另外根据木构长度的需要，出现了二破、一整二破＋盒子、二破＋盒子等结构。根据彩画所在位置的不同，旋花有繁简两种形制的变换：简单的为圆花心＋三弧形如意纹，繁密的为莲座石榴头花心＋五瓣如意纹。

③盒子纹样以外框为正方形的四瓣如意纹样居多，但是因木构长度的需要，还有万字纹、锦纹等纹样。大部分木构上有一个盒子，在较长木构上出现了连续两个不同纹样的盒子相并列的结构。

2）普拍枋上多为升降云纹，除了常见的三瓣云纹外，还出现了两瓣式对称设置的升降云纹。赋色上除了升青降绿，也出现了相反的设色，可见此时该地的彩画在实施中有着相对自由的变换。另外还有不同结构的二方连续几何纹、缠枝莲花纹等纹样，在各殿不同位置上进行着丰富的变化。

3）斗栱以棱间装形制居多，但是在大雄宝殿内的斗栱上出现了卷草纹、锦纹等纹样。

第二种不确定年代，即金刚殿外前檐，没有文字记载关于此处的重修记录，但是根据其檩枋、斗栱上的彩画纹样可以判断，外前檐彩画应是在明代初建之后有过重绘。檩上的三亭式结构中找头不是旋子纹，而是宝珠卷草纹样，枋心内为佛教吉祥物，斗栱上有卷云纹。但是与垂花门的纹样相比，此处纹样较为大方、舒展，绘制水平更高，纹样也不尽一致。在施色上出现青色，而该青色较垂花门的青色更为沉稳。所以本文初步判断此处彩画应不是同时期所绘，似乎介于第一、三种样式之间。

第三种是清代样式，包括牌坊山门、垂花门。尤其以垂花门为主，斗栱上有小卷云纹，出现较艳丽的青色。

2.1.3 湟中县塔尔寺

塔尔寺，位于青海省湟中县鲁沙尔镇南的莲花山，南距西宁26公里处。藏语称"衮本贤巴林"，意为"十万佛像弥勒洲"。塔尔寺是格鲁派创始者宗喀巴大师罗桑智巴（1357—1419年）的诞生地，在黄教寺院中的地位是不言而喻的，是藏传佛教格鲁派六大寺院之一。青海湖蒙古各部和当地藏族五部一直是塔尔寺的主要经济支持者[1]。它受到明清中央王朝的高度重视和扶持，而且也受到西藏宗教上层人物和历代喇嘛、班禅的重视和关注[2]。塔尔寺作为藏传佛教格鲁派在甘、青地区的重要弘法基地，也是一座巨大的宗教学府。1961年国务院第一批公布为国家重点文物保护单位。

塔尔寺的建筑形制和布局则主要以西藏拉萨的"三大寺"（甘丹寺、哲蚌寺和色拉寺）和日喀则的扎什伦布寺为蓝本。应该指出的是，在黄教六大寺院中，塔尔寺又是运用汉族传统建筑手法最多的具有藏族建筑风格和青海地方特色的一座寺院[3]。

（1）建筑概况

图2-16 塔尔寺平面图局部[4]

---

[1] 蒲文成《青海蒙古族的寺院》.《青海社会科学》, 1989（06）.P106.
[2] 陈梅鹤《塔尔寺建筑》.北京：中国建筑工业出版社, 1986.P6.
[3] 姜怀英, 刘占俊《青海塔尔寺修缮工程报告》.北京：文物出版社, 1996.P48.
[4] 塔尔寺平面图局部, 姜怀英, 刘占俊《青海塔尔寺修缮工程报告》.北京：文物出版社, 1996.P101.

明洪武十二年（1379），先建成了"莲聚塔"，明嘉靖三十九年（1560）由大禅师仁钦宗哲嘉措于塔侧倡建静房一座修禅。万历五年（1577），塔南侧建造弥勒佛殿，至此，塔尔寺初具规模。万历三十一年（1603）正月，建立显宗学院，标志着塔尔寺成为格鲁派的正规寺院。经过了四百多年不断地重修扩建，规模逐渐扩大，成为黄教六大寺院之一[①]，在它的全盛时期，寺僧多达三千六百人，大小殿堂五十二座，经堂、僧舍九千三百余间[②]，僧人主要由藏族、蒙古族、土族组成[③]。

塔尔寺占地面积约六百余亩，地势南高北低，总体布局为X型（图2-16）。寺区有小溪从南向北穿过，建筑沿溪壑蜿蜒依山而建。建筑自由分布，高低错落，构成了丰富多变的空间和交错起伏的画面。全寺现有单体建筑七千余间，包括十二座佛殿，四大学院扎仓，还有活佛公署二十余座、寺院办公处、印经院、大茶房等实用建筑，另有僧舍四十余院，各类佛塔数座，建筑数量巨大。

以下选取塔尔寺第一期建筑中的两座单体建筑做以考察分析，它们是按明制建筑法式建造起来的，采用汉族抬梁式结构。

（2）弥勒佛殿：藏文音译"贤康"，位于宗喀巴纪念塔殿南侧，坐西朝东，是宗喀巴纪念塔殿建筑群的组成部分。因此殿主供弥勒佛而得名，由禅师仁钦宗哲坚赞倡建的。殿楣上原来悬有明万历五年（1577）游吉将军唐盛世所献的"佛日重旭"匾额，现已无存。

弥勒佛殿平面呈方形，面阔、进深各五间，均为13.55米。明、次、梢间面阔递减，檐柱侧脚甚大，但无生起。此殿为重檐歇山顶楼阁式结构（图2-17）。廊柱与檐柱之间用穿插枋连接，但穿插

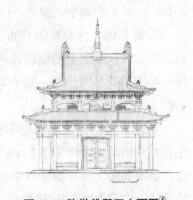

图2-17 弥勒佛殿正立面图[④]

---

① 姜怀英，刘占俊《青海塔尔寺修缮工程报告》. 北京：文物出版社，1996. P48.
② 李志武，刘励中《塔尔寺》. 北京：文物出版社，1982. P1.
③ 蒲文成《青海蒙古族的寺院》.《青海社会科学》，1989（06）. P109.
④ 弥勒佛殿正立面图，姜怀英，刘占俊《青海塔尔寺修缮工程报告》. 北京：文物出版社，1996. P143.

图 2-18a 弥勒佛殿

枋的位置不在额枋下，而是与额枋相对。下檐斗栱为明间两攒、次间一攒，均是五踩双翘斗栱，翘头宽度比正心瓜栱宽度大了约三分之一。上檐斗栱为明间三攒（中间一攒为斜栱）、次间两攒，均是七踩斗栱，翘头宽度与下檐斗栱的正心瓜栱的宽度相近。下檐只有檐椽，未用飞头，上檐则使用了飞头（图2-18a）。从总体分析，该殿的建筑形制和结构基本上保持了明代中原地区的建筑风格。此殿的上层构架、斗栱及屋檐瓦兽，则是在明、清以来的历次维修中陆续更换的[①]，但是对其建筑彩画没有文献明确记载绘制年代。

因殿前有一建筑物距离很近，拍摄角度有所限制。殿内布满了各色布幡、帏帐等，底层天花为布阵藻井。为尊重寺院管理制度，殿内没能拍照。

1）外上檐：

①飞檐、椽头：飞檐施橘红色，椽头通体施群青色，皆无花纹（图2-18b）。从色彩和手法来看，应为近年重新施色。

②檐下檩：色彩脱落严重，只能根据残留依稀辨认是三亭式旋子彩画。枋心内仅剩贴金的蝙蝠纹样，青色为地。找头部分所占比例较长，纹样为半旋子花与四分之一旋子花的反复交替组合。箍头部分为弧形的两条彩带（图2-18c）。

③檩下为花板，雕镂卷草纹样，卷草舒展大方，红色为地，施青绿色，在斗栱间相对称（图2-18d）。最后一跳的花板踩[②]较宽，绘对称旋花纹：墨线勾勒，外层为青白色轮廓，内为一层红色如意纹，再内层为绿色旋子纹，中间为红色莲花纹样，饱满质朴（图2-18c）。

④斗栱：栌斗下方绘对称如意纹，墨线勾勒，绿色叠晕。上方绘叠

---

① 姜怀英，刘占俊《青海塔尔寺修缮工程报告》. 北京：文物出版社，1996. P23.
② 花板踩是用雕饰的板材将檐下分隔成若干段，板材形如水闸，又称为闸扣踩，与陇西地区的"苗檩花牵"做法相似。参考邓禧，曹磊，李江《新疆清代传统建筑特色研究——花板踩与弧腹仔角梁》.《沈阳建筑大学学报（社会科学版）》, 2007（02）.

晕宝珠火焰纹,五颗宝珠对称施群青、绿、红色,火焰施色相同,青色勾边,内齐白边(图2-18e)。散斗纹样基本相似,仅因面积较小,将宝珠纹样简化成一个半圆,火焰纹样也为平涂,展示了这种纹样为适合木构而变化的痕迹(图2-18c)。

图2-18b/c/d/e/f 弥勒佛殿外上檐

栱上外层绘舒展如意卷云纹,占满整个栱,内层绘如意纹,左右对称合成一个如意纹。青、绿、红色相间施色,墨线勾勒,内齐白边,相邻斗栱施色相同,与红城感恩寺金刚殿前檐斗栱纹样很相似。

⑥普拍枋:为小池子结构。前檐找头部分为写生折枝花卉纹样,外棱形枋心框,施三层色,枋心内青色做地,绘狮子云纹、凤凰云纹、龙云纹。主体纹样施金色,周围云纹施绿色、红色。青色叠晕直条为箍头(图2-18e)。后檐处基本相同,仅是将找头的折枝花卉变换为缠枝莲花纹样、凹凸万字纹样(图2-18f)。

⑦阑额:为三亭式结构,次间枋心较长,内为绿地黄色梵文,外弧形枋心框,青、白、黄色交替。找头为如意头卷草纹连接半柿蒂纹样(图2-18f)——这种如意头形制与宋《营造法式》中的相似,但是在河湟地区的考察中还没有见到如此典型的宋官式纹样形制,施色与枋心框一致。明间枋心与次间相同,只是以青色为地,梵文施金。因木构较长,找头部分

又增加了半圆旋花纹样、如意头纹样，将次间黄色部分用金，这是以黄色代替用金，降低成本。箍头皆施以彩条状（图2-18f）。

在转角处可以看到阑额与普拍枋的断面呈"T"形，端头绘有纹样。普拍枋端头以青色为地，中间绘团状汉字纹样，两边对称蝙蝠纹样，皆施金色。绿色外边框，内齐金边。下方圆形阑额端头上绘宝珠火焰纹，彩色宝珠外为金色火焰纹，青色外框，内齐墨线（图2-18f），后檐处纹样与此相同。

⑧雀替：在后檐得以见到雀替，雕镂海石榴花的缠枝卷草纹样，施青绿色（图2-18f），纹样卷曲较小，手法细致。在宋《营造法式》亦有相似的纹样。

⑨柱头：角柱上绘写生折枝花卉、卷草莲花纹样，青色为地。明间处柱头上绘"十相自在"①纹样，青色作地（图2-18f），金色花纹，是典型的藏传佛教吉祥纹样。上下施彩带状箍头。

2）外下檐

下檐的彩画纹样形制与上檐基本相同，只是局部色彩较为完整鲜艳，疑是后人在原样上进行过新绘。为了防止鸟对彩画的损害，在下檐外有网子遮挡。

①椽头通体施青色，无花纹，无飞檐（图2-19a）。对比前人的考察资料（图2-20），现存应为近代新施色。

②檐下檩：纹样与上檐相同，只是更清晰。此处可以看到，檩上整体以土红色作地。枋心框为外菱形，内为青或红色作地，施金色蝙蝠与团形文字纹样，取吉祥之意（图2-19b）。找头与上檐相同，亦为旋花组合。

③檩下枋：此处枋上左右为卡子纹样，中间为对称夔龙纹。土红色为地，纹样间隔施青绿色，白色或金色勾边（图2-19b）。

④斗栱：虽然木构与上檐略有不同，但彩画基本相同，亦为如意卷云纹的变换。纹样色彩更加明晰（图2-19b）。

⑤普拍枋：主体枋的上下有两层较窄木构，用小池子结构相连，如意头枋心框，绿色为地，内绘金刚杵纹样，找头与金刚杵纹样皆施金色（图

---

① "十相自在"是汉译名，藏语称"朗久旺丹"，是把佛经自在之权的每一个自在缩成一个梵文字母，再组合成图案。阿旺格桑《藏族装饰图案艺术》.拉萨：西藏人民出版社、江西美术出版社，1999.P173.

2-19c）。中间主体木构为三亭式结构，外弧形三层枋心框，在红、绿、青色的每层之间都有沥粉贴金的一层为间隔，显得层次丰富。内绘沥粉贴金的梵文吉祥语，青色为地。找头为如意头与卷云纹样相连接，呈对称形。箍头为半圆形寿字纹样，连接一内绘金刚杵的池子形，枋心框外为沥粉贴金的如意形，与下方的找头相接。这种结构在其他地方暂时没有见过，应为适应当地较窄木构而创造的一种纹样。

后檐普拍枋为连续卷草纹样，形状宽大，每个卷草纹施色不同，有青、绿、红色叠晕，墨线勾勒，内齐白线（图2-19d），显得大气舒展。

图 2-19a/b/c 弥勒佛殿外下檐

图 2-20 弥勒佛殿一层
　　檐廊转角铺作①

图 2-19d 弥勒佛殿外下檐

转角处枋的截面上依木构方形作青色叠晕框，内贴金色框，如意形向内装饰四角。内绘金色梵文，青色为地。在阑额的圆形截面绘金色法轮纹样，青绿色为地，法轮作沥粉贴金。在枋伸出部分的侧面绘折枝花卉或卷草花卉纹样，单独成形，与主体部分不相连（图2-19a），后檐与此相同（图2-19d）。

⑥阑额：依木构长度不同，枋心长度不同，找头纹样简繁不一，但是基本结构一致，皆为三亭式（图2-19a）。枋心框为变化了的内弧形，内以青或绿为地，绘沥粉贴金梵文。找头为如意纹与卷云纹相组合，在不同长

---

① 陈梅鹤《塔尔寺建筑》. 北京：中国建筑工业出版社，1986. P222.

图 2-21 弥勒佛殿前檐[①]

度木构上稍作变化（图 2-19c），红色作地，纹样青绿色叠晕，沥粉施金线条勾勒，在不同木构上交替施色，绘制精细。各色彩条为箍头。

后檐的纹样基本相同，只是找头部分的纹样稍作简化。在明间部分找头上出现了半圆莲花形与箍头相连，以黄色代金（图 2-19d）。

⑦柱头：后檐圆柱上方为四角内弧方框，内绘梵文，青绿色作地。彩条下方为仰莲瓣与连珠纹组成箍头，再下连接如意头与垂花纹披肩，施青、绿、红、黄色（图 2-19a），是典型的藏式柱饰纹样。前檐梁头内绘吉祥八宝纹样，沥粉贴金，青色为地。下方为绫锦包裹，不得见木构彩画。对比后檐柱头纹样与前人资料（图 2-21），前檐柱头应为同一纹样。

从以上可以看出，虽然该殿的基本木构是明代汉式形制，纹样也基本采用了汉式彩画形制，如三亭式结构、旋花找头、蝙蝠纹样、团形汉字纹样、如意纹、卷云纹样等。但同时采用了藏传佛教的典型纹样，例如枋心内的吉祥梵文，金刚杵，十相自在纹，金色法轮纹、宝珠火焰纹、连珠纹等，并且出现在主体位置，以标明该殿的宗教特性。两类图案纹样共存于同一座建筑，并且让他们合为一体，相得益彰。

（3）释迦佛殿：藏文音译"觉康"，即大召殿。坐西朝东，位于大金瓦殿北侧，与弥勒佛殿对称而立。此殿始建于明万历三十二年（1604），是塔尔寺第一任法台俄色嘉措主持兴建的。

此殿平面呈方形，面阔、进深各五间，通面阔 12.6 米，进深 10.45 米，为重檐歇山楼阁式结构。檐柱为圆形，阑额与普拍枋的断面呈"T"形。阑额采用塔尔寺特有的两根不规整的枋木叠置而成。廊柱与檐柱之间用穿插枋连接，穿插枋的位置被置于阑额上，似有代替抱头梁的作用。上下檐明、次间各施斗栱两攒。上檐斗栱为五踩双翘，下檐斗栱为七踩三翘。下檐没有飞头，上檐则用檐椽和飞头，与弥勒佛殿为同一手法。底层梢间辟为迴廊，廊内悬挂转经的嘛呢轮。殿内三面砌墙，正面中间辟藏式

---

① 陈梅鹤《塔尔寺建筑》. 北京：中国建筑工业出版社，1986. P78，图版 2—19 弥勒佛殿局部。

殿门。屋脊为黄、绿相间的琉璃花脊，正脊中央置有鎏金铜质宝瓶，屋顶铺灰瓦。此殿的基本结构为明代风格，但其构件大都是后代维修时更换的[①]。

因其建筑结构与弥勒佛殿类同（图 2-22），因此其彩画也甚为相似。但是相较之下，其做法具有较多的地方特色（图 2-23a）。

图 2-22 释迦佛殿正立面图[②]

图 2-23a 释迦佛殿

1）外上檐

①飞檐、椽头：飞檐施橘红色，之间的挡板为白地、书青色寿字纹样。檐椽通体施青色，无花纹（图 2-23b）。从色彩和手法来看，应为近年重新施色。

②檐下枋：以斗栱为间隔，每段为三亭式结构，直线菱形如意头双层枋心框，枋心内以青、绿、红色为地，绘如意云纹，三两成一组，施青绿色叠晕，白线勾勒。框外如意头直接连接竖条箍头（图 2-23b）。

③枋下为花板，每段以斗栱为中心，雕绘对称的左右勾连卷草纹样，卷草为三瓣头形状，简单饱满。红色为地，施青绿红色叠晕。与藏式弓木托木边缘上雕绘的卷草纹形状很相似（图 2-23b）。

[①] 姜怀英，刘占俊《青海塔尔寺修缮工程报告》. 北京：文物出版社，1996. P24.
[②] 释迦佛殿正立面图，姜怀英，刘占俊《青海塔尔寺修缮工程报告》. 北京：文物出版社，1996. P131.

图 2-23b/c/d 释迦佛殿上檐

斗栱之间的花板跺较宽，绘孔雀开屏状旋花纹样。在明间的最中心为三个旋子构成，红色叠晕，用青色箍束，次外层为绿色旋子，再外为红色与青色叠晕的团花轮廓，土红色作地（图2-23b）。在次间处的花板上层次更为繁密，花心为一半圆形，外面由旋子和莲瓣层叠六层，墨线勾勒，线条随意灵动（图2-23c）。

④斗栱：纹样与弥勒佛殿相似，只是纹样略显呆板。栱上的如意形宽大，没有叠晕，墨线勾边，内齐白线，宽度和色彩相同（图2-23b），因此显得平板少灵动。

⑤普拍枋：比弥勒佛殿的较窄，为小池子结构（图2-23b）。每个池子之间有一个团花纹样，以柿蒂纹为中心，红色花心，在四瓣青色柿蒂之间有绿色圆瓣，外层为红色团花轮廓，均为叠晕施色。如意头枋心框，内绘几何纹样、锦纹、折枝花卉等纹样。

⑥阑额：为三亭式结构，外弧形枋心框。明间的框外为如意形旋子纹，形成菱形外轮廓，与卷草纹组成的找头之间为互补菱形状，类似藏式梁枋上的形制，而卷草纹连接半个柿蒂纹（图2-23b）。次间的如意头枋心

框较为简单，找头为四分之一旋花与半旋花层叠相连（图2-23d）。枋心内皆为吉祥梵文咒语。箍头为彩条状。

在转角铺作处可以看到，普拍枋和阑额端头形成的T形处纹样简单。普拍枋较窄，故截面只绘盒子纹样，层叠相套，与藏式柱子中栌斗处纹样相似。阑额截面为圆形，在双层轮廓内绘孔方纹样，似古钱币纹样（图2-23e）。

图2-23e 释迦佛殿上檐

⑦雀替：雕绘牡丹卷草纹、莲花卷草纹，从柱向两边生发。虽然卷草枝叶纹样相同，但是各组的花头不同，形成丰富的变化。雕刻细致生动，施青绿红色，设色雅致（图2-23d）。

⑧柱头：明间檐柱头上绘斜向万字纹，上下为条形箍头（图2-23d）。角柱表面被分开，分别绘写生折枝花卉纹样，青色为地，白色花卉（图2-23e）。柱身皆为红色。

2）外下檐，椽子以下也用网子相隔。

①椽头：在前人考察资料中看到椽头彩画为六瓣花纹（图2-24），但在今年的考察中看到椽头通体施青色，应为近年所重施（图2-25a）。

②檐下檩：前檐脱落较为严重（图2-25a），后檐较为清晰（图2-25b）。枋心内为蝙蝠与团形汉字纹样，施金银色。其余与弥勒佛殿的纹样相同。

图2-24 释迦佛殿一层[①]

③檩下为雕绘的花板，但是与上檐形制不同。前檐花板轮廓似佛龛上沿轮廓，正面雕刻相向的卷草纹，纹样雕刻精美，施青、绿、红色。虽与上檐卷草纹样不同，而风格一致（图2-25a）。后檐较为简单，仅在轮廓处

---

① 陈梅鹤《塔尔寺建筑》. 北京：中国建筑工业出版社，1986. P222.

有卷曲，而花板正面没有纹样，青绿色叠晕（图2-25b）。

前檐处花板踩同样绘孔雀开屏状团花纹样。形制与上檐相似，为旋子与莲瓣层叠组合，只是在内层的红色大花瓣上绘制了更为细致的白色花瓣脉络（图2-25a），显得更为精细。后檐处将旋子纹变成西番莲瓣的旋花纹样（图2-25b）。

④斗栱：彩画形制与上檐相同，再不赘述。

图2-25 a 释迦佛殿下前檐 /b 后檐

⑤普拍枋：结构形制与上檐相同，前檐枋上两个外层如意头枋心框之间为一个四瓣如意头组成的团花，内层枋心框外为金色如意卷草纹样。枋心内绘彩带缠绕的八贡品等吉祥纹样（图2-25c），除了青、绿红色叠晕外，还有施金。从其纹样和色彩都可看出其级别较高。后檐彩画与前檐相似，但枋心框之间为八瓣团花，枋心内纹样更为丰富，有祥龙云纹，锦纹，宝珠卷草纹，万字纹等（图2-25d）。

⑥莲瓣枋：这个结构是藏式建筑中典型的装饰纹样，但在弥勒佛殿没出现。仰莲瓣采用雕绘手法，最外层为如意头样式，施青或绿色叠晕，墨线勾勒。中间为红色与金色构成，最内层为成卷的丝绸纹样，施青绿色叠晕。每个莲瓣之间都有一层朱砂色叠晕的间隔（图2-25c/d）。

图2-25c/d 释迦佛殿下前檐 / 后檐

⑦阑额：三亭式结构，枋心内以青绿为地，用沥粉堆金手法绘制梵文咒语。前檐明间额枋被绫锦遮挡，不得见木构。次间外弧形枋心框，内外两层施沥粉贴金，大小如意头共三层组合，连接团形汉字纹样，团形外有四个旋花向外散出，每个旋花施金、绿、白色，他们之间还有青色叠晕的云头装饰，这些共同构成找头（图 2-25c）。梢间仅为简单的如意头框。后檐的明间、次间的枋心框外均为金色如意头，找头外轮廓与其形成互补菱形，找头为如意卷云纹连接半团花纹样，团花与半圆形汉字为花心，外层以莲花为瓣（图 2-25d）。梢间亦为如意头框，没有施金。箍头仍为彩条状。

在转角处柱头上方，普拍枋、莲瓣枋、阑额的端头分别绘有不同的纹样。普拍枋端头为长方形，绘二蝙蝠夹一团形汉字纹样；莲瓣枋端头为方形，绘锦纹；阑额端头为椭圆形，绘宝珠火焰纹（图 2-25e）。

⑧柱头：檐柱头上长方形枋心内以青绿为地，绘"十相自在"纹样，沥粉贴金手法（图 2-25a/b）。角柱头为叠晕万字形纹样（图 2-25e）。上下皆为彩条箍头。柱头下方为如意头垂花纹披肩，与藏式棱柱上的装饰类同。

⑨雀替：后檐柱间为雀替，明次间为雕绘的牡丹卷草纹样，牡丹施白色，卷草青绿叠晕（图 2-25b），梢间较为简化，出现了单独的卷草纹。前檐柱间为连接栱券形挡板：对称雕刻卷草纹，形制类似藏式弓木托木边缘上雕绘的卷草纹形状（图 2-25a）。以青或绿色叠晕为地绘于平板处，卷草为先雕后绘，施青绿红色叠晕。明间次间相同，梢间因木构较短，纹样更为简化。这种形制在妙因寺科拉廊见到相同木构与类似彩画。

图 2-25e 角柱

（4）彩画特点

塔尔寺一期的这两座单体建筑是明代汉式建筑而带有地方性特点的作品，其中弥勒佛殿是采用明代官式营造手法的殿宇式建筑早期代表作。这个时期该地域受中原文化影响较大，受西藏文化艺术影响较小。建寺也多用汉族工匠，故形成了汉式传统宫殿式建筑形式，建筑彩画方面也基本采用了比较典型的汉式彩画。而释迦牟尼佛殿相对而言较多地吸收了青海地区的当地建筑手法，在彩画方面也融合了藏、汉两种建筑装饰风格，具有更多的地方特点。

对以上两座早期建筑彩画的考察中可以看到，从整体纹样结构，到每个纹样的形制，以及施色的特点，均体现出了藏汉两种建筑装饰纹样相互碰撞、融合的过程特点。

1）纹样基本采用了汉式彩画的形制，在梁枋上多采用三亭式结构、小池子结构。

2）如意头的枋心框与找头部分相连接，找头多见旋子纹样，也有团形汉字纹样、莲花纹、团花纹、如意纹与卷云纹样的组合等，是汉式的纹样特点，但是又不是严谨的官式结构，比较自由多变。在后来的释迦牟尼佛殿额枋上看到了藏式枋上多见的菱形找头结构，如意头枋心框与找头互补，中间留有一个空菱形，露出地色。这种变化让我们看到了找头纹样的过渡变化。另外，在释迦牟尼佛殿出现了莲瓣枋，更是具有藏式装饰特点。

3）枋心内纹样属于内容最为丰富的位置，也是主要点睛之处，它的文化指向性最为明确。既有蝙蝠纹样、团形汉字纹样、凤纹等典型汉式纹样，同时也采用了一些藏传佛教中的典型纹样，如吉祥梵文咒语、八贡品、金刚杵、十相自在、金色法轮、宝珠火焰纹样、连珠纹等藏式纹样，并且多出现在主体位置，以标明该殿的宗教特性。还有一些在藏汉文化中都采用的纹样，例如祥云龙纹、莲花纹、牡丹纹、万字纹、锦纹、狮子纹、折枝花卉纹、卷草纹样等，体现了两种文化特点的共同性。

这些纹样或单独或同时出现在同一木构中，目前看来这种结合既适应了木构特点，又突出了藏传佛教的宗教地位，两种装饰图案合为一体，相得益彰。

4）斗栱多采用了如意卷云纹样，但是也出现了宝珠火焰纹及其简化结构，在木构上运用得非常贴切。在柱子上这种结合更是紧密，柱头部分多为方形枋心结构，下部则使用藏式棱柱中多见的如意垂花披肩纹样。在花板上的雕绘卷草纹与藏式弓木边缘雕绘的卷草纹形制很相似，他们相互借鉴学习，互相融合。

5）在施色方面，既没有拘泥于汉式青绿主调的特点，也没有出现后来藏式纹样中的以红、金为主调的特点。而是在青绿施色的同时，出现大量的土红色，并且在正面和主要位置施金，次要位置施黄色代金，形成了自己的地方式特点。

另外还有文献记载这种藏汉建筑融合的其他建筑，如文殊菩萨殿的十根廊柱由柱子到屋檐的一整套构件，从正面看为藏族形式，而背面却表现出汉族风格——廊柱正面的装饰自下而上依次是"亚"字形折角柱、大小托木、梁枋以及连珠纹、莲花累帙等藏式图案，廊柱背面的装饰却变成大小雀替承托梁枋的汉式结构。三世达赖喇嘛灵塔殿围廊的装饰，正面六柱及柱头结构为标准的藏族建筑形式，而左、右两侧及背面的廊柱则均为汉式建筑结构①。

由此可见，从塔尔寺建寺开始，就已经在中原汉文化的基础上，结合使用藏汉两种特点的文化，他们的彼此交流伴随着藏传佛教的传播、宏大的历史过程。在后来历代的扩建重绘中，仍然保持了这种特点，并且进一步融合。在不同时代的单体建筑中，虽然有着不同的侧重点，但是两种文化特点的纹样在同一座建筑中已经密不可分，难以完全分割，形成了他们独特的地域风格。各族匠人在此过程中，发挥其智慧，使得佛殿建筑彩画既起到保护木构的实际作用，又具有藏传佛教的宗教性质，弘扬佛法的作用，同时还符合青海湖蒙古各部的布施者及当地民众的审美习惯。

2.1.4 永登县连城镇妙因寺

甘肃永登连城的妙因寺是鲁土司衙门的家寺，它位于甘肃省永登县西面连城镇。连城镇地处甘肃和青海交界地域，北与天祝藏族自治县相连，西与青海乐都县相接，南是红谷区和青海民和县，东边是永登县城。

鲁土司家族一共有十九代，统治当地五百年之久。这个家族主要信仰藏传佛教，他们在其辖区共建造了八座藏传佛教寺院，现仍保存的有：妙因寺、显教寺、感恩寺、海德寺、东大寺等五座寺院，其中妙因寺就在鲁土司衙门的西侧，与衙门一墙之隔。妙因寺是藏传佛教寺院，关于它的传承比较复杂，单从建筑来看，该建筑群采用藏汉结合的结构②，有着汉式建筑的大木结构，相应地，附着在建筑木构上的彩画也是藏汉结合的图案纹

---

① 姜怀英，刘占俊《青海塔尔寺修缮工程报告》.北京：文物出版社，1996. P53.
② 夏春峰《甘肃连城妙因寺及其相关寺院探研》.《西北民族大学学报》，2003（06）. P66.

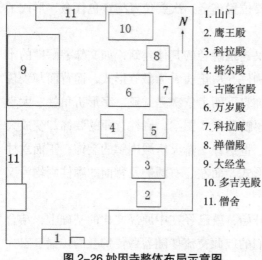

图 2-26 妙因寺整体布局示意图

1. 山门
2. 鹰王殿
3. 科拉殿
4. 塔尔殿
5. 古隆官殿
6. 万岁殿
7. 科拉廊
8. 禅僧殿
9. 大经堂
10. 多吉羌殿
11. 僧舍

样。因该寺院建筑形制基本按照汉明官式来建，故名称也采用明官式名称。

妙因寺，《鲁氏世谱》记"明宣德二年（1427）三月二十二日敕谕更名曰妙因寺"，知该寺创建当在宣德二年之前[1]。原名"大通城金刚持寺"，宣德二年皇帝敕名改为"妙因寺"。清雍正、咸丰时有扩建，遂成现制[2]。

该寺大致是从南向北中轴线（图 2-26），但主体建筑几乎全在山门中轴线的右侧，从南往北依次是：山门—鹰王殿—科拉殿—塔尔殿—古隆官殿—万岁殿—科拉廊—禅僧殿—大经堂—多吉羌殿（持金刚佛殿），共 10 座建筑。整体建筑群布局较为自由，并不局限于对称轴线。各殿建造年代有先后，后世对它们的修缮时间也不尽相同，按照布局从南向北列述。

（1）山门：外檐下有一牌匾为藏文题名，内檐处也有一匾额为赵朴初所题汉字"妙因寺"，两匾都为青地，镶金边纹（图 2-27a）。单檐硬山顶，面阔三间，东边有侧门。檐下斗栱均为三翘七踩斗栱。

1）外檐下彩画：整体色彩以灰绿为主，青色脱落较多，白色提醒，黑色勾勒。

①飞檐无色彩，椽子通体施青色。

②中心间大门框：为藏式内凹叠函图案、莲花瓣、大金点三层装饰（图 2-27b）。叠函平涂黄色，莲花瓣分为二层沥粉施色，用红、青、绿色层叠变化。三层装饰的两边是绿色条压边。

---

[1] 宿白《藏传佛教寺院考古》，北京：文物出版社，1996. P281.
[2] 罗文华，文明《甘肃永登连城鲁土司属寺考察报告》，《故宫博物院院刊》，2010（01）. P61.

图 2-27a/b 妙因寺山门

③檐下檩：为三亭式结构，枋心为如意头外框，方形内框，内绘八贡品、佛八宝等吉祥纹样，青或绿色做地。枋心外两端绘如意头与一破莲花纹相连接为找头，无箍头，左右基本对称，青绿串色。檩下枋为连续雕刻回文，青、绿色相间隔（图2-27c）。

图 2-27c 妙因寺山门

④斗栱：此处斗栱出跳处是45°倾斜的直线形，上边沿是弧线形，与斗的菱形外沿相连。斗和栱的正面是如意纹，栱的侧面为方格纹或方格加云纹，方处为方格几何纹，弧线处为长如意纹。栌斗耳和斗腰雕南瓜形，斗底绘如意纹。斗栱的耍头截面上也是变化的如意纹和几何纹相组合，仔细看去竟然少有完全重复，细节处都有变化（图2-27c）。

⑤普拍枋：绘三亭式结构连续排列，形成小池子框，切角方形双层外框枋心，内绘折枝花草。相邻的两个枋心之间以西番莲纹与旋子纹为找头相连接，半个莲花的箍头在次间靠墙出现（图2-27c）。

⑥枋下压一雕刻拉不断纹青色长条。下面每柱间有两个仰面荷叶墩，柱头左右各半个荷叶墩，荷叶翻转雕刻生动细致，施青绿色叠晕（图2-27c）。

⑦梁头：靠墙的两个梁头前檐雕绘龙头纹样，龙嘴张开，阴刻线条有

力，形象饱满，施青绿色（图2-27d）。后檐雕绘象头，象鼻下弯，象牙上翘，眼睛细长，脸上整体绘有卷草纹（图2-27e），不过脱落严重。

图2-27d/e 山门梁头

⑧阑额：在三亭式结构中，枋心为如意头外弧形框，内施绿地流云凤纹（图2-27c）。两边找头为旋子、莲花、如意卷草纹相连接。纹样比较繁密，施色以绿色为主，枋心纹样有点金。

⑨雀替：前檐明间二柱之间的雀替为透雕云龙形（图2-27a），但龙头已掉。次间雀替为雕刻喜鹊闹梅纹，靠墙柱的雀替为流云纹（图2-27c）。内檐中心间雀替为雕镂夔龙形，次间为流云形，内外色彩都脱落严重。

⑩柱头色彩依稀可以辨别，上绘一层莲瓣，下接如意云头，中部为流云纹（图2-27c）。

图2-28 山门内檐

2）山门内檐彩画：梁架整体色调与外檐不同，青绿色为主调，青色突出，花瓣施土红色。以各种变化的旋子彩画为主，依据木构的长度，图案做以变化（图2-28）。

①最短梁上枋心为一团花图样，最外层以双色团花为框，团花芯为旋转的太极图样，花瓣外是旋子纹。两边找头为破莲花纹，与旋子相切。梁头为卷曲云纹，用色间隔有层次。梁下枋绘立体回纹。

②中间梁上枋心内施锦纹，双层外弧形边框外有一层花瓣，外接旋子，由如意头延伸向两边为找头，仍然是花瓣与旋子的组合。

③最长的梁上扩展了枋心，内绘宝珠纹、兽面缠枝卷草纹，外弧形双层外框。找头部分为两组花瓣、旋子和如意纹组合，箍头处为四分之一的红色莲花，连接青色旋子纹。

（2）鹰王殿①，也叫金刚殿，明代建筑。单檐硬山顶，面阔三间，进深四架椽。檐下作三踩斗拱。

1）外檐彩画色彩较灰，绿色和青色都似褪色，勾勒的黑线较粗，纹样绘制较为粗疏。纹样是与山门类似的卷云纹，但没有山门精细。疑后世匠人重绘。

①飞檐椽和椽头色彩已看不清。

②檐下檩：在次间以斗拱为间隔，每段为三亭式结构。较短处枋心缩短几乎为正菱形，青、绿色叠晕双层框，前檐处枋心内绘花草纹样（图2-29a），后檐处为如意卷云纹样（图2-29b）。夸大的如意头借用为找头，两端箍头为旋子纹和宽大竖条。明间檐下檩明间处扩大了枋心的面积（图2-29c），土红色为地，内绘缠枝卷草纹样。枋心外两端与前相同，找头为如意纹，旋子和宽竖条组成箍头。檩下为绘有双层丁字纹的长条枋，施绿、白色。绿色较暗，青色较艳丽。

③斗拱：以土红作地，斗上为对称卷云纹，拱上绘舒展的卷草纹，耍头上也为对称的如意卷云纹排列，只是每个花纹变得较为宽大。拱间壁画作黑色粗、细两道边框，白色作地，绘有文人画似的花草图，也绘有佛教宝珠、供果等图案（图2-29a/b/c）。

④普拍枋：绘立体梯形丁字纹②。与檩下枋的纹样一样，只是施色增加了青色，绿为三绿色（图2-29a/c）。

⑤阑额：明间处为两个三亭式结构相连接，中间为一单独盒子，内绘绿地金色法轮纹样。两端纹样相同，花瓣状枋心框，内绘上下相对的如意卷草纹饰。两边以大小如意纹和旋子组成找头，箍头为两组竖条间隔中间三朵旋子纹（图2-29c）。沥粉贴金的轮廓线，施青绿色叠晕，此处用绿为三绿。次间的阑额等处图案较为简单，枋心为菱形青绿色框，内用较宽的

---

① 根据鲁土司衙门博物馆介绍，鹰王殿内供奉雷公像，雷公鹰嘴，百姓称"鹰王爷"，故名鹰王殿。

② 也叫长城纹，藏语叫"加日拉曲"。阿旺格桑《藏族装饰图案艺术》.拉萨：西藏人民出版社，江西美术出版社 1999. P135.

青绿展色绘卷云纹,两端宽竖条为箍头(图 2-29a)。后檐与前檐纹样相似,只是色彩更黯淡。

图 2-29a/b/c 妙因寺鹰王殿外檐

⑥大门两侧的柱头为菱形锦纹,柱子上绘藏式青绿色垂花纹,纹饰简单。疑为近世所绘。

2)殿内有东西相对的梁架,正面彩绘保存完好,上面所绘纹饰相对称。

①三架梁:三亭式结构,三段比例基本相等。枋心为双层菱形框,中间绘上下相对的如意纹,与外檐阑额枋心内纹样类似,只施色不同。左右为卷曲云纹状,黑线勾勒,施以朱磦、金色,四边弧线也以金、黑色叠晕。两边找头为上下相向的云纹,也似如意纹,与箍头分隔的部分有上下排列的三朵旋子纹,另以一条黑色弧线依云纹外侧勾勒,双云纹相连接。箍头为粗细不一的四条竖黑线分隔,中间填以朱磦、金色形成色带(图 2-30a)。

②五架梁:三亭式结构,枋心较长,两端找头与箍头只有约四分之一枋心的长度,找头箍头纹样与上相同。枋心内以正面饕餮形象为中心,双眼圆睁,眼眶为青色,眼白处施以朱磦,鼻头和嘴唇也以施以朱磦,凸现其威严。脸颊及额头、手部都装饰有白点形成的圆圈纹,两侧须发外飘,施以白色,现已发黄(图 2-30a)。与须发相连的是左右基本对称的四圈缠枝卷草纹样,纹样饱满有力度。说它基本对称,是指纹样结构和面积相

同，但是在细节上又有一些不同，使其丰富多变。卷草纹的色彩以朱磦、金及少量的青色相间。梁枋的整体色彩以深色为地（估计是日久烟熏所形成），其他颜色是在深色中透出光彩，显得威严肃穆，丰富深沉。

图 2-30a/b/c 妙因寺鹰王殿内

③墙体边的柱头、梁架上都是三亭式彩画结构，自由的云纹以黑白相依的线条勾勒，纹样开阔简单（图 2-30b），变化自如。

④除了脊檩，其他檩上都有彩绘，这部分纹样也基本没有色彩，以深色为地，黑、白色勾勒花纹，凸现白色线条。枋心占全长的五分之三之长，中间以单朵菊花为中心，两边生发出去卷草纹，枝蔓舒展，卷草与云纹相结合，向两端延展。找头较短，简单的单线勾勒，箍头仍然是三朵小云纹与三条竖线形成（图 2-30c）。整个图案因为没有其他色彩，而显得轻松自由，活泼随意。

（3）科拉殿，也叫天王殿，明代建筑①。歇山顶，檐下用"苗檩花牵"做法。

1）外檐彩画：前后檐及东檐下皆被熏为黑色，色彩不可见，只有西侧檐下有完整彩画，应为后世重绘（图 2-31a）。青绿为主，青、白色相间较醒目，红色极少。纹样绘制较为精细。

①飞檐椽无彩绘，椽头绘六瓣菊花，白色为心，青、绿色叠晕染（图 2-31a）。

---

① 科拉殿与鹰王殿的年代判断皆根据鲁土司衙门博物馆相关介绍。

②檐下檩：各段均为三亭式结构，为外弧形枋心框，内施不同的锦纹。如意莲花纹构成找头，莲花芯为三个旋子纹构成，与莲花用色相反（图2-31a）。檩下压一长条，各段绘不同的纹样，有拉不断纹、单瓣西番莲纹、升降云纹、丁字纹等。

③檩下枋：为透雕夔龙纹，相邻的纹样互相扭转方向套接，用青、绿色间隔施色。

④斗栱部分采用"苗檩花牵"形制，斗上绘云纹与方形纹样结合，斗上的耍头也作云头状，截面中间绘如意纹，上下绘直线双层盒子纹（图2-31a）。

图2-31a 妙因寺科拉殿外檐

⑤普拍枋：以斗相间隔，枋心框为双层青、绿色切角方形框，内以青或绿作地，内部纹样有博古花卉、白象等佛教吉祥物。找头旋子花纹有所不同，枋心外两边为半个青色叠晕西番莲纹，花芯为三个绿色叠晕旋子。与花相连接的是卷草纹，这个卷草纹不仅有横向展开的，还有纵向展开的缠枝卷草，施青色，在绿色卷草地纹上较为突出（图2-31a）。

⑥阑额：以柱头分隔为两段，每段以整旋花为中心，左右对称绘连续的破旋花，旋花以西番莲瓣或莲瓣与如意旋子构成。黑线勾勒，施青、绿色叠晕（图2-31a）。

⑦柱头：绘束莲瓣接旋子纹，转角檩头和梁头绘不同的锦纹（图2-31a）。

⑧门框：为藏式结构，上面出檐两层，方椽，施青、绿两色。门框外层为藏式的莲花瓣装饰，藏式装饰中内层一般

图2-31b 科拉殿门

是大金点,但是在这里大金点被置换成了道教的太极图案,并对太极图案稍做变化(图2-31b):太极图中的黑白对比在这里转变成青绿对比,以白线勾勒、点眼,中间分隔的S线弧度比较大,显得力度较弱。门框用色较檐下彩画新,似为后世重绘。

2)殿内彩画:与山门内檐纹样相似,但用色更为热烈,红色作地,应为同时期同一批匠人所作。

该殿除了山门内檐的三种三亭式彩画形制外,还有三种组合形制,一种是折线形(图2-32a),以叠晕青色为界,每个转折处绘四分之一的旋子团花纹,形成带状连续图案。各种旋花纹样更为繁密,枋心内出现饕餮、宝珠卷草等纹样,带有藏式纹样特点。另一种是波浪形,以旋子和莲瓣组成半个团花,仰俯形成波浪形,相邻的两个团花用色相反(图2-32b)。在脊檩上还出现了一个半圆形枋心,似包袱子形制,但只限于檩上,枋上依然是左右对称的旋花纹样,与殿外阑额上纹样相同(图2-32b)。

图2-32a/b 科拉殿内

(4)塔尔殿,位于万岁殿前西侧,坐西向东,与古隆官殿相对,同为万岁殿的东西配殿,建于清中期①。单檐歇山顶,平面正方形,面阔三间,进深一间,东侧出檐廊。檐下用"苗檩花牵"代替斗栱。外檐整体所用色彩也以灰绿色为主,间施青色、白色,枋心内间有点金。

①飞檐椽原施绿色,有些地方已经没有色彩了。椽体原施青色,椽头

---

① 罗文华,文明《甘肃永登连城鲁土司属寺考察报告》.《故宫博物院院刊》,2010(01). P69.

涡卷纹，圆心靠上，黑、白色相依勾线，填青、绿二色相间隔，有一种旋转不确定感（图2-33a）。

②檐下檩：各段皆为三亭式，采用外弧形枋心框，用三条黑线勾勒两条带状边缘，绿、白色相间，中间青色叠晕。枋心内绘箭纹，相互交错，施绿色与白色相间。两边找头为三朵旋子上下排列，两条波状带连接着卷草纹，卷草饱满有力（图2-33a）。在对称的位置采用不同的纹样，都是卷草纹但纹样勾勒不同，施色也有变化，显得灵活而丰富。

③檩下压万字纹、丁字纹条枋，再接透雕的夔龙纹花板，相互套接，施色已漫漶不清（图2-33a/b）。

图2-33a/b 塔尔殿

④"苗檩花牵"：在柱头部分耍头下的斗换做伸出的象鼻卷曲向上。柱间部分斗上接耍头，柱头上承二层梁头，向外伸出作云朵形。斗上作对称如意纹，四面图案相连接，每个斗上的纹样相似，但色彩不同，青绿相间，外展白色。耍头作云头状，施卷云纹，形制类似，但每一个耍头上的纹样都有不同，在云纹的方向、繁简、施色上有所变化（图2-33b）。

⑤普拍枋：与上下木构不直接相连，左右连接栌斗。枋心为四角弯曲的长方形外框，内绘折枝花草纹样，每个枋心纹样都不同，花头用金，青或绿色作地。枋心外找头为卷草纹样，外端箍头为半个西番莲纹或莲花纹。

⑥枋下压一条雕刻的左右对称拉不断纹构成的细条枋，栌斗下方有上仰形荷叶墩支撑（图2-33b）。

⑦阑额：为三亭式结构，枋心为如意头框，内绘龙、凤祥云纹，青地施金。如意卷云框与找头相连接，找头用类似旋子的纹样，半莲花纹连接

卷草夔龙纹，箍头处为半圆形的花瓣纹样，黑色勾线，灰绿与白色相间构成图案，间有点金（图2-33b）。

⑧柱头：明间柱头上下以莲花瓣与旋子纹层叠做箍头，内绘麒麟纹，二柱之间麒麟回头相向（图2-33b）。次间柱头内绘锦纹，转角处梁头与栌斗也绘锦纹，与自由的云纹形成对比（图2-33a）。

⑨雀替：明间柱间雀替为透雕云龙纹，龙上施金（图2-33b）。次间柱间雀替为变形夔龙纹，透雕施色（图2-33a）。

（5）古隆官殿，是万岁殿的护法殿，清咸丰十年（1860）重建[①]。坐东向西，单檐歇山顶，面阔三间，进深一间，西侧出檐廊。与塔尔殿相向而立，木构和外檐彩画与塔尔殿都相似（图2-34a）。

①飞檐椽与椽头纹样是与塔尔殿相同的涡旋纹（图2-34b）。

②檐下檩：枋心是如意内弧式或方形框，以绿或青作地，内绘花卉、八贡品、六字真言等纹样。明间处找头为一破旋花纹与如意框相连（图2-34a）。次间木构较长，在两个枋心之间以旋子纹连接卷草纹为找头，形成五亭式结构（图2-34c）。黑色勾勒，白色内边，青绿二色相间，这里的青色运用较塔尔殿多。

图2-34a/b/c 古隆官殿

[①] 殿外山墙铭文有记曰"益信佛力之含宏广大，且赖护法之显应通灵洵不诬也，但殿宇窄狭，兼形剥落，若不重行建修，非特无以状。观瞻崇法界，将前人创造之精意亦隐而弗彰。是以余虔诚捐修，暨默尔根额德尼堪布等董率僧俗首事经营，其好善乐施者，以其量力输助，以昭万善同归之意焉。于咸丰已未经始，至庚申夏五月壬午十七日庚戌辛巳时竖柱上梁，克期落成。"见夏春峰《甘肃连城妙因寺及其相关寺院探研》.《西北民族大学学报》，2003（06）.P68.

③比较独特的是檩下压一透雕的蝙蝠云纹栱形条：以两个或三个蝙蝠为一组，中间以云纹相连接。蝙蝠施金，云纹以白色勾边，青绿色相间，形成一种动感（图2-34a/b/c）。

④苗檩花牵：与塔尔殿相同，只是花纹稍有变化。云纹的方向和方形盒子的纹样有所不同（图2-34a）。

⑤普拍枋：三亭式结构中枋心框与塔尔殿类似，内绘流云凤凰纹、博古纹等。而与塔尔殿不同的是枋心两边的纹样更为丰富：找头部分是整个西番莲纹与破莲花纹之间有一花蕾纹样，花头为青心展白色，花之间为卷云纹，云纹为黑色勾线填绿色，在花心处间有点金。有些柱间被花牵分隔的较短，除了枋心的位置外只施以卷草纹为找头，没有箍头或以半个莲花纹为箍头（图2-34a/b）。

⑥枋下压条的纹样与塔尔殿不同，为透雕夔龙纹，白色勾边，青、绿色相隔施色（图2-34a）。

⑦阑额：明间阑额枋心与塔尔殿一样为龙纹，不同的是两边不是常见的旋子纹样，而是更为多变的卷草纹（图2-34a）。次间阑额枋心是与佛教相关的白象、香炉等纹样，土红色作地，如意云纹为找头，半圆形与旋子组合为箍头（图2-34c）。

⑧柱头与雀替纹样与塔尔殿类似，明间与次间的雀替相同，均为夔龙纹，青绿串色。在廊上边柱的两个雀替中间相连接形成骑马雀替（图2-34c）。

（6）科拉廊，为放置转经筒的长廊。有一排转经桶列成一个廊，藏语称转经桶为"科拉"，故名科拉廊。建造年代不详。彩画群青色突出，无绿色，点缀黄色和朱磦色。廊上整个纹饰绘制较为粗糙简单，疑为近世所绘（图2-35）。

①飞檐、椽体施青色，椽头绘六瓣菊花。

②檐下檩：为三亭式结构彩画，枋心为外弧形框，内施白地金色梵文。两边为两组青色叠晕如意旋子纹和黄色叠晕西番莲组成的找头，箍头仍然是旋子和竖条相连。檩下有一条轮廓雕刻为如意波纹的花板，施青色叠晕。

③普拍枋：绘双层丁字纹，施青色叠晕。

④阑额：枋心内绘流云龙、凤纹。两边找头为简单的两组如意纹和半西番莲纹，箍头为弧形线和旋子组成。

⑤阑额与柱间原为雀替的地方扩展成了拱券形挡板，木构外形为如意卷草形。朱磦色作地，黄色压边，上绘自由的卷草纹，两个角部绘蝙蝠纹。

图 2-35 科拉廊

⑥柱头：绘"十相自在"纹样，沥粉贴金，下沿为莲瓣装饰。

（7）万岁殿，建于明宣德二年（1427）[①]，康熙二十三年（1684）重修过[②]，该殿为寺院主体建筑。重檐歇山顶，面阔进深各五间，平面接近正方形。外设封闭式回廊一周，为藏传佛教的右旋礼拜道，檐下为单昂五踩斗栱。

1）外檐彩画虽有破损，但图案基本清晰，色彩有所褪变。整体色彩以灰绿色为主，青、白色提醒，有点金，黑色勾勒。

①万岁殿为重檐顶，上层飞檐椽施青色，椽子为圆形，椽头施五瓣菊花纹，青、绿色叠晕相间。下层飞檐椽施绿色，椽为方形，椽头为八瓣菊花纹（图 2-36a）。

②前檐下檩为三亭式旋子彩画（图 2-36b）。枋心为如意头外弧形外框，压金边。枋心为青或绿作地，绘有佛八宝纹样，有点金。后檐下檩枋心为锦纹，两边是旋子、西番莲瓣层叠组合的找头，灰绿与白色相间，图案饱满有力。

③檩下枋：绘立体丁字纹相连（图 2-36a）。

[①] 脊檩题记有"大明国宣德二年岁次丁未秋七月二十六日信官昭勇将军陕西行都司土官指挥鲁失伽同室淑人李氏薛天速发心施财命工盖造——佛殿崇奉原祈——国土清宁人民安乐万物阜丰嗣续繁昌福寿绵远圣善咸臻障碍消释来世有生俱登妙果吉祥如意者"字样。夏春峰《甘肃连城妙因寺及其相关寺院探研》.西北民族大学学报，2003（06）.P68.

[②] 罗文华，文明《甘肃永登连城鲁土司属寺考察报告》.《故宫博物院院刊》，2010（01）.P62.

④斗栱：施青色较少，以绿、白色为主。斗栱上边缘皆为水平的如意形⌒⌒，有轻灵之感。栱上遍施小云朵状的旋子纹，斗、栱及昂侧面同样绘了卷云纹。斗底绘相对的两朵云纹，栌斗的斗腰与斗耳处绘莲瓣旋花，散斗的斗耳为方形小盒，与斗的外形平行。耍头上绘青绿色叠晕直条形，有些用卷云纹作四角变化。昂嘴为五边形，截面上绘有相对的两个卷云勾，似猪鼻。用黑色勾边，内齐白边，内填青绿叠晕相间（图2-36b）。每个小构件看似相同的花纹，但在小云勾或旋纹等细节处有一些细微变化，仔细端详，竟然没有两处是完全相同的图案，相邻木构纹样串色。

图 2-36a/b 万岁殿外檐

外壁栱眼壁画共64幅，均为清代后期重绘的无量寿佛像[①]。壁画背景有青绿山水，整体以青绿色调为主，人物形象按照藏传佛教度量绘制，绘制水平较高。

⑤普拍枋：绘连续纹样，以西番莲纹为主，之间由长卷草纹相连接。施青绿色相间，黑白色勾线，间有点金（图2-36b）。

⑥阑额：为三亭式结构，枋心框有三层外弧曲线，最外层如意框，黑线压金，间施青、白色带。枋心内绘金色飞翔凤纹，配青色云纹，也有枋心内绘龙纹、狮子纹等神兽纹样（图2-36b）。枋心两端找头与檩上绘相似旋子花纹。岔角处为两朵四分之一的莲花，与半圆形弧线组成箍头。

---

① 罗文华，文明《甘肃永登连城鲁土司属寺考察报告》.《故宫博物院刊》，2010（01）. P66.

⑦柱头和檩头等处直接施锦纹，绿白相间。

2）殿内檐彩画与檐外的类似（图2-37a）。也许是长年燃香烛的缘故，在外檐用白色的地方在内檐就是黄色，产生类似金的效果。不用青色，只有黑色与绿色相间隔。

①斗栱上绘云纹，较为简洁。梁架上为三亭式结构，枋心用双层外弧形框，枋心内绘梵文、花草纹。找头部分由如意花头与旋子纹相结合，花头施朱磦色，整体在室内形成暖色调。箍头有竖条交叉的变化（图2-37a）。

图2-37a 万岁殿内檐

②天花：内檐斗栱上承托平棊顶天花，由168块花板组成，每块天花上都绘制有佛教尊神，从内容上看分为两种，一种为"一佛二菩萨"，共106块（图2-37b）；另一种则绘制曼陀罗，共62块。中后部作八角形藻井。中央天花高于四周梢间，整体建筑构成二重环绕空间。总体而言，形制类似的一佛二菩萨的天花位于殿顶外围，而曼陀罗天花集中于殿顶中部，环绕殿顶中央的藻井，藻井中心亦绘制中心曼陀罗，这些曼陀罗的内容尚未完全辨明。从已经识别出来的曼陀罗来看，中心是时轮金刚曼陀罗（图2-37c），围绕它一周分布着8个无上瑜伽部的曼陀罗。根据其绘制风格判断，均为明代作品。

在其桯条的中间和岔角处绘有金刚杵一类的法器纹样，但是因烟熏严重，色泽暗沉，纹样细节及色彩难以分辨。

图 2-37b 万岁殿内　　　　　图 2-37c 万岁殿内顶中心①

（8）大经堂，清代建筑。重檐歇山顶，周围廊式建筑，坐西向东。平面呈"回"字形。面阔九间②，进深八间，除檐廊开间尺寸较小外，各开间相等。檐柱36根，内柱18根，共计78根柱子，堂内本应有的八根中柱全部取消，使得空间开阔。

图 2-38a/b 大经堂

①大门：门框上方有石绿色飞檐，青色方形椽子（图2-38a）。门框从外向内依次装饰有内凹式叠函、莲花瓣、大金点、回纹四层纹样。叠函平涂施朱磦色，没有叠晕。莲花瓣分为二层施色，中心为红色，外层施青或石绿色，都是外勾黑线内压白线。大经堂内外檐下斗栱梁柱均没有彩画。

②大经堂内一层檐下天顶为平棊天花，所绘内容有各种曼荼罗坛城图

---

① 此处图片及内容均来自罗文华，文明《甘肃永登连城鲁土司属寺考察报告》，《故宫博物院院刊》，2010（01）．P64．
② 程静微《甘肃永登连城鲁土司衙门及妙因寺建筑研究》．天津大学硕士学位论文，2005. P69．宿白《永登连城鲁土司衙和妙因、显教两寺调查记》中记载为七间，《藏传佛教寺院考古》．北京：文物出版社，1996. P283．

案（图2-38b），青色为地。在周围也绘有仙鹤金鱼纹样。这些都应为近年新绘，桁条上刷有红漆。

（9）禅僧殿，清代雍正五年（1727）建。单檐歇山顶，面阔进深皆三间。檐下作双翘五踩斗栱。禅僧殿彩画脱落较为严重，整体色彩以灰绿色为主调，显得深沉古朴，图案绘制精细。

①檐下檩：三亭式结构，外弧式枋心框内绘锦纹，两边为一破莲花旋子纹为找头（图2-39a）。

②檩下枋：雕刻成生动的如意头式，左右对称，中间为对称的缠枝卷草纹，最两端是朝下的旋子纹，主施绿色叠晕，有青色间和其中（图2-39a）。

③斗栱：五踩斗栱上仍绘卷云旋子纹。栱眼壁画有些已不存在，前檐现保存的为各类佛像，后檐为藏传佛教的吉祥贡品图案（图2-39a/b）。

④普拍枋：前檐的枋心为方形外框，内绘青地折枝花卉，两端为旋子花纹（图2-39a）。后檐的普拍枋上没有枋心，为连续的西番莲卷草纹（图2-39b）。

图2-39a/b 禅僧殿

⑤阑额：前檐阑额为外弧形枋心框，明间枋心内留有沥粉施金的龙纹痕迹，次间内绘绿地流云凤纹。枋心外绘如意莲花纹，舒展大气，箍头为半圆弧形外莲瓣相连（图2-39a）。后檐阑额没有枋心，是连续层叠的如意莲花纹，绿、白色相间（图2-39b）。

（10）多吉羌殿，亦称德尔金堂，在整座寺院的最北面。该殿建于明

图2-40a 多吉羌殿外檐

成化七年（1471）[①]，在清代曾大规模装修过[②]。该殿单檐歇山顶，屋顶布绿琉璃瓦，面阔进深皆三间。檐下柱间、柱头铺作皆施七踩三昂斗栱，皆为重栱造（图2-40a）。

1）外檐彩画整体凸现青色，绿色消退显灰色，有红色为地。

①飞檐椽已看不清色彩和纹样了，方形椽子通体施青色，椽头为六瓣菊花纹，相邻的两个椽头施不同的颜色，青色和白色相隔（图2-40b）。

②檐下檩：为三亭式结构，枋心较短，外弧形或内弧形枋心框。后檐和侧檐枋心内绘锦纹，但每段檩的枋心内锦纹都不完全相同。前檐枋心内绘佛八宝纹样。枋心两边用如意纹连接旋子莲花瓣纹为找头，以三个旋子排列为箍头。看似应该左右对称的图案，但是仔细描摹的时候发现它们的细节并不完全对称，青绿串色，这种差异使得它们更加丰富（图2-40a）。

③檩下枋：施双层丁字纹、盒子形等几何形纹样，以红色为地，青绿二色相间（图2-40b/c）。

④转角铺作处，梁头截面绘箭纹或锦纹，每个面的组合都不一样，形成变化。檩上檐下挡风板上绘有单线勾勒云纹，黑线勾勒后白线紧贴复勾一遍，云纹随意而灵动，没有施色（图2-40b）。

⑤斗栱：斗栱上的彩画纹样与万岁殿相似，但施色以青色为主调（图2-40c），与万岁殿绿色主调不同。

[①] 殿内大梁题有"大明成化七年岁次辛卯孟夏四月吉日钦差镇守庄浪右军都督府同知鲁鉴同夫人李氏立"。

[②] 罗文华，文明《甘肃永登连城鲁土司属寺考察报告》.《故宫博物院刊》, 2010（01）. P67.

图 2-40b/c 多吉羌殿外檐

斗栱之间的外壁栱眼壁画有土红、黄色双层外框（图 2-40c），以青色为主调，线条、形象有力度。共 32 幅，为清代绘制的十方忿怒明王和二十八宿等低级护法神[①]。

⑥普拍枋：以枋心框与莲花缠枝纹样相间隔连接，形成小池子半拉瓢结构（图 2-40c）。枋心框为切四角长方形，两层相叠，内层青色，外层白、绿色叠晕。内施白色或青色为地，绘金色梵文咒语。找头是半莲花纹样，再接缠枝卷草纹样，左右图案相连接，再形成一个完整的双层莲花纹样。花瓣施青色，以白色如意纹为花芯。

⑦阑额：三亭式结构，双层如意头弧形枋心框，线条粗黑。明间枋心内绘二龙戏珠纹（图 2-40a），次间枋心绘绿地青翅凤凰纹样（图 2-40c），周围流云纹，青、白色相间。明间找头较为复杂，在大如意头的两边都有三层半个莲瓣如意团花相连，再向两端连接缠枝卷草纹，层叠繁复。次间枋心框接近枋心，外接大如意头，与找头的半莲花如意团花相连，外有团花外框与缠枝纹相分离。箍头皆是半莲花纹与如意纹，以弧线相隔。

⑧柱头：绘上下两圈小朵旋子纹，中间为竖波纹。下方为佛龛形制，为梵文"十相自在"图案（图 2-40c）。

⑨大门：门框正中也有一枋心，明间枋心为软卡子形制，施青地。次间为双层青色卷角外框，施绿地，都写梵文吉祥咒语。门框两边有梵文"对联"，每个字形成一个圆形，青地褐色字（图 2-40a）。

2）殿内彩画的斗栱纹样与外檐相同，都以如意头纹样为主，只是增

---

① 罗文华，文明《甘肃永登连城鲁土司属寺考察报告》．《故宫博物院院刊》，2010（01）．P68．

加了红色为地（图 2-41a/b）。阑额找头纹样与外檐铺作相似，但枋心内纹样除了锦纹之外，还出现了藏式的宝珠卷草纹（图 2-41a/b）。普拍枋上绘有与外檐彩画相似的缠枝莲花纹（图 2-41a），十字锦纹样（图 2-41b），不同之处是以红色为地，青绿间隔施色。整体色调不同，室外以群青色调为主，室内整体以红色调为主。青色在室内是沉稳的钴蓝色，红色为地，间有黄色，形成深沉的暖色调。

图 2-41a/b 多吉羌殿内檐

殿内顶为平棊天花顶，由 320 块天花组成，中央作八角藻井，连同藻井中央所绘的曼陀罗，多吉羌殿共有 196 个曼陀罗，这些曼陀罗几乎涵盖了所有常见尊神题材，为国内所罕见，重要意义不言而喻，其绘制年代当在清代晚期（图 2-41a）。其内容已有学者专文研究[①]，不赘述。

（11）彩画特点

从以上考察可以看到，妙因寺各殿的彩画固然有着比较整体统一的风格，但从 1427 年建万岁殿开始，历代经过了多次重修重绘，在图案的用色、线条勾勒的粗细、纹样的简繁组合等方面有着细节变化与高下之别。因为缺少关于彩画的文献记载，本文只能从图案纹样风格与色彩风格做以辨析，无法做定论。

1）万岁殿、科拉殿、山门、多吉羌殿外檐彩画纹饰结构与色彩风格接近。万岁殿有题记为康熙二十三年（1684）重修过，而多吉羌殿只记载在清代装修过，科拉殿只有简单记载为明代建筑，估计它们现存彩画为同时期所作。

2）科拉殿内与山门檐内梁架彩画风格一致，枋心都出现宝珠纹和

---

① 罗文华，文明《甘肃永登连城鲁土司属寺考察报告》.《故宫博物院院刊》，2010（01），P68. 谢继胜，廖旸《甘肃永登妙因寺、感恩寺壁画与彩塑》.《中国西藏》，2004（06）.

兽面纹，卷草纹样也很相似。色彩以青色红地为主调，估计为同时期所重绘。

3）禅僧殿色彩脱落较为严重，记载为清雍正五年（1727）建，彩画应是原构。

4）塔尔殿与古隆官殿的木构及彩画风格很接近，古隆官殿记载清咸丰十年（1860）重建，那由此推断塔尔殿也是此时期所重绘。

5）鹰王殿内的彩画是最为自由独特，梁架上枋心内兽面张力强，三架梁的枋心内如意纹与殿外檩枋纹样有类似之处。但是殿外柱头与科拉廊施色相似，彩画明显制作粗糙，用色单薄，纹样简单，估计为后世补绘。

从以上分析看出，虽然妙因寺每个殿的建造时间不同，彩画时间也应不同。每个殿都有自己的特点，只有相对称的殿才类同，形成各有特点但整体较为一致的彩画风格。这可能也是后世维修的匠人们刻意去沿袭它原来的制作风格，但又不自觉地加入了一些时代的认识和审美习惯。

各殿建筑彩画以中原汉式的三亭式旋子纹样为基础，但是变化非常丰富，根据木构形制进行自由变换，枋心比例可长可短，找头中的纹样也是没有完全固定的模式。旋子纹、如意纹和小云朵纹样有时几乎难以分辨，它们之间似乎在进行着一种自我形象互相转化的运动。同时又融入了很多藏传佛教的吉祥八宝、八贡品纹样、梵文咒语等纹样，与旋花纹样完美结合。在山门、科拉殿和大经堂的门框上出现了典型藏式装饰，如莲瓣、叠函、连珠纹等装饰图案。另外，还出现一些中原传统的吉祥图案，如蝙蝠纹、龙凤纹、喜鹊闹梅等纹样，以及道教的太极图案等。檐外彩画用色基本以灰绿为主，青色、白色、红色为辅，黑粗线勾勒外形。内檐彩画也许是较少日晒的缘故，青色、红色占主调，显得较为热烈。

从这些彩画图案不难看出，鲁氏家族的宗教信仰驱使他们建造寺院，但是因为在这个民族杂居的地区，既要得到朝廷的认可，又要考虑地方的长久统治，所以一些中原地区的审美习惯会自觉不自觉地融入，地方的各种不同思想与其相互糅合。各种复杂的因素，经过了长时期各族统治者、匠工的刻意学习与自然流露，得到熔炼，在妙因寺这个建筑群中给我们后世留下可以解读的很大空间。

2.1.5 乐都县瞿昙寺清代彩画

瞿昙殿虽是文献记载中瞿昙寺建筑群内最早的建筑，但是目前该殿保留的现状是乾隆四十七年（1782）补修后的状态，补建时在殿前檐建抱厦三间，两侧各有一个配殿，现都为佛堂。

图 2-42 瞿昙寺瞿昙殿

瞿昙殿面宽五间（15.50米），进深四间（10.90米），重檐歇山顶。大殿门口悬挂着显眼的明太祖敕赐的"瞿昙寺"朱红地金色大字匾（图2-42）。其外檐、抱厦内外皆有彩画。侧檐和后檐彩画以冷色调为主，间有暖色出现。抱厦内少受风吹雨淋，彩画较完整，比外檐色彩鲜艳，暖色突出，显出暖色调。瞿昙殿建筑彩画比该寺院内其他殿的色彩更为丰富，冷暖色调明显。

吴葱、王其亨描述瞿昙殿彩画"形式复杂多样，色调冷暖兼用，写生痕迹重⋯当属当地手法，绘于清代以后的可能性很大"[①]，把它归入"地方杂式"。

（1）瞿昙殿彩画

1）东侧外檐彩画较为清晰，西侧外檐彩画已经不存在。重檐顶的上下檐皆有彩画，纹样基本一致。

①飞檐无色彩。椽头绘白地粗黑线花纹，共有两种纹样，一种是单旋纹，旋的中心在靠上三分之一的位置，产生一种不稳定感。另一种是五瓣花纹，似牡丹花瓣。两种纹样或相邻，或相间隔，似乎没有特别严格规定（图2-43a）。

②檐下檩：以进深四间相隔为四段，中间二段长，外端两段的长度只有中间段长度的二分之一。每段图案结构相似。

中间两段图案一致。以两个枋心为界，为五亭式结构，找头、箍头长度之和约为枋心长度的二分之一。最中心为一团花纹样，朱磲色三瓣花心

---

① 吴葱、王其亨《瞿昙寺的建筑彩画——兼谈明清彩画的几个问题》，格桑本《瞿昙寺》．成都：四川科学技术出版社，新疆科技卫生出版社，2000. P32.

外有一层白色花瓣，似为牡丹花瓣，再外层是绿色叠晕如意样的旋花，皆用黑线勾勒（图2-43b）——这种团花类似宝相花纹，最外面勾勒有团花轮廓。"整"团花外两边各有两个四分之一旋花纹，与两边的枋心相连接。枋心左右对称，内有池子框，绘黑、白、绿三色相间的锦纹。左右锦纹和中心团花又构成了一个大的内弧式绿白色双层枋心框。两端找头为自由的缠枝卷草纹样（图2-43c），黑地、绿白色纹，挑有朱磦色。箍头脱落不清晰，似为一列绿色旋子纹。

外端两段距离较短，为三停式结构（图2-43d）。相应地枋心缩短，内弧形单层框，内绘绿色简单的缠枝纹。找头为二个"破"旋花纹，箍头为竖列三朵旋子与一宽条组成。找头、箍头的长度之和约为枋心的三分之二。

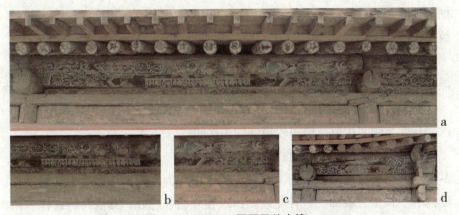

图2-43a/b/c/d 瞿昙殿外东檐

③檩下枋：所绘图案结构与檩的相同，只是纹样有所不同。中间两段纹样相同。枋心为绿白双层斜直线外框，黑地，内有白色软卡子纹样，左右对称。中心纹样为白色梵文吉祥咒语（图2-43b）。找头部分由缠枝纹连接牡丹花与宝相花纹样：牡丹花为五瓣白色单层花瓣，花心为朱磦色海牙花形。宝相花的花心为三等分朱磦色圆形，内层花瓣为三个绿色旋子，外层为十瓣朱磦淡染的白色莲花瓣。白绿色花纹被黑色衬托，缠枝纹上有石青色相间。

外端两段与中段的纹样相同，仅因距离较短，纹样也缩短。枋心长度几乎等于找头的长度（图2-43d），找头为宝相花与缠枝纹组合，无箍头。

④再下面有一条枋,虽然四段的长度不同,但基本结构相同。为三亭式缠枝纹,纹样依长度进行繁简伸缩变化(图2-43b)。

⑤伸出的檩头截面上各自绘有不同的纹样,主要有箭纹、锦纹等(图2-43d)。

⑥平板枋贯通各间。上面绘有连续的斜方形回纹,两两相对为一组。枋心框为内、外两层框,框之间相间隔施以白、绿色,黑色勾线(图2-43a)。

⑦柱之间的额枋比较宽,上半部分图案较为清晰,下半截漫漶不清。中间两段绘有三个枋心,枋心框都为如意头外弧形。中间枋心内绘四层宝相花纹样:由内向外,旋子花心,外有圆形框,第二层为绿色旋子花瓣,第三层为白色莲花瓣,第四层为如意头组成花瓣。两边枋心内为锦纹。外框的如意头与缠枝纹找头相连接,枋心的长度小于找头长度。箍头为旋子纹(图2-43a/b)。

外端两段因为距离短,只有一个枋心,纹样与中段相同。整个用色以黑、白、绿三色为主,间以花青色(图2-43d)。

2)后下檐彩画与侧檐相似。后墙中间为大门,明间上方木构较长,次间长度与明间相似,梢间较短,约为次间的二分之一。

①椽头:纹样比东侧檐的图案增加了一种更为繁密的花纹(图2-44a),仍是白地黑色勾勒,双层花瓣,中心为六瓣,外层为十二瓣,花瓣内有一长点为装饰。这种花纹多出现在外檐起翘处,其他两种纹样多用于中部(图2-44b/c)。

②檐下檩:在明间较细(图2-44b),绘波浪形二方连续图案:上为绿地白色如意头纹,下为半个三层花瓣的旋花,红地,内层花瓣为莲花,外层为旋子,主调为白色,依稀看见绿色、浅青色。与侧檐宝相花纹样类似。

次间上部的檐下檩色彩脱落严重(图2-44c),仔细辨认出为三亭式结构,枋心为如意头直斜线外框,内绘缠枝云纹,枋心较长,找头只有枋心的三分之一长。可以看出找头不是旋子纹,似为云纹与如意头相连。

梢间与次间纹样类似(图2-44d),只是因为距离较短而枋心缩短,小为缠枝云纹。找头很短,似为卷云纹,箍头为旋子纹。

③檩下枋：为两条细木合构成一个大木。明间在两层木上合绘一个花纹，远看就如一个大木的纹饰。枋心外框为双层内弧黑线填白色，内为池子框，池子外施绿色，池子内地色已脱落，写梵文咒语。找头长度约为枋心的三分之一，绘卷草纹，造型自由舒展大气，线条勾勒也较为随意，有叠晕。箍头为一列五个旋子与白色弧形带组成（图2-44b）。

次间与明间的结构和纹饰类似。枋心长度为找头的两倍（图2-44c），找头也为卷草纹（图2-44d），仅与明间的卷草结构不同，其他都相同。箍头亦同。

梢间两条细木上下所绘花纹不同，上层为一红一白双层直斜线外框枋心，内为黑地，两端有对称软卡子，中心为梵文吉祥咒语。找头为外层莲花瓣，内层旋子纹的宝相花，与卷草相组合，无箍头（图2-44d）。下层没有枋心，左右两端为卷草纹，中间为云纹，纹样较宽大。

图2-44a/b/c/d/e 瞿昙殿外后檐

④平板枋：在各间的纹饰不同，明间图案几乎看不清，似乎与次间相同，中部写有很长的梵文，占主要位置。两端仅有一点白色卡子细纹，并且已脱落不清（图2-44c）。梢间为升降云纹，云头两端弯曲幅度大，为青

绿色相间（图2-44d）。

⑤额枋：为后下檐彩画最独特之处。根据实地测量，明间总长为420cm，采用了两个三亭式结构与中心图案构成一个整图案（图2-44b）。以最中端的金翅鸟头部纹样为中心，两边卷草纹样对称，长度共为178cm。再向外为两个枋心，长度较短，每个枋心连框总长度为58cm。外框内角有栀子花纹，枋心内为池子框，黑地，左边池子里贡盘上绘有宝珠，右边为海螺，皆为藏传佛教吉祥物。两个枋心最外端找头纹样对称，为交叉缠枝卷草纹，长度各为63cm。以枋心来看，左右找头的长度相同，但卷草形制不同。而各段纹样包括中心兽面的七段结构之间的长度之差最大仅有10cm，长度非常接近。最外两端有四个旋子一列为箍头。

次间的枋心较长，内弧形外框，内有弧形池子。池子外施青、绿色，内无地色，绘祥云凤纹（图2-44c），左右次间的凤纹相背而舞。凤纹为主体，双翼展开，长尾飘起，与头部同方向，目露凶相。找头为缠枝卷草纹，旋子箍头（图2-44e）。

梢间为小枋心，几乎为正方形，长度为找头的二分之一（图2-44d）。单层白色内弧形枋心框，绘宝珠火焰纹。找头为单枝卷草纹。箍头同样为旋子。

⑥梁头：此处彩画大多已看不清，仅个别保存有一盘供果、莲花。供果的盘子为黑线勾勒，没有填彩，绿色果实，叶子似写生的葡萄叶（图2-44e）。莲花也是写生手法，花瓣层叠错落（图2-44a）。

3）后上檐的梁枋彩画与下檐的形制不同，椽头纹样相同。

①檐下檩：纹样色彩脱落严重（估计与屋檐下经常有鸟栖息有关）。只依稀看见有枋心外框，找头为卷草纹（图2-45a）。

图2-45a/b 瞿昙殿外后檐

②檩下枋：此处彩画比较清晰（图2-45a）。也是两根细木相叠，上层枋为外层莲花瓣，内层等距离相间绘有旋子纹的宝相花，卷草纹连接，宝相花的造型风格与东侧檐和下檐的一致。下层枋为三亭结构，但没有枋心框。中间为宝珠卷草纹，两端为两个大圈的卷草纹，箍头为旋子。

③梁头：右边梁头上绘有宝瓶纹（图2-45b），左边梁头绘法轮（图2-45a），皆为粗黑色单线勾勒，填白色。斜伸出的跟斜梁头斜面上绘有花卉纹样，左边为牡丹，白色花瓣，绿叶子，具有写生意味（图2-45a）。右边纹样不甚清楚，似为芙蓉团花。

（2）抱厦彩画

1）檐内彩画保存较好，殿门牌匾后面的门垫板以及两边次间额垫板上都绘有唐卡，每格为单独一个佛像（图2-46a）。明间、次间梁架彩画分别各自对称，红色等暖色运用较多。

①明间、次间梁架上有方形驼峰（图2-46b/c），彩绘相同。皆为双层外框，内绘云纹，黑线勾勒，内压白边，施青、绿、红色。

②明间、次间的三架梁上彩画相同，分为三段，左右为云纹，中间为缠枝卷草纹。除了绿、白色外，较多使用深土红和朱砂两种暖色相间（图2-46b/c）。

③明间三架梁下是上仰形荷叶墩（图2-46b）。次间的上层梁下有一条枋，绘回纹，施红、白、绿色相间（图2-46c）。

④明间五架梁中间枋心较长，是找头的两倍。三层内弧形枋心框，内绘祥云龙纹，龙纹沥粉，施三青、绿色，无红色。找头为大圆圈式的缠枝卷草纹，无箍头（图2-46b）。

图2-46a/b/c 瞿昙殿抱厦内檐

而次间下层梁采用了五亭式结构（图 2-46c）：中心为团花图案，两个枋心左右对称，与东外檐彩画相似。团花有四层花瓣，最中间为三瓣朱砂的花心，外面为一层青色叠晕旋子，接着是一层红色叠晕莲花瓣，最外面是一圈绿色如意头。团花外有如意头外框，延展与卷草纹相连。接着就是左右两个外弧形枋心框，框内角有四分之一栀子花纹。有池子框，内绘箭纹，左右枋心相同。两端找头的缠枝卷草纹与明间的纹样一致，无箍头。

⑤明间、次间的随梁枋纹样结构相同，中间枋心所占距离较长，都写有梵文咒语，次间为外弧形枋心框，明间无枋心框。明间枋的找头为莲花与缠枝纹相连，纹样较为纤细，而次间的找头为如意头与半个莲花纹结合，较为宽大。两处的箍头一样皆为旋子构成（图 2-46b/c）。

⑥明间柱头上绘上下两组箭纹，中间以两道如意头纹为箍头相连接分隔（图 2-46b）。次间柱头为锦纹，上下以旋子纹相连接为箍头（图 2-46c）。

⑦室内檩枋上也有彩画（图 2-46a），形制与各自所在间的梁上彩画相似。明间枋正下方是补修题记，前文已有介绍。

⑧抱厦前内檐檩枋上的彩画与其他梁架的彩画形制也是一致的（图 2-46d），从上往下依次为云纹、缠枝卷草、回纹、梵文等纹样，没有其他明确的结构。

⑨内檐斗栱彩画上遍施小卷如意纹（图 2-46e），斗腰绘如意纹，上方为方形多层矩形纹，与斗的外形平行，栱上满绘缠枝卷草纹。与连城妙因寺的斗栱纹样甚为相似，只是在施色上多了朱磦色，勾线较为潦草。

⑩斗栱之间有花板相连，雕佛龛形，内外都有彩绘（图 2-46e）。内部彩画依着龛形的边框绘缠枝纹，左右对称，中间有一环形束带，红色醒目。外部亦绘类似的卷草纹。

2）抱厦外檐雕镂丰富，斗栱与三层花板连接。但彩画基本脱落，只在内层花板上留下一些痕迹，可以看见花板上中间绘十相自在纹样（图 2-46f），两边绘对称缠枝卷草纹，向两边散开。黑线勾勒，青绿色调。雀替为雕刻的卷草纹样，青绿色脱落严重。

图 2-46d/e/f 瞿昙殿抱厦内檐/外檐

瞿昙殿内彩画与殿外彩画相一致，形式复杂多样，用色以黑、绿、青、红、白五种颜色相间。

以瞿昙殿为代表，包括隆国殿外檐、钟鼓楼外上檐，构成了瞿昙寺末期地方式彩画的特点，彩画结构在三亭式基础上更为多样组合，色彩在黑绿的基础上使用了石青、红、黄色调，并且融入了藏传佛教的一些吉祥图案。

（3）廊庑清代壁画

廊庑清时期的壁画集中在后院的三部分，即隆国殿东西两边抄手斜廊壁，宝光殿西侧廊壁。这些壁画上的建筑彩画以青绿色为主，黑白色勾线，与建筑的黑绿用色不同。

①梁枋大木构与瞿昙殿外檐下檩及抱厦内彩画颇为相似，但并不是完全对应。如在隆国殿东抄手廊上的壁画"兜率请降"（图 2-47a）、"勘

定菩萨救世"（图 2-47d）的宫殿上，梁枋彩画为五亭式结构，中心有团花纹。两个枋心内都有锦纹，但壁画上的枋心框为如意头，而瞿昙殿的为弧线框。在河湟地区其他清代古建彩画中有类似纹样，如妙因寺、拉卜楞寺等。

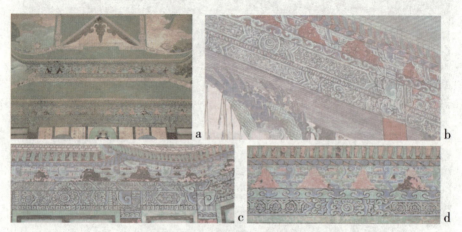

图 2-47a/b/c/d 廊庑清代壁画

找头部分为减半的一整二破结构：二破为两个四分之一旋子团花纹上下对称，一整为半个团花纹，花瓣由旋子和莲瓣构成，与宝光殿彩画相似但更为规范，并且壁画的枋心内均有纹样。在"升天报母"（图 2-47b）、"帝释天敕净居天子前往兜率天宫"（图 2-47c）壁画中，枋上彩画找头与妙因寺彩画非常相似，旋子箍头又与瞿昙殿清代彩画相似，而并非与宝光殿相似。也因此而判断宝光殿彩画为明官式彩画向后来清代地方式彩画的过渡形式。

②壁画上的檐枋、额枋等窄木构上还有波浪形二方连续图案，上下皆为半个三层花瓣的旋子团花，中间以缠枝纹相连（图 2-47a），与瞿昙殿后檐下檩的彩画相似。另外有卷草纹（图 2-47b）、西番莲瓣（图 2-47c）、拉不断纹（图 2-47a），升降云纹等（图 2-47d），而在瞿昙寺建筑中仅有升降云纹可对应，其他纹样在河湟地区的多处建筑中有相似的对应。

④斗栱上绘小卷云纹（图 2-47c/d），与瞿昙殿抱厦、隆国殿外檐、大钟鼓楼外檐斗栱、妙因寺斗栱彩画相似，因此也可以相对应判定这几处的建筑彩画为清代重绘。

⑤柱头上下的纹样为旋子或莲瓣横条箍头，中间为锦纹或竖向曲线纹样（图2-47b/c）。在瞿昙殿、妙因寺等处都有相对应的纹样。

壁画上的建筑彩画与寺内建筑彩画有很多相似之处，但也并不是完全对应。尤其在清代壁画上，出现了更为丰富多样的建筑彩画，寺内木构实物上只出现了其中的几种样式。可能是瞿昙寺工匠根据实际需要情况，只选用了当时常用彩画的其中一部分，并进行了适宜的变化。而在河湟地区的其他寺院，也能找到与该处壁画上出现的彩画纹样相对应的建筑实物，例如在永登县妙因寺的部分建筑上能见到与该壁画相对应的彩画形制，这可能与当时绘制壁画的工匠有很大关系①。

（4）彩画特点

瞿昙殿在纹饰上，已经从最初单一的汉式建筑彩画到逐渐加入藏传佛教吉祥图案，虽然藏式特点不太强烈，但是已经能够体现出这种藏汉建筑彩画的融合现象；在施色中，色调由简单统一的青绿色调发展成冷暖用色，并且逐渐地以暖色调为主。施色由简单的黑绿色逐渐演变到丰富多彩，包括土红色、朱砂色、朱磦色、石青色、黄色的运用。外檐彩画基本为青绿色调，而抱厦内有土红、朱磦等暖色调，相对早期彩画中石青的缺失，此处有石青出现。虽然内外檐的彩画整体色调不同，但是从纹样结构与画法来看应为同时期所绘，只是因为自然剥落的程度不同而形成不同的效果。

1）在明代三亭式结构的基础上，这个时期出现变化了的五亭式、七亭式结构，五亭式为两组三亭式合并了中间两个找头为一个纹样，七亭式为两组三亭式结构完整相加，并添加一个中心花纹，它们都是在中心点左右对称的组合。在抱厦内还出现了没有明确枋心框的三亭式结构。

2）此处彩画的枋心内出现纹样，有直接绘卷草花卉、龙凤云纹、锦纹，有先加池子，内绘花卉、卷草、云气纹样，还有梵文吉祥语作为纹样出现，也有在枋心框内加有软卡子结构的，显得更为细丽。找头变化也较为多样，有交叉缠枝卷草纹，莲花瓣、宝相花与缠枝纹的组合等，

---

① 隆国殿两侧斜廊上清时所绘壁画上有"平番县上窑堡画像弟子孙克恭门徒徐润文何济汉沐手敬画"题记，判断出绘制匠人为永登县孙克恭及其门徒。"短短桃花临水轻岸柳絮点人衣，允吾王殊画。"题记，判断出王殊为甘肃永登县和青海民和下川口一带的匠人。刘科《瞿昙寺回廊佛传壁画研究》.北京大学硕士学位论文，2007. P14.

更是自由多变而繁密。箍头出现了旋子竖排列式，与直条纹相结合，更为丰富。

3）斗栱为小卷云纹装饰，大部分施以黑绿色，加入了暖色调。

通过颜料检测，该处所用的红色多为朱砂和土红，石青色为佛教造像中经常使用的青金石，绿色为氯铜矿和水氯铜矿[①]。根据该处补修的纪年，参考与它形制相似，但所绘更为精细的妙因寺万岁殿彩画，此处彩画应是补修时所绘。

虽然此处彩画绘制较晚，但是没有清代官式彩画那种严格的程式化，而依然是自由有度。无论是单个花纹的组合，还是整体纹样的结构，都是自由多变的，随着木构尺寸的变化进行着有规律的、适合纹样的随意变化。表现出丰富而略显细碎的地方式风格特点，这类彩画在河湟地区清代其他建筑中也较为多见。

2.1.6 夏河县拉卜楞寺嘉木样寝宫

拉卜楞寺的嘉木样寝宫是活佛府邸，藏语称"囊谦"，是担任宗教高级职务的活佛自己建造的宅院。拉卜楞寺嘉木样寝宫（拉章），藏语称为"德央宫"（意为吉祥福安、舒适宽敞）。位于整个寺院西北隅，系一规模很大的住宅建筑群，沿慧音山脚一字型平面展开，总体方位是坐西北朝东南。

嘉木样寝宫是由若干院落组成的宗教、居住建筑群，包括自用佛堂、居住处与会客厅。总平面呈刀形，占地面积1.4公顷，总建筑面积为2462.7平方米，分上、中、下三院，上院称德容宫，中院叫图丹颇章（包括释迦牟尼佛殿和图丹颇章两座宗教建筑），下院德容秀已毁，历辈嘉木样大师就居住在"拉章"的德容宫中[②]。此处建筑为结合了当地平棊式建筑、藏式建筑、汉式建筑而形成不同的形制，同时其彩画亦吸收了很多汉式因素，适应着独特的建筑形制，因此与下续部学院的彩画差别较大。

---

① 王进玉，李军，唐静娟，许志正《青海瞿昙寺壁画颜料的研究》，《文物保护与考古科学》，1993（02）. P25.

② 甘肃省文物保护研究所《嘉木样寝宫残损调察报告及修缮设计方案》（内部资料），2011. P1.

（1）释迦牟尼佛殿

又称小金瓦殿，是活佛自用的佛堂，主供如来佛，在图旦颇章①北，但并不与图旦颇章毗连，而且规模很大。释迦牟尼佛殿建于嘉木样一世，康熙五十年（1711），是寺内现存最早的建筑物之一。清光绪三十三年（1907），又在殿顶加建了歇山鎏金铜瓦小殿。坐西北朝东南方向，通面阔九间，高三层，其第三层是在第二层的平顶上沿左、右、后三面建造的，呈凹字形平面，凹字的左右部分仍为平顶，为了要使中部即加建的金瓦顶突出，又采用重檐歇山顶②。

考察中，因寺院管理严格，没能进入该殿，故本文就该金顶外檐下彩画进行考察。根据彩画纹样与脱落的状况，现存彩画应为1907年添加金顶时的原构彩画（图2-48a）。

①椽头：鎏金瓦下的圆椽头上彩画大多已不存，只在西侧转角处看到一点留存（图2-48b）。椽头绘孔雀翎毛纹样，内层青色叠晕，外层绿色叠晕，中间衔接处为红色，白线齐边。

②檐下檩：以斗栱为间隔，每段檩上采用三亭式结构。色彩脱落较为严重，露出红色的木构地色。枋心框为外弧形池子框，内为青绿色地，绘折枝花卉，有菊花、莲花、牡丹等花卉。绘制手法似没骨花卉手法，而不是图案式手法（图2-48c）。

a　　　　　　　　　　　　　　b

---

① 图旦颇章是活佛的自用经堂，又是历代嘉木样举行坐床大典的地方。
② 甘肃省文物考古研究所，拉卜楞寺文物管理委员会《拉卜楞寺》．北京：文物出版社，1989. P17.

图 2-48a/b/c 释迦牟尼佛殿

找头为两个半旋花相背横向构成。靠近枋心框的半花内层为莲瓣横向构成枋心外框,莲瓣内染红色,外切白边,墨线勾勒。莲瓣外为如意纹组合成旋子式结构,青或绿色叠晕。另外半旋花为圆形花心,内层为莲瓣纹样,外层为团花形外轮廓。斗栱间隔处的两半个旋花组合成一个整旋花,连绵相连。

③檩下有一窄条枋,纹样因适合木构而被压扁拉长。绘两瓣式升降云纹,墨线勾勒,青绿叠晕,采用升青降红,内切白边。形状勾勒较为随意,不是非常严整(图 2-48c)。

④斗栱:其出跳处是 45°倾斜的直线形,上边沿弧线弧度很大,几乎接近折线,与斗的菱形外沿相连(图 2-48c)。栱上绘如意头纹样,散斗上斜面绘仰莲瓣或如意头,上面斜方形绘几何纹样。施青绿色叠晕,相邻斗栱相间施色。坐斗下部斜面绘相对称如意纹,上部为雕刻棱形,似南瓜棱,但外形为方形。

栱眼壁画绘贡盘八瑞物①,墙色为地,纹样以青绿色为主,周围饰以彩带绿叶。有些地方墙皮已脱落,纹样不存。

---

① 八瑞物构成了早期第二大组佛教符号,其中包括:1)宝镜;2)黄丹;3)酸奶;4)长寿茅草;5)木瓜;6)右旋海螺;7)朱砂;8)芥子。[英]罗伯特·比尔著,向红笳译《藏传佛教象征符号与器物图解》.北京:中国藏学出版社,2007.P18.

⑤平板枋：也是以斗栱位置为间隔，枋较窄，每段施以三亭式结构（图2-48c）。枋心所占比例较长，中间枋心红地，绘青色夔龙纹，次外两边枋心内绘几何连续纹样，最外两端枋心绘折枝花卉纹样，施青绿红色相间。枋心框有方形，有弧形，皆与如意形找头相连接。

找头部分较短，没有形成完整的旋花形制。中间一段的枋心框外为相背旋花束腰而成燕尾，施绿色；外接三瓣旋子纹样，红青色相叠；最外层为青色团花轮廓。两端枋的找头内层为莲瓣，外接如意头轮廓，与双层半个如意旋瓣相连，中心有宝珠花心，青绿红色相交叠施用（图2-48c）。

檐下整体为青绿色调，红色有少量使用，并且所用红色较暗，所以对整体色调影响不大。斗栱上遍施如意莲瓣纹样，但是纹样较为饱满宽厚，粗壮而不细碎。在斗栱间和斗栱内各构件之间均采用青绿间施色，变化丰富，可与妙因寺大门及雷坛清代时期彩画对应比较。

（2）嘉木样寝宫：为活佛居住部分，广泛采用了汉式建筑的式样①。供嘉木样居住的两座建筑在释迦牟尼佛殿西，它们以西还有一座小院，供嘉木样家属居住（图2-49），即图中的四号院和三号院的位置。该院落采用汉式建筑，多为楼房，采用硬山瓦顶，楼内有许多砖雕和汉式彩画。在考察中看到此处建筑与中原汉式建筑并不同，而是与当地居民的平窠式院落建筑很相似。

据顾颉刚先生对其建筑记载"其室弘伟，藻绘绝精。"②甘肃省文物保护研究所对其彩画如此描述："两处建筑均无斗栱，彩画图案以旋子彩画和地方彩画图案为主，室内梁架保存有完整的清式彩绘。……室外彩画又是官式旋子彩画和民间地方彩画的结合，室内椽架彩绘更是变化丰富，以宗教、藏、汉民间故事、神话、历史事件等故事题材，创造了唯美的室内装饰，天花的装饰以仙鹤、牡丹、龙、凤题材为主，是西北境内藏式建筑艺术的重要研究材料。"③但是没有文献记载其确切的修建年代，据管理寺院的喇嘛说有近三百年的历史，再根据其彩画风格及保存状况，在清乾隆八

---

① 甘肃省文物考古研究所，拉卜楞寺文物管理委员会《拉卜楞寺》.北京：文物出版社，1989. PP 17—19.

② 顾颉刚《甘青闻见记·西北考察日记》，《甘肃文史资料选辑》第28辑.兰州：甘肃人民出版社，1988. P79.

③ 甘肃省文物保护研究所《嘉木样寝宫残损调察报告及修缮设计方案》（内部资料），2011. PP5—6.

年（1743）嘉木样一世的坐床典礼[①]之时就应该有此建筑了，目前大部分彩画为原构。

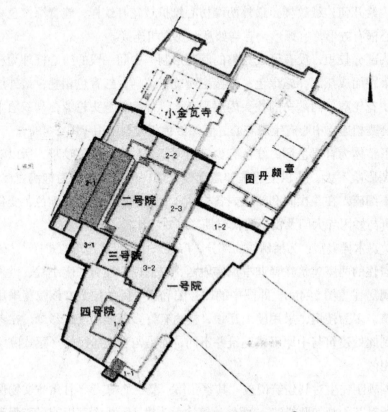

图2-49 嘉木样寝宫院落分布图[②]

寝宫对非宗教人士不予开放，经过多次努力，最终得以进到最西南边的院内，该院落的两座建筑虽然同属于嘉木样寝宫建筑群中，但是因其功用完全不同，故在单体建筑彩画中分别进行详述。

1）嘉木样家属居住之地

①飞檐、椽头：寝宫的飞檐前有布帘遮挡（图2-50a），风吹过偶

[①]（清）阿莽班智达原著 玛钦·诺悟更，道周译注《拉卜楞寺志》. 兰州：甘肃人民出版社，1997. P585.
[②] 甘肃省文物保护研究所《嘉木样寝宫残损调察报告及修缮设计方案》（内部资料），2011. P1.

然拍得该处的彩画。飞檐体施绿色，在望板处有彩色条横拦。望板侧面绘有上下相对的三角形图案。方形椽头上绘有四瓣栀花，中间为圆形花心，花瓣与花心分别施青、红、绿色叠晕，在相邻椽头之间交替（图2-50b）。

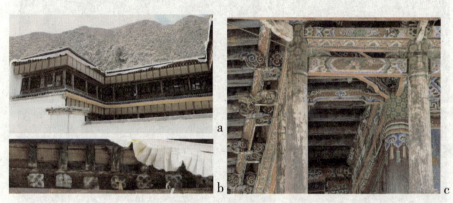

图2-50a/b/c 嘉木样家属居住处

②檐下檩、檩下花板及苗檩花牵：这部分木构皆被檐前编制的席子所遮挡，故只能从侧面仰视到彩画（图2-50c）。

檐下檩用深褐色与朱磦色明暗两色绘水波木纹，中心部分直接绘五彩云朵纹样（图2-50c）。在廊内梁枋上也出现这种木纹卷云纹图案（图2-50d），只不过是放置在枋心内，加了莲瓣旋花找头，与大金瓦殿所见相类同。檩下为一绿色拉不断纹的细条枋，下面为透雕的花板，以卷草纹样相连，左右对称成弓形。花牵的斗下方为红地，绘青绿叠晕交替的如意纹，上方为瓜棱状雕刻施色（图2-50e）。花牵上伸出的耍头雕绘成三朵卷云纹，施青、绿、红三色交替（图2-50c）。

③平板枋：在苗檩花牵之下，为三条柱间平板枋（图2-50e）。最上一层枋较窄，为简单的池子结构，皆为青色如意头的红地枋心框。池子框之间以一个整团花相连接，团花外形整齐简单，红色花心，绿色叠晕八个花瓣。枋心内纹样有两种：在凹字形建筑凸出的两侧处，枋心为红地，绘莲花缠枝纹样，青绿交替施色（图2-50e）；在凹进去的长廊处，枋心为绿地，单线勾勒如意锦纹（图2-50f）。

图 2-50d/e/f 嘉木样家属居住处

图 2-50g/h 嘉木样家属居住处

中间为一条细的雕绘莲瓣枋，深浅两种红色为心，外层以青或绿相邻交替。下面又一细条枋，为工字型几何纹样，连接下方雕绘的仰荷叶墩、折枝花卉墩左右相间隔（图 2-50e/f）。

④额枋：亦为小池子结构（图 2-50e）。青色枋心框，红色如意头被分开，框内绘简单锦纹或者折枝花卉纹，找头部分由三部分构成，绿色叠晕如意头连接成一个半圆，圆心内有宝珠纹样，如意头外层为一圈青色叠晕轮廓。在半个圆心处连接横向排列的半圈莲瓣，外接半朵团花纹，在两个池子连接处合为一个整团花，与上面枋上纹样相同。在枋的两端连接柱子处有彩条半团花为箍头。廊内的各长短木

构上均采用这种池子结构，仅在枋心内图案有所差别。门窗上方的垫板上找头还是相似形制，只是因木构较宽，在中间整团花瓣外加了一层如意头瓣，枋心内绘仿白地纸本的文人小品画。

⑤柱：通体红地，柱上纹样有两种（图2-50g），一种柱头由锦纹和垂花纹构成。这种纹样为多数，在檐柱及内柱上都有出现。锦纹形制也有不同，其中一种锦纹为土黄色作地，单线勾勒纹样。此处锦纹由方形和六边形组成，方形内为万字纹，六边形内如意纹环绕，中间为汉字吉祥纹样。锦纹下为青白色条箍头，下接一圈如意头（图2-50g）。另外一种锦纹为八边形与正方形间隔的绿地红花的锦纹，下面为五彩条箍头，直接与下方的垂花纹相连接（图2-50h）。两种纹样的垂花纹下方都坠有宝珠流苏纹，似织锦衣物配饰中的挂件。

另一种柱上纹样由兽面吉祥纹样组成，出现在二层楼的大门两侧内柱上（图2-50g）。在红地柱子的上部为饕餮纹样，头部装饰绿圈纹，色彩与其他柱头绿色相同。饕餮的金色鼻环与下方的金银牌配饰、如意纹、吉祥结纹样相连接，各配饰之间由宝珠流苏穗纹相连接。采用沥粉贴金的手法绘制，显然级别比较高。

2）会客厅

在院落东北面为会客厅楼，是嘉木样接待各界宗教领袖和政府官员的地方（图2-49内三号院3—2）。砖木结构二层楼建筑，面阔五间，进深三间（图2-51a）。一层前面有台基和垂带踏步，中间开门洞，二层平面为倒凹字形（即临夏地区民居建筑虎抱头样式）。该厅楼的各梁柱枋上有1985年维修梁枋构件落架时的编号[1]，维修的木构上没有彩画。此处现存彩画与家属居住处的大致相同，下面仅将不同之处做以记录。

①檐椽：飞檐不得见，透过布帘缝隙，可看见椽头绘孔雀翎毛纹样，也施青、红、绿色叠晕（图2-51b），与小金瓦殿的椽头纹样相同。

②苗檩花牵及花板：斗与前处相同，旁边的花板上雕绘对称的回纹和卷草纹（图2-51c），层层叠叠雕镂，施青绿色为主，甚为精美。整个建筑皆有此结构纹样。

---

[1] 参考甘肃省文物保护研究所《嘉木样寝宫残损调察报告及修缮设计方案》（内部资料），2011．P4．

③平板枋：除了与前面类似的绘制小池子结构彩画外，还出现了雕绘的吉祥八宝彩带、折枝花卉等纹样，外有池子框，每部分纹样皆为单独雕刻，最后镶嵌在同一条枋上（图2-51c）。这种纹样在两层楼的廊内外檐下都存在，成为此处的特点，虽然色彩脱落严重，但是雕刻依然精美。下面还有一层雕绘莲瓣枋，亦是相当精细。

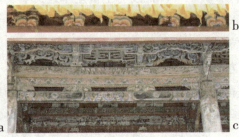

图2-51a/b/c 嘉木样会客厅

④上下枋之间的荷叶墩变成了仰莲墩，施土红色，旁边饰以青绿卷草纹（图2-51c）。

⑤额枋：纹样结构及形制与家属居住处的相同，枋心纹样略有变化，除了以红绿色为地的锦纹、几何纹样外（图2-51d），还出现了以黑色作地的写生状折枝花卉，花头为白色没骨画法，绿色叶装饰（图2-51c）。枋心外找头连接处的整团花内，除了前面见到的圆形花心外，还出现青绿色的八卦形花心，其他花瓣层与前相同（图2-51d）。

图2-51d 嘉木样会客厅

⑥殿门：彩画的基本结构与下续部学院的相同，但是在细节处有所变化（图2-51e）。门框的上方没有蹲兽，而是镶嵌有雕镂花板，以花牵为间隔，中间花板为蝙蝠祥云纹，贴金，两边花板为对称卷草纹、几何纹。内

框的莲瓣金点及卷草纹样皆与下续部学院的相同。在左右门框的两侧加有对称的两条瓶花纹样，先雕后绘，白色花头，绿色枝叶，红色为地，分外雅致。

⑦柱头：纹样结构与前相同，只是锦纹形制和施色有所变化（图2-51c），锦纹以群青色为地。在大门两边柱上的垂花宝珠纹下，流苏非常宽大，下面连接条纹状的虎斑纹，白地黑纹，独此一处（图2-51e）。

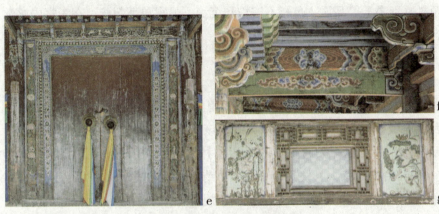

图2-51e/f/g 嘉木样会客厅

⑧廊内梁架纹样结构与弥勒佛殿金顶廊檐相同（图2-51f），与嘉木样家属居住处廊内木纹地枋心的梁架纹样相同（图2-50c），只是在施色上略有差异。相较廊外檐彩画，此处彩画显得色彩鲜艳，应该为后代新绘，估计与弥勒佛殿为同时期所绘，即1882年加建金顶时所绘。

⑨窗户：为仿汉式雕镂的窗棂格子，在左右的窗户板上绘有仿文人画的花鸟画为装饰，白色为地，绘制手法娴熟，风格雅致（图2-51g）。

（3）彩画特点

嘉木样寝宫为当地民居平寨式建筑，在此处的建筑彩画中，在藏式建筑彩画的基础上，吸收的汉式建筑彩画因素较多，体现了汉式彩画进一步在此地被融合的面貌，形成了藏汉结合的地方式彩画样式。但是此处藏汉两种样式的彩画之间并不是完全独立存在的，而是有着各种各样的联系，形成了你中有我、我中有你的互融现状。在这里，已经将藏传佛教吉祥纹样与三亭式梁枋彩画完全相融合，三亭式结构有了很多变体，与这种细横木较多的民居建筑相吻合。色彩也不再是简单的青绿冷色调或者红黄的暖色调，而是将这两种色调相结合协调起来，形成独特样式，笔者认为他们就是该地区的地方彩画样式。这种样式，在藏汉文化交流的河湟地域，既运用着藏传佛教的强烈元素，也欣赏着汉式文人绘画的细腻淡雅。如此，形成了地方样式的独特面貌。

但是遗憾的是，从对以上几处建筑彩画的绘制，可以看到基础的彩画制作工艺技术不够好，地仗脱落、起甲，造成彩画脱落。目前来看，所用颜料也不是上等品质，色相不够饱和沉稳，显得单薄粗疏，在考察中感觉到当下急需加强科学适当的保护。

2.1.7 天祝县古城镇东大寺

东大寺位于今甘肃省天祝县城西南土鲁坪与普贯山之间的水磨沟内，因在连城妙因寺以东，故名东大寺。该寺原为永登县所辖，1956年划归天祝县。藏语称"大通贡钦贴桑达吉林"。最早于明神宗万历四十七年（1619）由当地僧人喜饶尼玛所建。该寺先为萨迦派和噶举派寺院，清乾隆时期，在鲁家土司的支持下，成为正规的格鲁派寺院[①]。后来寺院逐渐兴盛，内有大经堂、弥勒殿、释迦牟尼殿、度母殿、依怙主殿，设有四大学院。清道光八年（1828），扩大了寺院规模，修建了堪布囊谦和鲁家囊谦，许多藏传佛教高僧在此寺居住过，清康熙时六世达赖仓央嘉措曾任本寺法台，四世达隆佛罗桑丹贝尼玛曾任堪布，二世嘉木样郭拉授独雄大威德灌顶并讲经说法。盛时僧人超过1000多人[②]。

同治年间，该寺同天祝境内其他寺院一样，遭到战火毁坏，后一部分迁至今永登大有乡旧寺沟，由于此地僧俗人员饮水异常困难，遂又迁到天祝古城地方，称为古城寺，自此以后东大寺逐渐走向衰落[③]。现在，除保留有大门、清道光二十年（1840）所修的鲁迦堪布囊谦、堂前过楼外，其他建筑均毁于1958年。

该寺现存的建筑彩画主要在大门和囊谦内，关于其绘制年代没有确切的文献记录，采访僧人亦未果。

（1）大门：面阔三间，单檐硬山顶（图2-52a）。有内外两道门，中间

---

① 蒲文成《青海蒙古族的寺院》.《青海社会科学》，1989（06）.P560.
② 赵鹏翥《连城鲁土司》.兰州：甘肃人民出版社，1994.PP95—96.
③ 蒲文成《青海蒙古族的寺院》.《青海社会科学》，1989（06）.P560.

形成一个廊,外大门没有装饰。大门外檐有布帘遮挡,不能看到椽头,仅看到檐下檩枋彩画施青绿色,青色炫目,虽然基本彩画结构与廊内相似,但绘制水平显然低劣,较为粗糙,应为20世纪80年代所绘。因此以廊内彩画为重点介绍。

图2-52a/b 东大寺大门

廊内大门框为藏式装饰结构。外层为施红青绿黄色的凸形叠函纹样,内层为雕绘莲瓣,次为大金点纹样(图2-52b)。该门通向院内有一木质照壁门遮挡,左右门扇相合,绘旭日祥云图(图2-52b)。白色为地,青绿色绘祥云山水纹样,为汉式吉祥纹样。

①正面檩枋:彩画出现了三种基本结构(图2-52c):第一种没有枋心框,全部以波浪式结构相连,旋花有二分之一瓣和四分之一瓣两种,在不同木构上作二方连续。

图2-52c 东大寺大门

第二种木构中间为弧形包袱子结构,有宽大边框,黑地绘没骨白花,白色有晕染,不甚清晰。框内为红地,绘白色菊花卷草,亦为没骨手法,绘制精细，色彩饱和。找头部分为波浪式旋花连接。

第三种是中间有束如意头外弧形枋心框，框内为整旋花枋心，旋花心为涡旋形，外为莲瓣旋子纹。找头为整破旋花及如意头相连接。

三种结构的旋花形制一致，为旋子层与莲瓣层的组合，与鲁土司衙门处类似。但是此处所用青绿色调较深沉，因为其青色不是常见的群青色，而是接近黑色的花青色。绘制也甚为工整细致。

②侧面梁架：其彩画基本结构及旋花形制与正面檩枋上一致，仅因木构较短而进行了变化（图 2-52d）。

三架梁上仅有如意头与半旋花连接，箍头处为一列旋子纹，似为正面第二种的找头部分。下面有荷花墩支撑，仰覆花瓣舒展，施青色白边。

图 2-52d/e 东大寺大门

五架梁上中间为外弧形枋心框，框内以墨色或红色为地，绘折枝花卉，没骨画法，有牡丹、芙蓉、菊花等纹样。找头为旋子团花整破相连，与"一整二破"相似，但没有一个整团花，均为程度不同的破旋花相连接。

随梁枋上在明间绘波浪式旋花结构（图 2-52d），左右对称，以卷云纹连接，在岔角处亦为卷云纹样。在次间靠墙处为万字形连续纹样（图 2-52e），朱磦色为地，青绿叠晕施色，绿色与黄色相叠，形成较暖色调。

（2）囊谦殿内：囊谦内梁上有汉字题记为"大清道光二十年（1840）岁次庚子五月壬午二十七日丙辰庚寅时竖癸巳时上梁吉。"① 在其西南壁和东北壁上作有《西游记》壁画，绘于该建筑同时期，至今保存完好，甚为珍贵。殿内彩画以青绿色调为主，而其中红色与金色的运用较为凸出。其彩画色彩比较鲜艳，没有香火的熏蚀，保存完整，应为 20 世纪 80 年代之

---

① 于硕，咸明《东大寺西游记壁画的初步分析》，谢继胜《汉藏佛教美术研究 2008》. 北京：首都师范大学出版社，2010. P447.

后甚至更近年代新绘。因其大部分木构被彩绸包裹，并有唐卡悬挂，故不能拍摄到全部完整木构，只能看到局部彩画样式。

①梁架彩画以三亭式结构为基础，另外有两个小池子并列的结构，在两个枋心框中间为旋子团花或宝珠卷草纹样（图2-53a）。

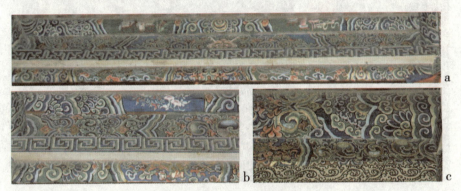

图2-53a/b/c 东大寺囊谦

枋心框有内弧形与外弧形两种，枋心内纹样非常丰富：有折枝花卉纹样、狮子绣球云纹、宝珠卷草纹、金翅鸟卷草纹、吉祥云龙纹、吉祥博古纹、云凤纹、夔龙纹等（图2-53a/b）。均以青或绿色作地，纹样有青绿红等色，重要纹样部分采用沥粉贴金，绘制规整细腻。

找头部分也根据枋心框内容而有所不同：有莲瓣与西番莲瓣的旋子纹，整破之间有不同组合，包括卷草如意纹、莲瓣如意团花纹样、卷草宝珠纹，也有旋子团花与卷草纹相结合的纹样（图2-53a/b/c）。以青绿为主，有红色调剂，间有施金。

在木构的底面绘有墨线勾勒的卷草纹样，呈波浪形上下翻转，流畅多变（图2-53c）。

②殿内有二层阁楼，在二层的走廊外包有栏杆，在望柱和华板上都有彩画。在六棱望柱以绿色为地，上部绘有升龙云纹，下部为山石旭日纹样（图2-53d）。上层华板以红色为边框，内以绿色为地，绘吉祥八宝纹样（图2-53d）。下层边沿为雕刻的卷草花板。再下层枋为莲瓣旋子与卷草纹连接，以金色为地，纹样施青绿色叠晕（图2-53e）。最下层枋以青色为地，中间绘卷云龙纹，两端有金色软卡子，找头部分主要为云纹，穿插有团形汉字纹样、蝙蝠纹样（图2-53f）。

图 2-53d/e/f 东大寺囊谦

整体纹样采用沥粉贴金手法，色彩冷暖结合，除了常见的青绿、橘红、金色之外，还出现深褐色点缀。纹样繁密细致，形成密叠堂皇的装饰风格。

因此殿建造时不是经堂，是供高僧居住的囊谦，所以更强调其彩画的装饰功能，而宗教氛围并不浓厚。大部分装饰纹样与中原的装饰纹样相似，如望柱上的腾龙及山石旭日纹样，以往常见类似的形象于中原官衙及寺庙中，折枝花卉也是中原绘画中常见的题材。所采用的藏传佛教纹样，主要有金翅鸟纹样、宝珠卷草纹样，饕餮纹样、吉祥八宝纹样等。既有着很强的装饰效果，同时又体现了殿堂的宗教特点。

（3）彩画特点

从以上分析可以看到，在大门和囊谦内的彩画采用汉式的旋子等基本纹样结构。而在通常体现建筑文化属性的枋心内纹样采用了不同的纹样同时出现，有折枝花卉、博古纹样、祥云龙凤纹，都为汉地常见的纹样。同时也有体现藏传佛教特点的纹样，如金翅鸟、吉祥八宝、饕餮等纹样。他们彼此之间各在其位，相互协调。因为此处彩画所绘的时代较晚，是对已经融合了的藏汉彩画纹样的继承与发展。

两处彩画的色彩有着不同的色调感觉。大门彩画以青绿色调为主，间有红色。青色较暗，几乎看成是黑色，绿色为三绿，纯度较低，红色作为地色，对整体色调只有点缀作用，所以不影响整体淡雅清冷的色调。而在囊谦内，青绿用色不同，青色为群青色，绿色也是头绿，较为鲜艳，再加上饱和的朱砂、朱磦色和金色的施用，整体形成较为艳丽炫目的装饰效果，更接近藏式彩画的装饰色彩感觉。

从纹样结构和整体色调两方面来看，东大寺建筑彩画属于较晚时期所绘，根据建筑的功能施用不同的纹样与色彩，因此其旋子纹样的形制和其他各种纹样，相互之间结合得非常协调，显得较为规整而成熟。

2.2 其他建筑中的藏汉融合式彩画

2.2.1 永登县连城镇鲁土司衙门

鲁土司衙门坐落在永登县西部连城镇，据《重续鲁氏家谱》记载，明洪武十一年（1378），明政府为脱欢之妻马氏"治地连城，建楼七楹"，为鲁土司衙门修建之始①。宣德、成化、嘉靖间皆有修葺，最近一次规模较大的重修在清嘉庆间。鲁土司衙门大堂的檩上有"大清嘉庆贰拾叁年（1818）岁次戊寅巳未月辛卯日乙未时重建"，祖先堂上层梁记"嘉庆六年（1801）六月吉日重修"可证，此次修建系十五世鲁纪勋袭指挥使时。现土司衙门建筑大体保持嘉庆重修时布局②，按清工部营造法式建造，均系砖木石结构，至今保存基本完整。1982年被省人民政府列为省级文物保护单位③，1996年被列为全国重点文物保护单位。

明洪武四年（1371），元安定王脱欢率诸子部落投诚，被明政府安置在连城，封为平番县庄浪卫指挥使。后传位其子巩卜世杰、其孙失伽，失伽因战功赐姓鲁，改名鲁贤，其后世袭连城的土司。历明、清，至民国二十一年（1932）"改土归流"，共561年，传19世，任22个土司。鲁土司家族的四世鲁鉴、五世鲁麟、六世鲁经《明史》有传。鲁土司是明清时

---

① 赵鹏蕎《连城鲁土司》. 兰州：甘肃人民出版社，1994. P67.
② 实地考察，并参考宿白《永登连城鲁土司衙和妙因、显教两寺调查记》，《藏传佛教寺院考古》. 北京：文物出版社，1996. P276.
③ 赵鹏蕎《连城鲁土司》. 兰州：甘肃人民出版社，1994. P67.

期甘青交接地区最为显赫的土司家族之一,"河西巨室,推鲁氏为最",其势力范围及今甘肃永登、天祝,青海乐都、互助等地。他们世居边陲,雄踞一方,忠于朝廷,作为中央王朝统治和经营西北的一支重要力量,曾对甘青地区的政治、经济、文化以至民族变迁,产生过重大影响[①]。

鲁土司衙门为鲁土司平日办公、日常活动及其家属们的居住之地,是一座汉式衙门建筑。整个衙门占地 13500 多平方米。建筑群布局严谨,雄伟森严,雕梁画栋,颇具王侯气魄。坐北朝南,一进数院,环境优美,共有建筑 226 间,建筑面积 5397 平方米。据说,因修建土司衙门,连城东西两山许多山峰上的树木被砍伐一光[②]。主体建筑从南向北中轴线上依次为照壁、牌坊、大门、仪门(又称提督军门)、大堂、如意门、燕喜堂、朝阳门、东西配楼、祖先堂、大库房等建筑,另在大门、仪门、如意门内有三院东西厢房及二堂、寝室二院等几个小院落。

(1)照壁与牌坊:南端以青砖一字影壁和三间四柱木牌坊为该建筑序列的起点,牌坊为明成化二年(1466)始建,为纪念四世土司鲁鉴的战功而建。中有成化十一年(1475)"世笃忠贞"匾额,明末被毁,清初重建改题"世笃忠诚",乾隆朝又曾修葺[③]。

图 2-54a 鲁土司衙门牌坊

---

① 易雪梅《甘肃永登连城鲁土司家谱考》.《档案》,2002(04).P50.
② 赵鹏翥《连城鲁土司》.兰州:甘肃人民出版社,1994.P67.
③ 筱华,吴莉萍《河西走廊的古建筑瑰宝——甘肃永登鲁土司衙门》.《古建园林技术》,2004(01).P41.

牌坊宽 14.5 米①，中央三间四柱牌楼，牌坊东西连缀单间两柱的门枋。屋面包括正楼、次楼、边楼、夹楼四部分。正楼、次楼均是单檐歇山顶，夹楼檐椽平直，屋面坡度平缓几近水平，边楼为庑殿顶②。每间各施斗栱四攒，正楼为十一踩，次楼九踩。正楼、次楼木构做法相同，上以抱头梁承托檐檩，下接挂落。两侧二柱一间牌坊平板枋上施七踩斗栱，檩下无挂落③（图 2-54a）。对比明成化十一年（1475）匾额的绿地色，牌坊上其他木构彩画应为乾隆年间重修时所绘。以青绿色调为主，所用绿色为头绿，而非常见的三绿色，青色为群青，较为鲜艳。

①飞檐和檐椽：均无彩画存在，应是在后代重修中没有彩绘过。

②檐下檩：为波浪形二方连续结构，以斗栱为间隔，分隔了波浪形上仰的大如意旋纹。每段中心为完整的如意旋子半团花，以如意或旋子为花心，外为旋子瓣或莲花瓣，团花形制各不相同。墨线勾勒较随意，内齐白线，青绿相串叠晕施色（图 2-54b）。

③檩下枋：檩下为一细条枋，在正楼、次楼绘不同的几何纹样。有 T 字形的长城纹（图 2-54b），对称菱形纹（图 2-54c），方头如意纹（图 2-54d）等，青绿串色。在两端的边楼处，檩下枋为一花板，以橘红色为地，绘对称卷草纹（图 2-54e），类似瞿昙寺瞿昙殿在乾隆四十七年（1782）添建的抱厦外花板处的卷草形制。

图 2-54b/c/d 鲁土司衙门牌坊

---

① 赵鹏翥《连城鲁土司》. 兰州：甘肃人民出版社，1994. P68.
② 程静微《甘肃永登连城鲁土司衙门及妙因寺建筑研究》，筱华，吴莉萍《河西走廊的古建筑瑰宝——甘肃永登鲁土司衙门》二文中认为牌坊皆为歇山顶，赵鹏翥《连城鲁土司》认为皆为庑殿顶。根据实地考察，本文认为中心三间为歇山顶，边楼为庑殿顶。
③ 程静微《甘肃永登连城鲁土司衙门及妙因寺建筑研究》. 天津大学硕士学位论文，2005. P50.

图 2-54e/f 鲁土司衙门牌坊

④挂落：在正楼、次楼的檐下檩枋之下，皆有垂花挂落围在斗栱之外，具有很强的装饰效果。以垂花柱相间隔，正楼处有上下两层挂落花板（图 2-54f）。上层的每个长方形框内以朱磦色为地，雕绘不同形状的缠枝花卉纹样，绿为叶，青为花。下层为透雕内框，中间雕绘如意祥云、蝙蝠等纹样，施青绿色。次楼只有一层花板，与正楼的上层相同，只是加了一层内框，朱磦色地上雕绘不同的卷草花卉纹样。在两个长方形挂落的下方都连结雕刻不同弧形外沿的花板，青绿色叠晕间隔施色。

⑤斗栱：正楼、次楼以挂落花板为界，有上下两层斗栱。上方皆为三踩斗栱，下方各为十一踩和九踩斗栱。斗腰处绘对称如意纹样，上接方形盒子。上层斗栱的栱较细，绘长尾旋子纹（图 2-54b），而下层斗栱的栱比较宽，以旋子纹为基础，在栱内实心板上还有丰富多变的卷草纹，左右对称，青绿串色（图 2-54f），形成层叠繁密的效果。

而边楼的七踩斗栱有两层带斜角的斗栱，使得侧面纹样在正面亦可见，与妙因寺大门上的结构相似。斗栱纹样与中心三间相似，在旋子纹基础上增加了一点变化。但是在栱上除了青绿串色之外，增加了朱磦色，形成冷暖相衬的效果（图 2-54e）。有些位置在后代维修中替换了木构，上面无彩绘。

⑥平板枋：正楼、次楼的两层斗栱下都有平板枋，但是纹样不尽相同。多为几何纹样，有拉不断纹（图 2-54b），正、斜T字纹（图 2-54c），对称如意纹（图 2-54c），升降云纹（图 2-54d），用色有升青降绿，亦有升绿降青。而在边楼处只有一层平板枋，绘青绿交错的T形纹，纹样较为宽大。枋下为仰面荷叶墩支撑（图 2-54g）。

图 2-54g 鲁土司衙门牌坊

⑦额枋：主要以旋子纹为主，在不同位置有所变化。主楼南侧面为小池子结构，中间池子内为一整旋花，花心为一青色覆瓣莲花，外为绿色旋子瓣，双层弧形枋心框外为大如意头与旋子纹，连接两边的外弧形锦纹池子框。框外亦为大如意头连接旋纹，箍头为半个寿字纹（图2-54h）。北侧额枋为三亭式结构，中心为一大旋子，外连层叠小旋子纹，大小方向不一，整体形成一个枋心纹样。外弧形花瓣式枋心框，与找头部分的半个莲瓣旋子纹相连接，再向外为三路旋子纹，箍头处亦为半个旋子团花纹样（图2-54i）。

图 2-54h/i/j/k 鲁土司衙门牌坊

次楼额枋南侧面上，中间为一锦纹枋心框，找头为四个不同形制的半旋花相连，墨线勾勒，内齐白线，青绿叠晕，每个旋花之间都有团花轮廓与花心相连接，变化丰富，线条勾勒自由（图2-54j）。两道弧形与旋子纹为箍头。北侧面的纹样中间为一整莲瓣旋子团花，涡旋形花心。其他纹样与南侧相同（图2-54k）。边楼纹样与次楼相类同（图2-54g）。

(2)大门：为嘉庆年间所建。单檐硬山顶，平面采用中柱门殿式，两侧接八字影壁，与瞿昙寺大门相似。面阔三间，宽12.3米，门六扇，俗称六扇门，每扇门上绘有高大的神荼和郁垒，唯独西边一扇门及其绘画为原构，其余门上皆为后代重绘。原挂纵匾青地金字"世袭指挥使府"，现已不存。大门地基高约70厘米①。门旁原有钟鼓楼各三间，两侧设有班房，均已拆毁。门前原有石狮已不存，现在原石座上新塑石狮一对（图2-55a）。

图2-55a/b 鲁土司衙门大门

外檐彩画整体为青绿色调，色彩较牌坊处暗沉，绘制也较工整谨细。从色彩现状看，大门南面即正面檐外彩画应为原构（图2-55b），而檐内及大门北面檐外彩画为1986年左右②依据原构彩画新绘过，纹样的基本形制相一致，只有施色的差异。而檐内个别木构只有白地墨线勾勒纹样，没有施彩，疑是在维修中没有完成便停工。

①飞檐和檐椽都无彩画，只有白地（图2-55b）。

②檐下檩：彩画结构与牌坊檩上相同，每间以一个旋花为中心，左右以波浪形结构展开。中心旋花内外皆为旋子瓣，中间为一层莲瓣，青绿相间，与绿色相叠晕的是黄色（图2-55b），不是常见的白色。而在两边的旋花除了旋子莲瓣形制之外，还有两种形制：一种是全部以旋子为层叠瓣，另一种是旋子西番莲瓣相间隔（图2-55c）。旋花之间以花瓣形轮廓相连。

③檩下枋：为倒置如意头与盒子纹样组合，青绿相间色（图2-55b）。该纹样较为少见。

④斗栱处为苗檩花牵：耍头正面中心绘漩涡纹，下接如意头，上接莲

---

① 赵鹏著《连城鲁土司》. 兰州：甘肃人民出版社，1994. P68.
② 据文物管理处的工作人员介绍，此处彩画由区镇政府、文物管理所组织当地匠人，在1986年左右重描过。

瓣与旋子纹样，下方为层叠的如意纹（图2-55d）。侧面依木构轮廓绘旋子卷云纹，纹样简单舒展，青绿叠晕。

⑤平板枋：绘连续回纹，青绿色叠晕形成立体效果（图2-55b），与绿色叠晕的是黄色，与青叠晕的仍为白色。

⑥额枋：正面即南面的明、次间纹样相同。中心为一大太极圆形，两侧为莲瓣与旋子纹，形成一个团花纹，外有花瓣式轮廓。两端有剑纹池子，池子长度较短，与找头长度相同，外弧形枋心框。束形如意头相套接，与旋子莲瓣组成找头（图2-55b）。箍头为小如意头相连接，与两道弧线构成（图2-55d）。木构间青绿串色。

北面，即朝向院内一面，基本纹样相似。明间中心纹样不同，以兽面纹为中心，两侧连接卷草纹，有藏式纹样风格（图2-55c）。次间的中心纹样为菱形弧线枋心框，框外为大旋子纹与小旋子纹以菱形结构相连。框内绘旋子纹，中心为涡旋样大圆心（图2-55e）。两端的锦纹池子、找头纹样与南面额枋相同。

图2-55c/d/e/f 鲁土司衙门大门

⑦柱头：柱头彩画很短，与额枋宽度相当。以旋子为中心，外接西番莲瓣层，最外层仍然是旋子瓣，青绿叠晕（图2-55d）。

⑧檐内梁架：正面檩枋上纹样与外檐相同，只是没有施色，只有白地墨色（图2-55e）。侧面三架梁上枋心内绘芭蕉扇纹样，找头为旋子相连。五架梁上彩画的基本结构与外檐檩和额枋彩画相同，为波浪纹结构的莲瓣旋子纹。随梁枋上两个为锦纹池子框结构，以莲瓣旋花为中心，之间以卷草纹和如意莲瓣旋子相连接，箍头亦为半旋子花（图2-55f），只是根据木

构长度将各段缩短。

（3）仪门：又叫凤鸣门，单檐硬山顶，面阔三间，进深二间。宽11.4米，上有绿地黄字"提督军门"匾额。原建于明万历年间，系为纪念八世土司鲁光祖曾任南京大教场总理提督而建，嘉庆时重建[①]。此门不常开，《明会典》："凡新官到任之日，至仪门前下马"，迎接上级官吏时，土司迎至仪门外，大堂有重大政务活动或审理重大案件时，也要大开仪门。仪门两旁有小门，曰"生门"、"绝门"，据说一般百姓出入生门，被土司判死刑的出绝门。院落两侧配有厢房各五间，分别是问事断案和军备储存之所。

根据其建筑彩画的绘制手法和色彩现状，此处彩画亦为近代所绘，绘制较为工整。色彩没有大门处饱满，青绿二色都较单薄。

①飞檐和檐椽只有白地，无彩画（图2-56）。

②檐下檩：以苗檩花牵为间隔，每段纹样三亭式结构相同。如意头枋心框，外接半莲瓣旋花找头，框内为不同形制的锦纹（图2-56）。

图 2-56 鲁土司衙门仪门

③檩下枋：每段以上下不同方向的如意头为中心，左右展开对称的如意瓣（图2-56），也有西番莲瓣展开。青绿叠晕间隔施色。

④苗檩花牵：在正面绘有涡旋纹与如意纹的上下组合，在每个苗檩花牵的两边都有仰荷叶墩相连接（图2-56）。

⑤平板枋：整体为回纹连接，但在每个斗的下方为宝珠卷草纹的池子结构，青绿叠晕（图2-56）。

---

① 赵鹏翥《连城鲁土司》.兰州：甘肃人民出版社，1994. P68.

⑥额枋：与大门额枋纹样相似，中心为旋子团花，如意头外框，两端为锦纹池子结构。找头为莲瓣旋子如意头自由变化组合，没有整破的规制。箍头为莲瓣与弧线组合（图2-56）。

⑦柱头：较为简单，仅一圈如意头环形相连接，青绿叠晕交替，上下两道箍头（图2-56）。

（4）大堂：嘉庆二十三年重建（1818）。单檐硬山顶①，平面呈凸字形，面积356平方米②。面阔五间，进深三间③。前檐出三间悬山卷棚顶的抱厦，明间两金柱取消，两边次间独立成室。上有红地金字"报国家声"匾额。大堂是鲁土司迎诏接旨，举行重大典礼、坐堂审案之地。高大壮观，不仅占据了最主要的建筑空间，而且在布局和建筑上调动种种手段来烘托它的庄严肃穆气氛，集中体现了土司在该地区的中心地位和至高无上的封建权威。大堂前有厢房各五间，分别是文案和案卷之所，形成严谨的院落。中间凸出的三间抱厦彩画较为完整，以其外檐及堂内彩画为考察对象。

①飞檐无彩画，方形檐椽头留有彩画痕迹，为对角线青绿十字交叉纹样（图2-57a）。

②檐下檩：以苗檩花牵为分界，每段檩上纹样都为三亭式结构，枋心框有外弧形框，方形框，有束形如意头框等各不相同，框内为不同形制的锦纹。找头有二个四分之一旋子花相连接，也有半个莲瓣为花心的旋子团花。箍头为莲瓣弧形，或仅旋子纹，也有如意旋子纹样与弧形的组合（图2-57a）。在大结构相同的前提下，各处都有丰富的变化，各段皆不尽相同。青绿叠晕施色。

③檩下枋：各段纹样也不尽相同，有几何纹样，如意云头纹，上下相背的如意形纹样，升降云纹（图2-57a）等，变化丰富。

④平板枋：明间为池子结构，三个池子框内中间为花朵锦纹，两端为彩带博古纹。斜角方形枋心框，两端框外为层叠的如意纹与如意形轮廓连接旋子纹，与中间框外的莲瓣如意纹样相连接，形成层叠繁密的找头（图

---

① 宿白《永登连城鲁土司衙和妙因、显教两寺调查记》中认为是歇山顶P278，赵鹏鷟《连城鲁土司》中认为是悬山顶P69，此处根据实地考察及程静微《甘肃永登连城鲁土司衙门及妙因寺建筑研究》中的测绘图P53，认为是硬山顶。

② 赵鹏鷟《连城鲁土司》.兰州：甘肃人民出版社，1994. P69.

③ 宿白《永登连城鲁土司衙和妙因、显教两寺调查记》，《藏传佛教寺院考古》.北京：文物出版社，1996. P278.

2-57a)。箍头由莲瓣与竖弧线构成（图2-57b）。次间为几何回纹，黑色为地，青绿叠晕形成立体感（图2-57b）。

图2-57a/b 鲁土司衙门大堂明间/次间

⑤额枋：明间亦有三个枋心框，内弧形枋心框，中间的框内为兽面云纹，青色为地，青绿叠晕的云纹，中间青色兽面，双眼圆睁。两端的框内皆为锦纹（图2-57a）。框外为二破莲瓣旋花连接，两端箍头为双层莲瓣与花瓣形轮廓构成（图2-57b）。

次间中心为一大圆心莲瓣团花，圆心内为太极形旋转纹样，团花外有花瓣形轮廓，在两端束大如意头，连接层叠的旋子纹，与找头的如意头、卷草纹相连接（图2-57c）。两端池子框内为不同形制的锦纹。箍头处为如意纹与莲瓣弧线排列（图2-57b）。

图2-57c 鲁土司衙门大堂次间

⑥柱头：上下环形箍头内为两层旋子纹，中间为竖曲线连接，青绿交替（图 2-57b）。

⑦堂内梁架：大堂内匾额之上的脊檩，做了重修记载，其彩画应为1818年的原构（图 2-57d）。脊檩中间皆为包袱子形制，但是上下木构之间纹样并不相连，为单独的半弧形。弧形框为宽大的T形纹样，白线勾勒，红绿施色。上檩框内纹样不甚清晰，似为金色山水画。下檩框内为如意云纹为花心的莲花，缠枝相连，沥粉白线，施深浅两种红色。上檩框外绘半个莲瓣旋子团花穿插相连接，墨线勾勒，青色较少，花瓣为绿白相间，绿色与大门的南外檐相同，应为同时期所绘。而下檩在这种结构的基础上，还有锦纹枋心框相间其中（图 2-57d）。箍头为莲瓣竖条。

其他大部分彩画应为上世纪80年代新绘，而所依据的纹样便是该檩上的原构彩画。从现存不同位置的色彩对比，可以看出新旧两种彩画的面貌（图 2-57e）。檐内彩画完工，而堂内次间的梁架做了白地，勾勒了墨线而没有施彩，有些还没有勾勒完整便停工（图 2-57f）。

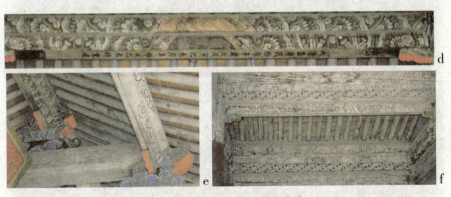

图 2-57d/e/f 鲁土司衙门大堂内

在檩的底面题记处，两端为如意头枋心框，墨字题在枋心框内，框为白线勾勒，框外为黑色，做简单装饰（图 2-57d）。而后来新绘的纹样基本以此为基础，在个别处增加了枋心内容（图 2-57f）。

（5）如意门：面阔七间，明间辟板门，上覆单檐硬山顶，两侧辟为单坡硬山耳房，耳房后檐墙遍施砖雕。檐下均用苗檩花牵做法。檩枋纹样与大堂的基本相同，只是在个别位置有所区别。

①正面檐下檩内外分别为波浪形莲瓣旋花、左右对称的莲瓣如意旋花纹样（图2-58a）。

檩下枋在红地上浮雕施绿色的丁字纹样，中间夹有红色雕绘的寿字纹样，有方形，有团形，还有蝙蝠纹样。此种样式较为少见。

②门上的挡板以橘红色作地，墨线勾勒，绘青绿叠晕的祥云纹，蜿蜒连绵，在云纹间穿插有暗红色蝙蝠纹。在云纹上等间距绘团形寿字纹，暗红地上橘红纹（图2-58a）。这种形制在其他处没有见到。

③背面除了与正面相同的纹样外，在平板枋上出现了一种宝珠卷草纹（图2-58b）。单个宝珠较大，周围饰以卷草较短，左右对称，墨线勾勒，红色为地，青绿叠晕。

图2-58a/b 鲁土司衙门如意门

（6）燕喜堂：穿过如意门，即为燕喜堂。初建于明代，重建于嘉庆年间，俗称大上房，是鲁土司的会客厅和平日办公之地。单檐硬山顶，面阔五间，进深八架椽，前檐明间两金柱取消①，面积298平方米。曾挂赭地青

---

① 程静微《甘肃永登连城鲁土司衙门及妙因寺建筑研究》. 天津大学硕士学位论文, 2005. P54.

字陕甘总督那彦成所书"燕喜堂"匾额。堂内两端各为一暖阁，室门为八卦太极门，原各有一匾书"廿世巨家"、"四朝勋旧"，现已不存。堂前东西厢房为宾客宴请和歇息之用，院内有二道蜈蚣墙，分别隔成两个小院，为幕僚住所。房前有铁镇、石盆各一，据说象征着"金钟玉鼓"①。

外檐木构基本都刷了防火红漆，彩画不存。在室内暖阁八卦门上有太极图案，无色彩，仅有木色。在两扇门合缝处雕刻有圆形太极图案，旋转弧度较大，深浅两种木色对比出阴阳色，较为独特。

（7）祖先堂：燕喜堂后为单檐硬山顶的朝阳门，门内是祖先堂，处在土司衙门的最高处。初建于明洪武十一年（1378），是明政府赐一世土司脱欢妻马氏"建楼七楹"之原址，为表彰马氏智擒河西叛首王莽之功而敕建②。原名效忠楼，后因土司在二楼供奉神像，一楼供奉历代鲁土司画像、牌位，举行祭祖活动而得名祖先堂。中挂"效忠以纯"匾额，后又增挂清末本邑贡生蒋毓麟在民国五年为鲁焘夫人所题"谯国英风"的匾额。

祖先堂为单檐歇山顶，二层楼阁式建筑。台基高二米，由九层台阶拾阶而上。面阔七间③，进深四间。周围有转廊，内外两圈共施三十六根八角柱。形成"金箱斗底槽"的平面布局，为明初原物，在我国西北古建筑中极为罕见④。比较特殊的是二层金柱柱头向内作单翘单昂斗栱，昂嘴卷曲，斗栱上承托七架梁随梁枋下雀替，这种里拽斗栱的做法在清代建筑中较少见，它可以被看作是一种特殊的雀替形式，显现了宋、元做法的遗痕⑤。

殿外有在原雕刻木构的痕迹上新绘的彩画，仅简单的几何纹和边饰，苗檩花牵正面为莲花如意纹。而二层殿内梁架比较宏伟，雕刻独特，为嘉庆重修的原构，只是因为此处经常祭祖焚香，室内色彩脱落严重，仅有雕刻纹样保存较好（图2-59a）。

---

① 赵鹏焘《连城鲁土司》. 兰州：甘肃人民出版社，1994. P69.
② 《鲁氏家谱·世谱·内传》记载道"始祖都督公原配马氏，赠夫人，是曰马太夫人……捷上，朝廷赐太夫人银一千两，金镶宝石首饰一副、彩绣四袭，令官治第连城，建楼七楹，匾曰'效忠'。"
③ 此处为结合考察记载，在宿白《永登连城鲁土司衙和妙因、显教两寺调查记》文中记载为五间，《藏传佛教寺院考古》. 北京：文物出版社，1996. P278.
④ 赵鹏焘《连城鲁土司》. 兰州：甘肃人民出版社，1994. P70.
⑤ 程静微《甘肃永登连城鲁土司衙门及妙因寺建筑研究》. 天津大学硕士学位论文，2005. P55.

图 2-59a/b/c 鲁土司衙门祖先堂

①驼峰：雕刻木构，宽大的木雕显得大气厚重。纹样左右对称，下方为覆莲荷叶纹样，在最顶端蜀柱处还加有向下的卷草纹。上方为左右对称的卷云纹，三五个云头为一组，从中间向上外舒展，相叠两层。在个别地方隐约能看到残留的一点绿色和墨色，大部分地方只有烟熏深色（图2-59b）。

②雀替：木构形式特殊，与柱头上单翘单昂斗栱相连，形成十字交叉形。与昂垂直的两侧栱上雕刻有大小卷云纹，宽大厚重，与驼峰上方的卷云纹形制相似。卷曲昂嘴与雀替同方向，雀替雕刻边框，内为大圈卷草纹，雕刻大气细致。昂嘴头为向上卷曲的卷云状，在后端侧面绘卷草纹，墨线勾勒，内齐白线，施绿色。栱与昂侧面都有边框，内绘黑地三瓣绿叶纹（图2-59c）。这种木构及雕刻的纹样比较独特。

③脊檩正下方为重修题记，该字题在一个长方形黑色框内，两端绘有较为细密的卷草纹样，上下对称（图2-59d）。

图 2-59d 鲁土司衙门祖先堂内

东西两侧各有配楼，为二层楼阁式硬山顶建筑，东楼为书房，西楼为存放祭器之所。也是喇嘛为土司先祖诵经之地。

另外在东侧设有二堂、佣人院、书房院、内宅前院及后院，西侧有仓院及马厩、大库房。东侧为土司花园，内有绿照亭、八卦亭，均为乾隆年间所建，现在都为近年重建。

（8）彩画特点

根据史料，明万历年间八世土司鲁光祖就曾以功升南京大教场总理提督管军府事，在南京任职八年多，之后有许多汉人追随鲁土司返乡进入连城，这其中或许就有南方的工匠，亦或许当年鲁土司自己带去的当地工匠已经部分地接受并学会了南方的建造工艺，并且认可了甚至在一定程度上喜欢上了南方建筑的灵巧柔曲之美。因而，鲁土司衙门的许多建筑都采用月梁或隐刻月梁的形式①。这种匠人的交流特点，也延续到了近代，据文物管理处的工作人员介绍，在1986年的重绘工程中，招聘的彩画匠人有河州的、本地的，而其中汉人居多。

鲁氏一族是蒙古族后裔，因此其宗教信仰主要是藏传佛教，但是因为当时与明中央王朝的紧密关系，也信仰道教，同时对中原汉文化有着比较深的认同感。因此在建筑彩画中从大的彩画结构，到小的彩画形制、局部，都体现出多种文化交流和融合的痕迹。从另一个侧面说明了该地域处于一个文化过渡地区的特点。

从以上彩画考察中可以看到，现存彩画的年代不同：牌坊和大门北面外檐彩画应为清乾隆和嘉庆年间重绘，祖先堂二层内为嘉庆重修的原构，只是色彩不存。而大门内、大堂及其他处多为1986年左右新绘，不过因为是依据原构痕迹所绘，其纹样结构形制与原构彩画基本统一。现对其归纳如下：

①在梁枋大木上的旋子纹样基本有两种结构，一种为波浪形二方连续结构，旋花有莲瓣旋子、西番莲瓣旋子和单纯旋子几种形制；另外一种为整破旋花层叠结构，在中间或间距相等处为整旋花或池子框结构，找头部分的旋花基本形制与前一种相同，组合变化更为自由多变，整破团花和四分之一形的团花相结合，没有严格的整破规律。而在枋心内多为形制各异的锦纹，个别地方出现兽面纹、宝珠卷草纹。旋花心出现了几种纹样，有涡旋纹、太极图案、旋子纹、如意纹以及莲花纹。在这些细节处比较隐晦地体现着鲁氏家族的藏传佛教信仰，以及对中原汉文化的认同。

②在枋上出现了多种几何纹和连续纹样，形制多样，变化丰富，有平面绘制和雕绘结合两种手法。比较多见的是拉不断纹、丁字纹、升降云

---

① 程静徽《甘肃永登连城鲁土司衙门及妙因寺建筑研究》.天津大学硕士学位论文，2005，P49.

纹，而有些纹样是比较少见的，如对称菱形纹、对称如意纹，倒置如意头与盒子纹、单瓣如意头和西番莲纹等。这些纹样绘制精细，变化丰富，有些地方还加入了汉字组合，或者是宝珠卷草纹样，可以说是枋上纹样的一个集锦。这些纹样透出细密柔美的特点，与大气的团花纹样相辅相成。

③在斗栱上多见如意头和卷草纹样，形成比较细密的特点。在祖先堂见到三瓣绿叶的纹样，同时与斗栱雀替上的雕刻卷云纹相组合，在大气厚重的木构中显出细腻柔美之感。

从彩画考察现状，结合史料文献可以理解该建筑彩画的面貌：其基本的结构形制为汉式旋子纹样，因为此处的建筑功用为衙门建筑，而非宗教建筑，因此没有突出藏传佛教的特点，但因鲁土司的宗教信仰还是难免对具有藏传佛教标志性的纹样，如宝珠纹、莲花纹、兽面纹等，在一些细节处体现。同时出于对汉文化的认同，在局部还出现了太极图、寿字纹样等。在绘制中，形成了整体大气、局部变化丰富，绘制细腻的特点。虽然后代在重绘中有所变化，但是基本纹样依据原有样式，因此这种感觉依然透出。

2.2.2 永登县连城镇雷坛清代彩画

雷坛正殿外和过殿彩画皆为清代维修时重绘，并且与殿内彩画差别甚大，具有地方特点。

（1）正殿室外：正殿外檐木构仍为明代原构，彩画以青绿为主色调，青为群青色。其图案纹样、色调与过殿、妙因寺相似，应为清代重绘。

①飞檐色彩不存。方形椽头，相邻椽头青绿色相间勾边缘，内齐白线，中间绘白色两条曲线，似日月纹，较为随意。

②檐下檩基础纹样为二方连续的莲瓣旋花：圆形旋纹为花心，内层与最外层为西番莲状旋花，中层为莲瓣，花瓣内染土红色。各檐下的基础纹样相同，但是在前檐下和其他三个方向檐下纹样组成结构有所区别。

前檐下檩以中间斜栱为参照（图2-60a），中心为一个"整"莲瓣旋花，旋花外有青白色外轮廓，在轮廓外向两边对称展开。两边为"破"莲瓣旋花层叠构成：内两层为上下两个四分之一团花构成，再向外为半个团花相接如意头框。这种组成结构继续向外重复一次延展至两端。每层之间有青白或绿白色边框相间隔。

图 2-60a/b/c 雷坛正殿外檐

东西檐及后檐下的中心为半个莲瓣旋花（图2-60b），向两边延伸的二方连续半个旋花，由卷云勾相连接。相邻的卷云勾青白或绿白色相间，中层的莲瓣内皆染红色，而相邻旋花的内层和外层的西番莲状旋花施青白或绿白色相间。

③檩下枋在前后檐和东西檐有所区别，但都以池子枋心框的旋花结构为主体。枋上色彩只有青绿色，没有红色。

东西檐最中心即两个斜栱之间为一莲瓣旋花（图2-60b），花心为圆形，内为螺旋纹样，与椽头一致。中心旋花左右为斜栱，内为两半个旋花相对称，四角为旋花。以斗栱为间隔，每段为池子形双层枋心框，黑线勾勒，分别为青白色与绿白色两层框，最内压一金线。枋心内为青或绿地，沥粉绘折枝花卉，有菊花、荷花、牡丹、兰花、石榴花、茶花等纹样，颇有文人画的味道。枋心外为类似"一整二破"结构找头，但"整"花为半个莲瓣旋花，"破"花为四分之一个旋花，用色相同，皆为青色莲瓣，绿色旋花。

前后檐中间为一个斜栱，所以斜栱中心即檩下枋中心（图2-60a）。斜栱中间为两半个旋花左右对称，与东西檐相同。不同之处在于斜栱与补间铺作之间的枋上，左右为结构不同的半旋花形制，外端为两个四分之一团花上下相连，相接部分旋子不出现，类似于"喜相逢"形制，外层有青白轮廓。靠斜栱一端旋花结构与东西檐枋心外找头相同，中间枋心框的位置此处为缠枝纹相连接（图2-60c）。最外两端的枋上与东西檐枋上的池子枋心框纹样相同。后檐木构与前檐相同，但是枋上的纹样与东西檐相同，皆为池子枋心框旋花纹样。

④斗栱上遍施如意卷草纹样（图2-60b）。坐斗下绘对称卷云纹，上为半个莲瓣旋花纹，外勾黑白色边缘，并且向内施卷纹。其他斗为下部卷云纹，上部依木构勾方形。斜栱和柱间斗栱地色以青绿色相间，但花纹用色相同。栱上施以如意纹和卷草纹，与室内斗栱相比较花纹更为繁缛，消解了斗栱的立体感和力量感。

图2-60d/e 雷坛正殿外檐

前檐栱眼壁画破坏严重，仅存两处。其他三檐栱眼壁画保存较好，为十八尊雷部诸神，线条细劲，形象饱满有力，艺术水平显然高于同檐的木构彩画。人物形象与殿内壁画相似，饱满魁梧，姿态各不相同。施色也较为丰富，除了青绿，还有红、黄、褐色。但是鲜艳的群青色与木构上的相同，这表明壁画应是在明代原构的基础上进行过重绘。

⑤普拍枋：前檐绘俯莲花纹之间以卷草纹等距离相连接，莲瓣皆为青色，卷草纹青绿相间（图2-60d）。在两端有两个池子框，青色地，内绘折枝花卉，左为荷花，右为牡丹花。其他三檐的普拍枋则全部绘连续缠枝莲花纹（图2-60e）。

⑥阑额：前檐为外弧形双层枋心框，内为青地，绘金黄色二龙戏珠纹样，中间为青绿色山头，周围饰以云气纹。枋心框外找头为左右各三层莲瓣旋花纹结构，中间大如意头相隔。旋花施绿白色，莲瓣及外框施青白色，没有串色（图2-60d）。箍头为一道直条。

其他三檐的阑额脱落严重（图2-60e），没有枋心框，整个连续绘制莲瓣旋花纹，与前檐找头纹样相同。

图2-60f 雷坛正殿外檐

⑦柱头：前檐为上下两条直线箍头内排列一圈莲瓣，中间为如意头相连接，衬托青白线外框。

东西檐下柱头用旋子替换了如意头（图2-60e）。伸出的梁枋侧面也是相同的纹样。

⑧伸出的梁枋头前另外遮挡了一块盾形的挡风木板（图2-60f），以保护伸出的木构端头。木板上面沥粉绘有云气龙纹，色彩已褪尽。

（2）过殿：面阔三间，进深两间，硬山卷棚顶，前后通透，有柱无墙（图2-61a）。檐下斗栱与妙因寺塔尔殿、古隆官殿相似，应为清代中晚期建筑。过殿内部彩画不得见，前后外檐现存彩画，保存较好。彩画形制与色彩与正殿外檐相似，应为同时期所重绘。

①飞檐椽和椽头：与正殿方形椽头不同的是，过殿椽头为圆形，但是飞檐椽和椽头的彩画都已不存（图2-61b）。

②檐下檩：前后檐相同，以柱头和柱间斗栱为间隔——以苗檩花牵代替斗栱，每一段皆为三亭式枋心旋花结构（图2-61b）。外弧形枋心框，明间处内绘锦纹，次间处内绘箭纹。在明间，找头为两个四分之一个莲瓣旋花与半个莲瓣如意旋花构成类似"一整二破"结构。次间的"二破"由大如意头代替，与半个旋花共同构成找头，此处的旋花由西番莲瓣替换了莲瓣。箍头为一列莲瓣或半朵莲花构成。整个檩上青绿色为主，莲瓣内染土红色。

③檩下有一雕刻回纹的细条枋，与下面的花板相连接。前檐花板雕刻左右对称的三个金色蝙蝠，中间由云纹连接（图2-61b）。后檐雕刻左右对称的夔纹（图2-61d）。

④斗栱部分采用"苗檩花牵"形制。斗上绘云纹与方形纹样结合，斗上的耍头也作云头状，截面中间绘涡卷纹，上下绘直线双层盒子纹（图2-61c）。

a

b

图 2-61a/b/c/d 雷坛过殿

⑤普拍枋上彩画与正殿檩下枋一致，皆为池子枋心框，只是框内的纹样有所变化，除了折枝花卉外，还有博古纹样。找头为左右两半个西番莲瓣或者莲花瓣纹，花瓣皆为青色，花心为金色不规则形，两半朵花之间由缠枝纹连接（图 2-61b/d）。在枋上除了青绿色外还有金色，没有红色。

⑥普拍枋下还有一个细条枋，雕刻着精美的花纹。前檐明间为类似升降云纹的荷叶纹，上下相互勾连，并且内有叶脉，青绿色相间，内齐白边。在明间最两端开始雕绘相互勾连的波浪纹，直到次间，都为青绿色相间（图 2-61b）。后檐全部雕为仰莲瓣，最中心一个为正莲瓣，左右分别为倾斜状莲瓣。花瓣层内和花瓣之间皆为青绿相间施色（图 2-61d）。这种纹样类似于藏传佛教寺庙建筑中大门框上常用的莲瓣。

⑦条枋之下、阑额之上有雕刻卷草墩支撑（图 2-61b/d）。

⑧阑额纹样与正殿形制相同。前后檐一致，后檐脱落严重。明间外弧形枋心框内为二龙戏珠云纹，找头也与正殿一致。不同之处在于，左右次间阑额的枋心框内绘相向的凤凰云纹，找头相同。

⑨柱头：中心柱头枋心内绘回头相向的狮子云纹，施金色（图 2-61c）。上下两端为一层如意头与一层莲瓣组成，箍头为两道直条。次间柱头枋心内绘锦纹，其他都相同。

⑩雀替：中心柱间雀替雕刻相向的云气龙纹，无色彩（图 2-61a），应

为近代所补。

外檐和过殿的彩画与鲁土司衙门、妙因寺非常相似。它们同属于鲁土司的家寺，并且距离很近，甚至可以认为是同一批匠人同时绘制。体现出变化丰富、甚至繁复的当地彩画样式。

（3）彩画特点

正殿室外木构仍为明代原构，但是彩画在清代进行过重绘。对比殿内外彩画特点，有着鲜明的反差：在色彩上由丰富的冷暖色调走向趋于单一的青绿，并且青色为鲜艳的群青，较为清冷。在彩画结构上，由三亭式走向更多的结构样式，连续纹样与枋心结构相结合。

①枋心纹样由明确的与道教相关的纹样转为非宗教的花卉图案，只保留龙凤等象征性的纹样。

②"一整二破"的找头纹样到了清代更多了一些组合形制，但是其绘制工艺显然是新不如旧。

③正殿内外同样的斗栱木构，因不同的彩画形成极大的反差。外檐斗栱遍施小卷云纹，与梁枋彩画纹样繁密度相似，融为一体，看似更为繁华，实则消解了斗栱原本硬朗的结构和力量感。

过殿的建筑装饰结构和彩画纹样、色彩与鲁土司衙门、妙因寺非常相似。它们同属于鲁土司的属寺，并且距离很近，甚至可以认为是同一批匠人同时所建、所绘。呈现出晚清该地域彩画的面貌，它们并非官式彩画的严谨划一，而更多了变化。

对比瞿昙寺晚清壁画上的建筑彩画，与此处的彩画非常相似，用事实呼应了瞿昙寺壁画题记上永登籍画匠的记录，从建筑彩画考察中看到了这种跨地域的联系。壁画上所记录的画匠与雷坛的画匠即使不是同一队人，也应为同一门派，他们进行了这些寺院建筑所有的装饰绘制工作，无论是壁画，还是彩画。这在现代寺院绘制工程中也有相同情况，寺院内壁画的绘制者和建筑彩画是同一个工程队完成，只不过壁画绘制要求更为精细，往往由师傅完成，而彩画较为程式化，相对简单，一般由徒弟们完成。这种制作方式由来已久，对我们确定壁画和建筑彩画风格的演变提供了帮助。

2.3 小结

　　本编立足实地考察，分别按照汉式典型彩画、藏式典型彩画、藏汉结合式彩画三种类型将考察点古建筑群的各个单体建筑彩画依照明、清两个时期进行了梳理。根据彩画面貌特点，将同一座建筑群、甚至同一座单体建筑里时代和风格差异较截然的彩画分别进行了考识，以便初步形成河湟地区彩画整体的时段风格框架。

　　根据每座建筑的建筑形制，对每个构件现存的彩画尽可能地做了分析。从整体的纹样结构、彩画形制、所施的色彩以及制作手段等各个方面，我们看到在不同建筑中存在一些类似甚至相同的纹样，同时每个建筑又有着自己的独特之处。通过横向与纵向的对比，在这些局部彩画的纹样中，初步感觉到其中的发展变化具有一定的规律，从明代汉式的简约大气到清代藏式的华丽繁密，从官式的规整到民间的自由多变，冷色调与暖色调的结合等等都有着相对变化，为下编按照彩画风格进一步归类分析提供了基础。

下编

河湟地区建筑彩画艺术风格流变研究

3. 河湟地区建筑彩画风格解析一：明代汉式

我国今存古籍中关于建筑典制的系统著作有两部，即宋代将作监李诚编修的《营造法式》和清工部《工程做法则例》。《营造法式》的第十四章专门记述了当时的彩画制度，对前代已有的彩画进行了总结，记载了详细的彩画制度及施工规范。元代建筑彩画在宋代的基础上进行了较大的改革，创造了梁枋彩画的基本格局，并且将雕、绘装饰相结合。发展到明代，彩画制作已经不同于北宋时期的繁密鲜丽，对彩画工匠的绘画技艺要求也没那么严格，但是还没有发展到清代那种程式规范、更易于流水制作的那套形制。因此，明代汉式彩画本身就具有一种过渡性，相较于宋代彩画更为简约大气，工匠较为易于操作，但是较之清代程式化严格的彩画又具有仍在发展中的生动性，留给工匠可以自由发挥的一定空间。

明初是一个大兴土木的年代。洪武二年（1369），定都南京，修建宫殿所用主要是当地工匠，故明初的南京官式是在南宋以来江南地方传统的基础上形成的。同时，南京新城建成，形成宫城和皇城，洪武二十三年（1390）外城建成。瞿昙寺瞿昙殿在洪武二十四年建成。永乐年间在北京建设皇城，故宫太和殿，最早建成于明永乐十八年（1420）。中央政府正式迁到北京，南京官式遂北传而成为北京的明代官式，南京的明初官式建筑毁灭已久[①]，目前学者们研究明官式建筑多以北京、山西一带遗迹为据。

明官式建筑，在《明史》中有关于府邸建筑的制度，但缺少对大内宫殿的记载，其中关于彩画的记录不甚具体明晰：

> 亲王府制。洪武四年定，城高二丈九尺，正殿基高六尺九寸，正门、前后殿、四门城楼，饰以青绿点金，廊房饰以青黛。四城正门，

---

① 傅熹年《试论唐至明代官式建筑发展及其与地方传统的关系》.《文物》, 1999（10）.P91.

以丹漆，金涂铜钉。宫殿窠栱攒顶，中画蟠螭，饰以金，边画八吉祥花。前后殿座，用红漆金蟠螭，帐用红销金蟠螭。座后壁则画蟠螭、彩云，后改为龙。……又命中书省臣，惟亲王宫得饰朱红、大青绿，其他居室止饰丹碧。

公主府第。洪武五年，礼部言："唐、宋公主视正一品，府第并用正一品制度。今拟公主第，厅堂九间，十一架，施花样兽脊，梁、栋。斗栱。檐桷彩色绘饰，惟不用金"。

百官宅第。明初，禁官民房屋，不许雕刻古帝后、圣贤人物及日月、龙凤、狻猊、麒麟、犀象之形。……洪武二十六年定制，官员营造房屋，不许歇山转角，重檐重栱，及绘藻井，惟楼居重檐不禁。公侯，家庙……梁、栋、斗栱、檐桷彩绘饰。门窗、枋柱金漆饰。一品、二品，梁、栋、斗栱、檐桷青碧绘饰。门三间，五架，绿油，兽面锡环。三品至五品，梁、栋、檐桷青碧绘饰。门三间，三架，黑油，锡环。六品至九品，梁、栋饰以土黄。门一间，三架，黑门，铁环。品官房舍，门窗、户牖不得用丹漆。……三十五年申明禁制，一品、三品厅堂各七间，六品至九品厅堂梁栋只用粉青饰之。

庶民庐舍，洪武二十六年定制，不过三间，五架，不许用斗栱，饰彩色①。

明人所著《碎金》载有明代彩画做法名目，分琢色、晕色、彩色、间色四种，大致犹存宋画作遗意②。

从这些史料我们可以看到建筑的等级制度，充分体现了礼制在建筑领域的作用。然而现在学术界关于明代建筑彩画的种类、等级、彩画中设色和用金规定、源流等等的研究，都远不及宋、清时期的具体详尽。这主要是因为缺乏足够的实物资料和文献资料，难以完整全面地了解明代的彩画制度所致。目前对明代建筑彩画的木构实例研究，多以北京地区故宫里的乾清门内檐大梁、长春宫、钟粹宫、储秀宫正殿，十三陵的长陵，智化寺，法海寺，潭柘寺和东四清真寺、山西大同兴国寺、善化寺等个别明代

---

① （清）张廷玉等撰《明史》（第六册 卷六十八）．北京：中华书局点校本，1974. PP1670—1672.

② 王璞子《清官式建筑的油饰彩画》．《故宫博物院院刊》，1983（04）．P64.

建筑为例。根据郑连章、祁英涛、孙大章、马瑞田、吴葱等学者对明时期彩画的研究①，明代彩画总体上有以下特点：

1）斗栱上很少绘画花纹，几乎全都刷青绿。绘画的主要精力集中在梁枋彩画中，梁枋彩画的构图方式承袭宋《营造法式》额柱彩画角叶制度，构图严谨，多三段划分。空出梁枋等构件的中部，把装饰的重点放在穿插、承托和交接的节点上，将装饰和结构结合起来。

2）图案由写生向程式化过渡。规格化、图案化的旋子彩画已成为庙宇、府第等主要建筑中普遍应用的纹样。但旋花的整体轮廓尚有宋代如意头角叶的遗意，旋花瓣喜用卷边，与清代式样相比富于变化。园林、住宅的彩画出现了在大包袱内绘画山水、花鸟的苏式彩画，与布局规整的旋子彩画形成鲜明的对比。

3）建筑彩画配合建筑整体的色彩效果，檐下彩画由冷、暖色调兼用，过渡到以青绿冷色调为主。青绿色相错使用，普遍叠晕，较少使用红色，用金量相对较少，只起点缀作用。

以上描述多针对官式彩画的样式，而各地方有程度不同的差异。对于官式的概念及其与地方式之间的关系，有学者指出：所谓"官式"，指各个朝代设工官、定制度以管理建筑业，积累一定时间，自然形成其官式建筑。各朝官式多是将一处或几处地方传统进行精炼化、正规化并兼收前朝官式之优点而成。各个文化圈的地方传统是连续演进但具有随意性的；而官式却是以朝代为界限而分阶段的，具有跳跃性，同时也有标准化、规范化的特征。地方传统实际上是官式的来源之一，官式形成之后，又会转而对各地方建筑传统产生不同程度的影响，使之带上少许朝代烙印②。随着国家在历史上的几次统一和分裂，各个地域文化圈的建筑技术与艺术在分裂之时相对独立地进行总结与熔炼，又在统一时进行大规模的传播与交融③。

---

① 综合参考郑连章《钟粹宫明代早期旋子彩画》.《故宫博物院院刊》，1984（03）. P79. 马瑞田《明代建筑彩画》.《古建园林技术》，1990（03）. PP12—13. 中国文物研究所编《祁英涛古建论文集》. 北京：华夏出版社，1992. P271. 郑连章《紫禁城建筑上的彩画》.《故宫博物院院刊》，1993（03）. PP18—20. 吴葱、王其亨《瞿昙寺的建筑彩画——兼谈明清彩画的几个问题》，格桑本《瞿昙寺》. 成都：四川科学技术出版社、新疆科技卫生出版社，2000. PP40—41. 孙大章《中国古代建筑彩画》. 北京：中国建筑工业出版社，2006. PP40—45.

② 傅熹年《试论唐至明代官式建筑发展及其与地方传统的关系》.《文物》，1999（10）. P92.

③ 李路珂《〈营造法式〉彩画研究》. 南京：东南大学出版社，2011. P15.

瞿昙寺的早期建设与南北两京皇城大体同步，而宝光殿建成在永乐十六年（1418）。应当顺接了当时成熟的设计、材料、施工技术乃至建设队伍。有学者认为：从现场勘测来看，除体量尺度相逊而外，瞿昙寺隆国殿一组建筑的规制及配置，与明故宫奉天殿、左翼的文楼以及右侧的武楼有许多对应吻合。这组建筑移植明初北京的宫廷建筑，应有极大的可能[①]。隆国殿及大钟楼的开工日期，当在宝光殿落成的永乐十六年宝光殿落成之后，并完工于宣德二年（1427）。因此，瞿昙寺、雷坛彩画可视为明代汉地官式彩画西播河湟地区的典型代表，体现着明初汉族中央政权统一全国后，官式彩画初到河湟地区时的样式。

3.1 整体纹饰结构

3.1.1 彩画结构的形成

经过历史上的发展，建筑彩画到宋辽金时期进入比较成熟的阶段。甘肃敦煌莫高窟第427窟（970年，北宋初开宝三年）窟檐的梁枋彩画为朱地青绿花饰，两端有细狭的箍头，梁身外侧均有缘道，身内绘海石榴花。第146窟壁画中将建筑彩画详细表现出来，柱的中上段，阑额和柱头枋上、栱上，都在红地上画彩画。补间铺作下的驼峰主要是青绿色，昂嘴上面白色。椽子及檐口的连檐和瓦口板红色（这些颜色是在照相中按深（红）浅（青绿）推测的）。与窟檐所见也大概是一致的[②]。在金元时期纹样的应用，还保持了前期自由布置的规则，很少有左右对称的布局[③]。元代梁枋彩画在宋式彩画的基础上，已初步形成了旋子彩画形制，梁枋两端使用箍头，找头已成为常见式样。

明代梁枋彩画在此基础上进一步发展成熟，以马瑞田先生对明代彩画研究的观点为代表，梁枋彩画基本分为两种图案形式。第一种为"金龙"彩画，此种图案用金量大，在当时建筑彩画中属于高等级做法，又称宫殿

---

① 王其亨、吴葱《瞿昙殿建筑的历史文脉》，格桑本《瞿昙寺》.成都：四川科学技术出版社，新疆科技卫生出版社，2000. PP21—22.
② 梁思成《梁思成全集》（第一卷）.北京：中国建筑工业出版社，2001. P157.
③ 中国文物研究所编《祁英涛古建论文集》.北京：华夏出版社，1992. P271.

彩画。该彩画的次等级做法就是"龙草"彩画。第二种为"旋子彩画",此种彩画用金量较小,图案简单,但施用范围较广,一般的寺庙祠堂等建筑基本普遍应用[①]。这两种彩画形式,其构图都是"三亭式"结构,即梁枋彩画从画面整体布局看,分为三段,当中是枋心,左右两端是找头,每幅画面的两尽端是箍头,而在较长的梁架木构两端各画两道箍头,中间用插入盒子的办法来调整比例,以适应较长的构件。整个画面用枋心、找头、箍头、盒子组成,这种结构无论是明代的彩画,还是后来清代的和玺彩画,都广泛采用。

3.1.2 "三亭式"结构的比例关系

关于三段结构之间的长度比例关系,《营造法式》卷十四规定:"檐额或大额两头近柱处作三瓣或两瓣如意头角叶(即相当于找头部位)长加广之半"。在元代永乐宫三清殿(建筑为1262年,彩画为1325年)梁栿上找头长度多数为梁高的三倍,永乐宫纯阳殿(建筑为1262年,彩画为1358年)的阑额彩画中找头的长度,自明间向两端逐渐缩短,说明在元代晚期已注意到找头与梁头的关系[②]。明代以钟粹宫为例,郑连章先生通过对钟粹宫明早期、明中期、清初期的彩画进行测量研究,对三个时期的彩画结构,得出下表(尺寸皆以厘米计算):

表3.1 钟粹宫部分彩画各部位长度及其比例[③]

时代	构件名称	全长	枋心长	枋心长:全长	藻头长	箍头长	高
明代早期	明间脊枋	518	194	1:2.67	114	48(包括盒子长24)	45
	次间脊枋	490	188	1:2.67	137	14	45
	三架梁	262	108	1:2.42	55	22	38
	五架梁	539	197	1:2.74	111	60(包括盒子长28)	58

---

① 马瑞田《明代建筑彩画》.《古建园林技术》,1990(03).P12.
② 中国文物研究所编《祁英涛古建论文集》.北京:华夏出版社,1992.P273.
③ 郑连章《钟粹宫明代早期旋子彩画》.《故宫博物院院刊》,1984(03).P79.

续表

时代	构件名称	全长	枋心长	枋心长：全长	藻头长	箍头长	高
明中叶	五架随梁上半部	515	177	1:2.91	106	63（包括盒子长24）	通高43
清初期	五架随梁下半部	515	175	1:2.97	100	70（包括盒子长24）	通高43

很明显，钟粹宫内檐明代早期的旋子彩画找头部分，并不是按宋代如意头角叶规定的长度，即以梁枋高度"长加广之半"来规定找头的尺度，这是由宋至清彩画布局演变的一种形式。从上表看出，明清之际彩画的枋心长度是逐渐缩减，而找头和箍头之间的盒子则逐渐拉长，这种演变趋向，发展到清代中叶以后，枋心占整个画面的1/3就成为习用的手法①。这是考察比较官式彩画得出的结论。那么在瞿昙寺，也有学者对此做过相关研究，吴葱先生对大钟楼彩画的结构比例做了测量对比，如下表：

表3.2 瞿昙寺大钟楼部分彩画各部位长度及其比例②

彩画部位	找头（mm）	枋心（mm）	全长（mm）	找头/全长（%）	枋心/全长（%）	备注
钟楼二层三架梁	445	710	1600	27.81	44.37	
钟楼二层五架梁	1355	1300	4010	33.79	32.41	
钟楼二层明间额枋	1515	1410	4420	34.27	31.90	带盒子
钟楼二层次间额枋	1355	1525	4235	31.99	36.00	
钟楼二层山面额枋	1265	1220	3750	33.73	33.13	
钟楼二层明间金枋	1525	1350	4400	34.65	32.67	带盒子
钟楼二层次间金枋	1362.5	1440	4165	32.71	34.57	

---

① 郑连章《钟粹宫明代早期旋子彩画》.《故宫博物院院刊》，1984（03）.P79.
② 吴葱、王其亨《瞿昙寺的建筑彩画——兼谈明清彩画的几个问题》，格桑本《瞿昙寺》.成都：四川科学技术出版社、新疆科技卫生出版社，2000.P34.

通过以上两个表格的对比，可以看出明代梁枋彩画最大不同处是枋心的长度，已明显看出是以梁长来计算的。再如北京明代建筑的智化寺万佛阁、明十三长陵的琉璃彩画等，各间枋心长度都是梁长的1/2左右，两端箍头找头各为梁长的1/4左右，改变了元代及其以前以梁高来计算找头长度的规制①。此种制度到明晚期至清中叶多数的枋心长度已改为梁长的1/3。而在瞿昙寺明时期的建筑和雷坛正殿内的彩画都可以看到此种明代彩画的例证，他们虽然地处偏远西北，但是彩画制度与官式类同，每段长度都是在接近着三分之一的比例而进行适合的变化。

在瞿昙寺明代彩画中枋心长度随着木构的长度进行变换调节，最短的有接近正菱形，例如在后院廊庑内的梁架上就有枋心长度小于找头长度，而接近木构高度。较长的枋心几乎是找头的两倍，例如在宝光殿外下檐明间的找头就只有枋心长度的一半，而在次间找头大致为枋心的五分之二，这显然是根据木构的不同有着较为自由的变化。雷坛的梁枋彩画也是以三亭式结构为主，无论是梁枋正面彩画，还是底面彩画都采用此种做法，枋心长度略长于找头。

而这种结构在显教寺、感恩寺、妙因寺等处都普遍采用，在一定规范之内有着多样变化，作为其他纹样的依托和构图形式。

但是较为特殊的是，在宝光殿除了外下檐的三亭式结构外，在外上檐还出现了五亭式的结构组合，与后来清代的小池子结构有所相似，显示出明官式向后来清代地方式的过渡转变形式。这部分脱落严重，因此在考察中一直难以确定。

3.2 纹样形制

在河湟地区建筑梁枋上出现较多的彩画形制是旋子彩画。它们在三段式为主的结构之内，每段的装饰纹样有着不同的规律与纹样形制。下面从枋心框及枋心内纹样、找头纹样、盒子与箍头等局部来分别分析。其中最丰富，最能体现各自特点的即找头部分，旋花在"一整二破"（一整团旋

---

① 中国文物研究所编《祁英涛古建论文集》.北京：华夏出版社，1992.P273.

花，两枚半个旋花）的基本构图规律中又有着丰富的变化。

另外，除了大梁枋等处的旋子彩画之外，在其他较窄木构和梁枋的底面也出现了不同结构的装饰纹样。下面根据不同木构的位置来整体分析河湟地区汉式彩画的纹样特点：以各种檩、枋、梁等大木构彩画为主要分析对象，同时介绍普拍枋等窄木构纹样、斗栱、柱头等各处的彩画形制。

3.2.1 檩梁枋大木枋心式纹样

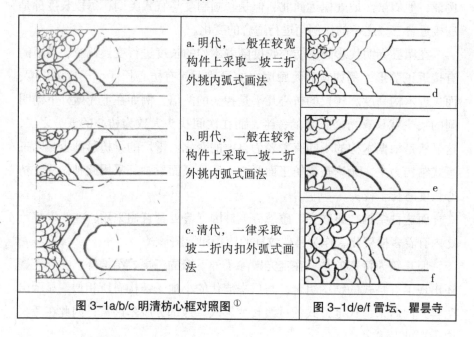

a. 明代，一般在较宽构件上采取一坡三折外挑内弧式画法

b. 明代，一般在较窄构件上采取一坡二折外挑内弧式画法

c. 清代，一律采取一坡二折内扣外弧式画法

图 3-1a/b/c 明清枋心框对照图①　　图 3-1d/e/f 雷坛、瞿昙寺

（1）枋心框

①枋心框轮廓形：有学者对明清时期的枋心框已经有了研究与概括（图 3-1a/b/c）。在河湟地区建筑的实地考察中，梁枋彩画的枋心框轮廓除了与文献中相对应的基本特点形之外（图 3-1d/e/f），还具有自由丰富的变化，其生动性远远超出了文献中简单的概括。

从实地考察的整体情况来看，河湟地区明时期出现的皆为内弧式枋心框，只是在不同木构上有着单层和多层的变化。枋心框的岔口线也有一些变化，有如意形、弧线形，折线形。而到清时期在内弧形的基础上又增加

---

① 蒋广全《中国清代官式建筑彩画技术》. 北京：中国建筑工业出版社，2005. P24.

了外弧形枋心框，直线形枋心框——矩形或菱形框，也出现直线形框与如意形的组合，变化更为多样。

内弧形如意头——瞿昙寺中院梁枋，妙因寺古隆官殿，拉卜楞寺弥勒佛殿金顶檐下。

内弧形枋心框——宝光殿外下檐明间为单层，次间为三层；隆国殿内为黑绿双层叠晕；雷坛正殿内为双层叠晕；瞿昙殿外檐，抱厦；东大寺囊谦；鲁土司衙门大堂；显教寺殿内外，感恩寺碑亭殿，感恩寺哼哈殿殿内及外前檐、护法殿和菩萨殿，感恩寺大雄宝殿。

外弧式枋心框——塔尔寺弥勒佛殿上檐阑额、下檐普拍枋，释迦佛殿阑额，妙因寺山门、科拉殿、塔尔殿、万岁殿、科拉廊、禅僧殿、多吉羌殿，瞿坛殿抱厦，雷坛正殿外檐、过殿，鲁土司衙门牌坊、大门、大堂，东大寺囊谦。

直线形——妙因寺古隆官殿，感恩寺哼哈殿后檐。

②枋心框内纹样：宋元以前建筑上的彩画，从已发现的实物来观察，皆以枋心花纹为主要画题。但是在瞿昙寺中院梁枋彩画的枋心部分多为素枋心，没有纹饰。在相邻的地方间隔施以黑、绿色或空枋心，较简单的是直接在枋心内施绿色，复杂的是在枋心内再加一个内框后施黑色，故绿色枋心都大于黑色枋心，无叠晕（图3-2a）。宝光殿外檐在内弧式枋心框里面又加了一个外弧形内框（图3-2b），有点类似上图3-1c中清式枋心框的最内层，但内框施绿或白色，无黑色，殿内彩画又为简单统一的内弧式枋心框，内施黑或绿色。在隆国殿、大钟鼓楼内和后院廊庑彩画的枋心来看，较前面两种细致，黑绿色皆有三层叠晕，尤其以隆国殿最为规整庄重（图3-2c）。

图3-2a/b/c 瞿昙寺枋心框

雷坛大殿内梁枋彩画的枋心内全部绘有精美纹样，枋心内纹样有着明确与道教相关的纹样，如祥云双鹤纹（图3-3a）、贡品云纹、二龙戏珠纹（图3-3b）、云气纹等，并且纹样绘制精细，色彩晕染丰富，龙身施金。在梁底面的内弧式双层枋心框内，绘西番莲缠枝纹样，以墨线白描，线条活泼多变，填以黄色，没有晕染。由此看来，素枋心不是所有明代彩画的特点。在山西永乐宫三清殿梁栿上正中枋心内朱地绘莲荷花、宝相花、锦纹或龙凤火焰宝珠，龙身鳞甲全用金线描绘，旋瓣为青绿退晕，类似宋式的五彩间碾玉装[①]。

图3-3a/b 雷坛正殿内

（2）找头纹样

明代早期旋子彩画，画面的重点是装饰找头部位，也就是木构相连接部位。这部分即梁枋彩画中的找头部分，在找头部分最为突出的是不同组合形制的"旋花"纹样，它们发展到清代成为高度规范化的"旋子"纹样。

大部分学者认为旋子彩画在元代出现雏形，明代完全形成并广泛应用。但是也有人提出，旋子形式的图案早在北宋之前的北周时期就已出现，它们由花形演变而来，并吸取了"云气"纹的卷勾元素。旋子图案到元代已经大量使用，以山西芮城永乐宫三清殿元代壁画上出现了许多类似清代青绿旋子的装饰纹样作为例证[②]。同时，也看到永乐宫三清殿的梁栿两端绘旋花找头，旋瓣为青绿退晕，类似宋式的五彩间碾玉装，它们已略具

[①] 中国文物研究所编《祁英涛古建论文集》.北京：华夏出版社，1992. P273.
[②] 陈晓丽《明清彩画中"旋子"图案的起源及演变刍议》，《建筑史论文集（15）》.北京：清华大学出版社，2002. PP110—111.

后代"一整二破"的格局①。据考证，装饰艺术中的"一整二破"构图方式形成于唐代，以晚唐的敦煌壁画196窟"劳度叉斗圣度"中的边饰纹样为证②。而对于"旋子"图案的概念，有了这种界定：旋子花心部分的构成方式是中心为一圆圈，其外为一重或两重环瓣均匀而密合地排列。花心部分与其外均匀环绕排列的勾卷状花瓣部分，共同呈现出具有一定的辐射状的多重同心圆的形象特征③。

根据这个"旋子"图案的特征，对比河湟文化圈明时期梁枋的建筑彩画，其找头部分的纹样并不具备圆形花心和辐射状完整圆形的特征，它们远比这种旋子彩画更为多变和丰富，也没有形成清式彩画中典型的旋子图案。故本文中还不能称其为旋子，只能称作"旋花"，它们更明显的是带有团花的形式，即具有旋子特点的团花纹样。

瞿昙寺和雷坛等处的梁枋彩画找头变化最为丰富，也最能体现其各自特点。旋花的结构虽然是找头部分的基础结构，基本上是"一整二破"的规律，但在瞿昙寺早期彩画中看到，并没有严格尊崇该规律，在此基础上出现了整破花之间的多种变化。有些短木构上会进行省略，在宝光殿上看到的找头更为自由，基本没有"一整二破"的结构，只看到旋花的层叠组合，非常自由。其整破之间的灵活组合构成了此处的汉式彩画风格。

1）明早期梁枋彩画以瞿昙寺金刚殿、中院回廊为一类，找头为如意头直接做"一整二破"形制，有宋代角叶的痕迹，纹饰简单清晰。同时出现较为丰富的如意头与旋子、莲瓣组合，也有简单石榴形花心（图

a

图3-4a 中院廊庑线描图

---

① 中国文物研究所编《祁英涛古建论文集》.北京：华夏出版社，1992. P273.
② 陈晓丽《明清彩画中"旋子"图案的起源及演变刍议》，《建筑史论文集（15）》.北京：清华大学出版社，2002. P110.
③ 陈晓丽《明清彩画中"旋子"图案的起源及演变刍议》，《建筑史论文集（15）》.北京：清华大学出版社，2002. P108.

3-4a）。

2）在明后期出现了该寺彩画中最为精彩辉煌的部分，即以隆国殿内及廊内檐、钟鼓楼内及外下檐、后院回廊梁枋为一类。旋花形制与色彩均丰富饱满，气度弘伟。表现出有法度而又有细节规律性变化的各种彩画形制。经对比，此类彩画与北京故宫钟粹宫内明早期的彩画形制完全一致[①]，因此该彩画可以作为明代中原地区官式彩画进入河湟地区的代表。旋花纹样出现了有规律的变化，以花心变化为重点，出现有三种形制：

①莲座石榴头花心旋花（图3-4b）

②莲座如意头花心旋花（图3-4c）

③如意花心圆形旋花（图3-4d）

而雷坛的找头旋花形制与瞿昙寺隆国殿、大钟鼓楼彩画很相似：瞿昙寺的花心为莲座石榴纹或如意头（图3-4b/c），雷坛的花心为莲座两个葫芦形相套叠，但外形与石榴纹很相似。旋花瓣与瞿昙寺的也很相似，只是旋瓣弧度变化更多，在大团花形内有更丰富的细节，夹了红、黄色花瓣，但是整个旋花饱满大气的特点甚为相似（图3-5）。从另一个侧面说明了瞿

---

① 郑连章《钟粹宫明代早期旋子彩画》.《故宫博物院院刊》, 1984（03）.P80.

昌寺与永登鲁土司属寺之间的相似关系①。

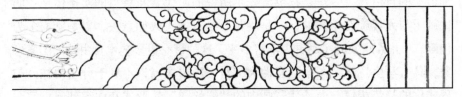

图3-5 雷坛正殿内

3）在这几种不同形制的旋花基础上，通过多变的组合，出现例如单"整"形制、"二破加一破"形制、整破层叠旋花形制等多种结构，充分体现了旋花彩画的自由丰富性。例如在宝光殿的找头部分便出现了"一整二破"之外的彩画结构，显示出比较自由随意的彩画风格（图3-6），也体现出明官式向后来清代地方式的过渡转变形式。

图3-6 瞿昙寺宝光殿外檐

整破花之间的连接也较为多变，在隆国殿、大钟鼓楼内、后院廊庑上有用如意头相连接。如果木构较长，在拉扁拉长旋花的同时，会在连接的如意头处增减长叶旋瓣。如果木构较短，除了调整旋花接近圆形或减少旋花数量之外，还出现在整破花之间旋瓣叠压（图3-4d），这种形制类似清代旋子彩画中的"喜相逢"②形制。

从瞿昙寺明代建筑和雷坛彩画来看，旋花彩画形制较为自由，在较为简单的瞿昙寺中院彩画中如意头与旋花之间正处于过渡阶段，而在后面的发展变化中，团花内更为繁富，有石榴头、莲座花心，旋瓣、翻卷瓣也更

---

① 吴葱，程静微《明初安多藏区藏传佛教汉式佛殿形制初探》一文中对瞿昙寺和鲁土司寺妙因寺建筑结构进行了对比分析，得出它们的相似性。《甘肃科技》，2005（11）.P175.
② 清代旋子找头部分的构成有：勾丝咬、喜相逢、一整二破、一整二破加一路、一整二破加金道冠等。其中喜相逢指整破旋子彼此仅遮去几片勾卷瓣，而花心很完整。何俊寿《中国建筑彩画图集》.天津：天津大学出版社，2006.PP193—194.

为丰富，各类纹样都没有形成绝对严格的对称，在大致对称的花纹中有着细节上的自由发挥。正是祁英涛先生所说的明代旋花特点的实例体现：明代旋子与元代旋花不同处，一是旋花心绘石榴头或如意头，二是旋瓣多为包瓣[①]，并且此处的实例更为丰富多变。这种带有更多艺术自由性的图案形象，具有写生意味，图案随意性大，对工匠要求高，不利于分工协作，与程式化的趋势相悖。而清代彩画中的"蜈蚣圈"从形式和内容到起稿完图都有一套定型的"规矩活"，工艺相当成熟，便于流水作业，但丧失很大一部分艺术性。

从瞿昙寺建筑群、雷坛等不同时期建造的殿堂及其彩画，我们能够追寻到从宋代到清代建筑彩画演变的轨迹，在此，看到了莲瓣旋花——旋瓣如意团花——海石榴花——宝相花——旋子花之间的演变关系。它们较完整地体现了在程式化旋子彩画形成之前，旋花较为自由、丰富多变的艺术性特点，是清式典型程式化旋子彩画的先声。

（3）盒子与箍头纹样

虽然枋心、找头、盒子、箍头为梁枋彩画的基本构成要素，但是盒子并不是必须出现。在瞿昙寺只见到一处，即在大钟楼内明间阑额处找头外加有盒子，内绘菱形柿蒂纹。盒子外还有如意头组合的两个半菱形副箍头（图3-7a）。

图3-7a 瞿昙寺大钟楼　　　　　　　　　图3-7b 雷坛正殿

除此之外大部分瞿昙寺明时期的找头和雷坛的箍头多为直条式死箍头，没有其他纹样。瞿昙寺多见一至三条竖宽条，雷坛的多为两条或四条，有着细小变化，黑白线分隔，黑绿施色（图3-7b）。包括认为是明后期彩画的宝光殿在内的中院彩画都是此种箍头（图3-6）。

找头与箍头间的岔角，多画菱花。在瞿昙寺中院岔角处有小圆圈形，间和有四分之一的柿蒂花、如意形花瓣、西番莲纹样。雷坛中也出现类似

[①] 中国文物研究所编《祁英涛古建论文集》．北京：华夏出版社，1992. P273.

的黄色圆圈形，也有些为空，有些施青色角纹（图3-7b）。

3.2.2 普拍枋等窄枋的彩画结构

在三亭式结构的大梁枋彩画之外，还有一类在檩下枋、斗栱上下的普拍枋、罗汉枋、柱头枋等这些较窄条状枋上的彩画，多绘有一以贯之的连续纹样，较少出现三亭式或带有枋心框的纹样。

这类木构彩画在元代的永乐宫三清殿普拍枋多为分段处理，枋心内多画锦文、曲水等几何图案[①]。在明清汉式纹样里多为升降云纹，也就是降幂云纹样。在考察中看到很多该纹样及其变体，同时还出现了其他更多的彩画形制。

瞿昙寺中院廊庑内的升降云纹不是常见的三朵式云头，而是两朵式上下相扣（图3-8a）。在大钟楼内普拍枋上的升降云纹内绘有宝珠和半个柿蒂纹，是该类纹样的丰富化（图3-8b）。雷坛殿内斗栱上的柱头枋绘升降云纹，应为青绿相间地色（图3-8c），云头内的半个栀子花纹，变成了中心一个黄色圆形，周围三个互不相连的红色圆形，在暗色背景下，红黄色清晰耀眼。

瞿昙寺中院的普拍枋还有连续斜回纹（图3-8d），黑绿色叠晕，具有一定的凹凸感。雷坛斗栱下的普拍枋和大部分梁枋底面也绘有连续回纹（图3-8e），红色为地，施黑绿色叠晕，立体感增强。在斗栱与梁架的内层枋上绘有如意缠枝纹样，黑线勾勒填以红色（图3-8f），舒展大气。

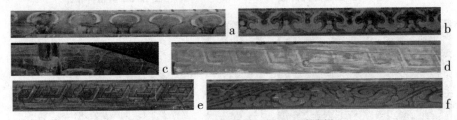

图3-8 a/b/c/d/e/f 瞿昙寺、雷坛连续纹样

3.2.3 斗栱纹样

宋《法式》彩画制度中，斗栱的第二种属于青绿叠晕棱间装的做法，

[①] 中国文物研究所编《祁英涛古建论文集》.北京：华夏出版社，1992. P273.

全用青绿叠晕。青绿色之间用白粉线相隔，不绘花纹的式样，但在当时并未普遍。元代以后，自明代开始，现存实例中所见各地的斗栱彩画，绝大多数都是以青绿二色为主，或用黑边，身内刷"黑老"，很少在斗栱上绘花纹的①。瞿昙寺明代建筑中只在隆国殿和大钟鼓楼有斗栱，其斗栱纹样为宋代的青绿棱间装形制，以黑代青，少有其他纹样，只是在大钟楼二楼斗栱的栱头上雕刻云头纹样，并施红、黑色（图3-9a），在妙因寺、感恩寺有类似形制。栱眼壁画绘背光佛坐像。

在雷坛的两种斗栱上皆以红色做地。栌斗最外边缘描红色，内施黑或绿色叠晕，最中心为红色三瓣式如意石榴头，也似升云纹形状。斜栱头雕卷云形，侧面绘红色卷草云气纹，其余地方皆为黑绿叠晕串色（图3-9b）。栱眼壁画绘凤凰流云纹，有升、降、立、行势，黑色为地，凤身施红色，翅膀为黄色，流云与尾翼之间动态呼应，施青、红、黄色，白线勾勒，纹样绘制精美生动（图3-9c），与莫高窟晚唐149窟西龛所见凤纹颇为相似（图3-10），更与清官式彩画中的凤纹相一致（图3-11）。

图3-9a 瞿昙寺大钟楼　　　　图3-9b 雷坛斗栱

图3-9c 雷坛斗栱图　　3-10 莫高窟149窟②　　图3-11 升凤 赵双城绘③

---

① 中国文物研究所编《祁英涛古建论文集》.北京：华夏出版社，1992. P274.
② 李路珂《〈营造法式〉彩画研究》.南京：东南大学出版社，2011. P158. 图3.31—7.
③ 何俊寿《中国建筑彩画图集》.天津：天津大学出版社，2006. P186.

3.2.4 柱头纹样

瞿昙寺内明代建筑彩画中柱头纹样所存不多，以瞿昙寺金刚殿、中院回廊为例：在中院廊庑柱头纹样以黑白色箍头相隔，有如意头与黄色小圆圈构成柱头纹样（图3-12a）。也有在下部分内绘两个或四个如意头相对与黄色圆圈组合，上部为简单的圆圈锦纹（图3-12b）。而在金刚殿进一步对锦纹进行繁化，如意头纹样依然占有下部分位置（图3-12c）。皆以直宽带做箍头。也有些柱头外露面积较小，即单独使用圆圈锦纹或如意纹做装饰。而在廊庑明代壁画上柱头仅为简单的横直线条装饰，与箍头纹样类似。

雷坛殿内瓜柱中部施锦纹，黑绿色变深，凸现黄、红色。上段为红地，黑绿色如意头与圆形相组合（图3-12d）。箍头亦为直条式。在脊枋、抹角梁、递角梁两端施雀替，雕夔龙纹，施红黄色。

可以看出这时期的柱头以锦纹为主，依据木构有着变化，可以添加如意头、圆形等组成的盒子纹样，箍头依然为直条形。

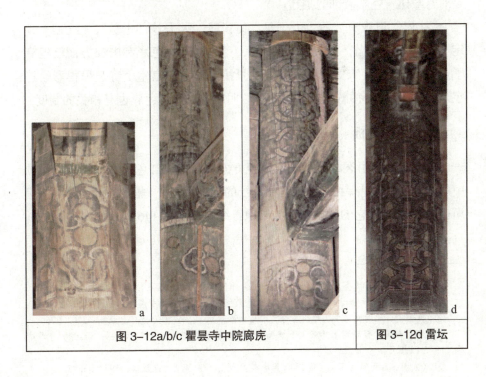

图3-12a/b/c 瞿昙寺中院廊庑　　　图3-12d 雷坛

3.3 施色与方法

颜色在世界各派建筑上所占的位置，没有比在中国建筑上还重要的。"雕梁画栋"这句成语已足以做中国古代建筑彩画发达的明证。[①] "中国之建筑乃色彩之建筑也。若从中国建筑中除去其色彩，则所存者等于死灰矣。"[②]

中国古代建筑装饰中，最重要的不是技术，也不是艺术，而是社会伦理、社会文化、观念形态[③]。建筑装饰的等级制是封建礼制的重要组成部分，历代典籍对色彩、雕饰都有严格的规定。西周奴隶主阶层就已利用色彩画为"隆礼"的手段，"明贵贱、辨等级"，提出青、赤、黄、白、黑五种正色，以"正色为尊"。春秋时期，帝王的宫殿建筑开始使用强烈的原色。汉长安宫殿"绣朴云楣，镂槛文焕，褒以藻绣，文以朱绿"，汉书曰"赤墀青琐"。孙吴建业宫室"丹锁青槛，图以云气"，曹魏明帝许昌宫殿"文以朱绿，饰以碧丹，点以银黄，烁以琅玕，光明熠爚，文彩璘班"，[④] 都是对宫殿建筑色彩装饰的描述。

《礼记》记载有"楹，天子丹，诸侯黝，大夫苍，士黄"，《汉书》规定"诸侯刻桷丹楹，大夫山节藻棁"，可见当时在色彩和雕饰方面已经有了严格的规定。《宋史·舆服志》："景祐三年：非宫室、寺观毋得彩绘栋宇及朱黝漆梁柱窗牖、雕镂柱础"[⑤]。明制中对建筑色彩也有相关的制度。

3.3.1 色彩分析

金元时期多沿袭北宋做法，用色方面逐渐减少红色，增加青绿在彩画中的比重，但仍是保持着丹地青绿花纹的传统色调[⑥]。根据莫高窟第427窟窟檐（970年），它的梁枋彩画为朱地青绿花饰。在146窟壁画的建筑彩画

---

① 梁思成《梁思成全集》（第六卷）.北京：中国建筑工业出版社，2001. P51.
② [日]伊东忠太著.陈清泉译补《中国建筑史》.上海：上海书店，1937. P61.
③ 沈福煦，沈鸿明《中国建筑装饰艺术文化源流》.武汉：湖北教育出版社，2002. P76.
④ 何平叔《景福殿赋》，（梁）萧统编（清）李善注《文选》上册，卷一一.北京：中华书局，1977. P178.
⑤ （元）脱脱等撰《宋史·卷153·舆服志》.北京：中华书局点校本，1977. P3575.
⑥ 中国文物研究所编《祁英涛古建论文集》.北京：华夏出版社，1992. P271.

中，都为红地上画青绿、白色彩画①。

明代梁枋彩画，多是以青绿为主色的旋子彩画，用朱色衬地的做法已不多见，仅在重要部位如花心处贴金或涂朱。雷坛正殿内较为突出的是大量使用红色，并且多作为地色出现，也在花瓣上与金黄色相衬出现，烘托出整体强烈对比的氛围。虽然不是官式建筑，但是殿内用金、黄色较多，表明雷坛建造者鲁氏对雷神信仰的重视态度，雷坛建筑的重要程度，也说明了地方彩画中较为自由的风气。同时还保留了元代彩画中的传统做法，鲁土司本是蒙元脱欢家族后裔，其民族的审美传统在此得以保留和体现，也符合藏地居民偏爱红黄色②的审美观。

在施色方面，瞿昙寺早期彩画全部为黑绿相间施色，黑白线勾勒，只有隆国殿内出现黄色，但只是级别的显示而不是彩画规律的改变。同时对比廊庑明代壁画，也是没有石青出现。石青色在此成为一个缺失，对此现象各家说法不一，归纳起来，学者们认为其中原因有二：一是当地缺乏石青颜料；二是黑绿相间使用本来就是出自京中的一种官式彩画制度③。其第二种说法多被认同，因为明洪武初年就有亲王府第"廊房饰以青黑"的规定④，下面对此说法做以辨析。

《明史》中述及建筑色彩的制度：

> 亲王府制。洪武四年定，……饰以青绿点金，廊房饰以青黛。……惟亲王宫得饰朱红、大青绿，其他居室止饰丹碧。

> 百官宅第。洪武二十六年定制，一品、二品……青碧绘饰。三品至五品……青碧绘饰。六品至九品……饰以土黄。品官房舍，不得用丹漆。……三十五年申明禁制，六品至九品厅堂梁栋只用粉青饰之。⑤

---

① 梁思成《梁思成全集》（第一卷）.北京：中国建筑工业出版社，2001.P157.
② 明代当地为藏传佛教萨迦派时期，萨迦派又称花教，以红黄色为主尊色。另外，在藏传佛教中，黄色为脱俗，红色为护法。皆为高等级尊贵用色。参考夏春峰《甘肃连城妙因寺及其相关寺院探研》.《西北民族大学学报》，2003（06）；丁昶、刘加平《藏族建筑色彩探源》.《建筑学报》，2009（03）.
③ 吴葱，王其亨《瞿昙寺的建筑彩画——兼谈明清彩画的几个问题》，格桑本《瞿昙寺》.成都：四川科学技术出版社，新疆科技卫生出版社，2000，P41.
④ 金萍《瞿昙寺壁画的艺术考古研究》.西安美术学院博士学位论文，2012.P98.
⑤ （清）张廷玉等撰《明史》第6册，卷68.北京：中华书局点校本，1974.PP1670—1672.

以上史料关于饰彩的"青、黛"、"青、绿"、"丹、碧"、"青、碧"、"粉、青"等项，并没有将青色排除在王宫之外，只是规定"丹漆"不可用于品官房舍。因此，认为瞿昙寺早期彩画遵从明官式制而采用黑绿施色，显然不具备文献的支持，因为被限定"饰以青、黛"的只是王府的配属建筑廊房；而且对文献中"青黛"一词中的"青"不应直解为绿色[1]，伊东忠太对"青"描述为"但青之性质，未曾限定，青绿蓝皆谓之青。"[2]再对照明代钟粹宫内与瞿昙寺彩画形制相一致的部分，采用了"碾玉装"旋子彩画，青绿色调[3]，而非黑绿施色，是为旁证。

至于第一种认为当地缺乏石青颜料的解释，也值得商榷。因为在同时期的瞿昙殿内壁画上就有石青色的使用，并且形成深浅不同的青绿色调，宝光殿壁画也使用了面积不大的石青色，隆国殿内石青色也有少量使用[4]。"青"因矿石不同，所制颜料色相由绿到蓝、色度由浅到深，有相当大幅度的游移区域[5]。在《本草纲目》中记载：

抱朴子云，铜青涂木，入水不腐。铜之精华，大者即空绿，次即空青。而空青出于蔚州、兰州、宣州、梓州。而绘画所用的石青，俗称大青。而今货石青者，有天青、大青、西夷回回青、佛头青，而回回青尤贵[6]。

——距离乐都不算远的兰州、梓州都是铜青的产地之一。"尤贵"的"西夷回回青"即青金石，矿以阿富汗所产最佳。青金石色是藏传佛教中药师佛的身色。由此看来这第一条解释与第二条解释都立足不稳。笔者根据所了解到的史实另作推测如下：

---

[1] 对"丹青"有人误认为是红和黑色，而在王宁宇《丹青与两柄锄头的丹青史》中，对青的色相进行了辨析，它并非黑色。王胜利等主编《清风徐来——庆祝徐风先生95岁寿辰论文集》.西安：陕西人民出版社，2012.P62.

[2] ［日］伊东忠太著.陈清泉译补《中国建筑史》.上海：上海书店，1937.P63.

[3] 郑连章《钟粹宫明代早期旋子彩画》.《故宫博物院院刊》，1984（03）.P82.

[4] 金萍《瞿昙寺壁画的艺术考古研究》.西安美术学院博士学位论文，2012.P65.

[5] 王宁宇《丹青与两柄锄头的丹青史》，王胜利等主编《清风徐来——庆祝徐风先生95岁寿辰论文集》.西安：陕西人民出版社，2012.P62.

[6] （明）李时珍《本草纲目》（校点本）第一册.北京：人民卫生出版社，1977.P469，P594，P598.

1）因为瞿昙寺的瞿昙殿是朝廷最初敕建，因此财力物力较充足，所以对于比较昂贵的石青颜料在殿内重要的壁画上还可以大量使用，但是随着朝廷对瞿昙寺态度的变化，在后来宝光殿和隆国殿的扩建时，财力有限，已经不能使用太多。而建筑木构使用颜料的面积较大，因此出于用料经济成本的考虑而以黑代青，故形成黑绿色调；

2）按照中国传统的五色观来分析，五色挂靠五行，形成木青、火赤、土黄、金白、水黑的固定组合，号称"五行色"，同时五行与五方相对应，即东、南、中、西、北方（表3.3）。

表 3.3 五行色简表 ①

五行	木	火	土	金	水
五色	青	赤	黄	白	黑
五方	东	南	中	西	北
五辰	春	夏	季夏	秋	冬
五气	风	阳	雨	阴	寒

河湟地区属于中国的西北部，方位对应色为白、黑。朝廷敕建的瞿昙寺由太监孟继、宠臣朱棣监修，他们熟悉和掌握着汉族传统的五行色观念，因此在建筑彩画中有可能以主北的黑色代替主东的青色，以表明建寺之地在中国的方位。另外，中国古建筑多以木构为主，因此防火为其建造时必须考虑的因素，而水克火，所以此处以黑色水代青色木，也可能是出于防火考虑，这与很多古建筑天花顶绘水藻类图案的作用一致。

在隆国殿内彩画上没有用金，而用了黄色，也是为了体现隆国殿在整个寺院内的中央地位，因为黄色对应的是中央，同时也降低用金的成本。而廊庑上的壁画为了和建筑取得统一便也没有用石青。在殿内壁画所绘主要为藏传佛教的佛像，与建筑制度和方位关系不密切，单纯从宗教画面和宗教意义考虑，因此在殿内壁画上使用了石青色。

---

① 该表参见彭德《中华五色》．南京：江苏美术出版社，2008. PP86—89.

3.3.2 施色手法

瞿昙寺多为平涂地色或枋心色，旋花纹样等处都为叠晕施色，每种颜色叠施三次，依次变淡，黑色形成黑、灰、白色，绿色形成深绿、中绿、粉绿色，在隆国殿内将粉绿用黄绿色代替，也就是叠晕中最浅的绿色是用绿色中加入黄色，而非其他处的加入白色，因此形成独特的暖色调，在鲁土司衙门和妙因寺也见到类似做法。

雷坛彩画中除了与瞿昙寺相同的平涂和叠晕施色之外，枋心内纹样绘制精细，白鹤羽毛分染，龙云纹沥粉，线条勾勒细劲。

在所有相邻的木构之间，相同的纹样采用相错的施色，也就是串色制度，使得木构的装饰更加富于变化。这一制度在清代也一直沿用，并严格规范化。

清代梁枋彩画的串色制度：以每个建筑物的明间上檩的箍头为准，一律刷青色。额枋的箍头与上檩箍头相反，一律刷绿色。下枋子同上檩一律刷青色。这在彩画制度上叫做"上青下绿"。无论哪一类彩画，刷色时都要严格遵守这个规矩。然后，以一个木件的箍头颜色，分左右往枋心相隔地串色，使青绿两色叉开。这样大木彩画的颜色就形成："青箍头，青楞、绿枋心"和"绿箍头、绿楞、青枋心"了。到次间时则完全颠倒过来，成为"上绿下青"。梢间又同明间一样，以此类推。概括来说，大木梁枋彩画在颜色和图案的安排上有三条规则，即：①上青下绿，②整青破绿，③升青降绿。这三条规则，在其他地方也不能违背[①]。

3.4 小结

通过以上分析可以看到，从建筑彩画的整体纹饰结构，木构上的纹样形制、色彩等方面来看，瞿昙寺明代建筑和雷坛殿内的建筑彩画都是明汉式彩画的典型样式。在这些木构上体现着程式化旋子彩画形成之前自由生动的旋花彩画样式，无论级别的高低、找头的繁简不一，都是河湟地区汉式建筑彩画的典型体现。这种样式对该地域的寺院及其相关建筑的彩画都

---

① 中国科学院自然科学研究所《中国古代建筑技术史》.北京：科学出版社，1985. P294.

有着深远的影响，这种影响有些是直接的，如寺院之间的交流，同籍匠人的学习等；有些是间接的，如在后代建筑的修建中去学习前代建筑彩画样式等等。后文将对河湟地区的一些建筑彩画进行分析，来对比这种明汉式彩画在该地域对不同时期各类建筑的影响。

4. 河湟地区建筑彩画风格解析二：藏式

拉卜楞寺下续部学院是在 1716 年仿照拉萨下密院而建造，因此其建筑结构和彩画装饰与西藏寺院的建筑装饰相似。现在该学院保存有该寺内建造年代最早的雕绘装饰原构，可以视为藏式建筑装饰的典型代表；弥勒佛殿大殿前廊和殿内的装饰与其类同，也是典型的藏式装饰。而弥勒佛殿和释迦牟尼佛殿是在藏式建筑上后来添建了汉式重檐屋顶，金瓦顶檐下所保留的彩画，是简单的汉式彩画，体现着藏汉两种建筑装饰在藏族建筑中开始共存的样式。

藏式建筑彩画装饰具有其鲜明的特点：首先是大量使用体现藏传佛教教义的纹样和吉祥纹样，这些纹样与佛教发源地印度、尼泊尔的佛教建筑相关，同时也融入了一些本土苯教图案以及其他文化的吉祥图案在其中。在纹样绘制中不惮繁密，层叠重复，华丽堂皇。建筑彩画的制作手法中雕刻的成分较多，大部分纹样都是先雕后绘，木雕与彩绘相结合，大木构和小木作上都使用雕绘结合。即使是在平面的木构局部上，也会大量采用沥粉的手法来体现繁密的凹凸感，因此在这里将其整体地称为建筑装饰彩画。其次是色彩的绚丽丰富，在高原高寒地区，汉式明清彩画的青绿冷色调无法适应当地人们的色彩心理需求，因此在彩画发展中，暖色调在彩画中得到大量采用。同时，色彩的选用与该地域文化的中心内容，即藏传佛教的教义选择也有很大关系，因此，彩画中的用金量也很大。

4.1 整体纹饰结构

4.1.1 藏式建筑装饰彩画的形成

随着佛教从尼泊尔与汉地两个方向传入藏区，佛教寺院建筑文化也从这两个方向进入吐蕃。藏族建筑装饰最初受印度、尼泊尔的佛教建筑影响较大,并且随着藏传佛教的发展壮大而在藏族建筑中传承发展;但自然环境及建筑材料的制约又是不可逾越的,故此藏地的佛教建筑不能不具备许多本地域的地理及民族特色。

(1)外域文化对藏族建筑的影响

公元7世纪吐蕃王朝建立之后,随着其社会生产力的发展,松赞干布开始加强对外政治、经济、文化的联系,其中对外联系的重要对象有印度、尼泊尔、唐王朝等。由于印度、尼泊尔等国当时都是信仰佛教的国度,建筑文化和其他佛教艺术都伴随佛教的传播而传入吐蕃。从艺术角度而言,12世纪以前的藏族佛教艺术深受印度、尼泊尔地区的影响,藏族自己也认为他们的绘画和雕塑渊源于域外[①]。就建筑而言,受影响最大的是西藏的佛教建筑,其中颇具代表性的建筑物之一是创建于松赞干布时期的拉萨大昭寺,在后来的灭佛运动中大昭寺遭到破坏。现存大昭寺中心佛殿中满施雕饰,殿门框装饰、柱廊和出檐木质卧狮,皆是公元八世纪下半叶赤德松赞时期修复的,它们可能就是出自尼泊尔工匠之手[②]。或许这个时期的寺院建筑经常请外国工匠(主要是尼泊尔工匠)建造,技术风格传播的方式是直接照搬移植,还谈不上与当地传统建筑的融合。

同时期,汉地建筑文化也被引进吐蕃。公元641年,文成公主嫁入吐蕃时,带入了佛像和其他中原文化,如农具制造、纺织、缂丝、建筑、造纸、酿酒、制陶、碾磨、冶金等生产技术,历算、医药等科技知识,都传到吐蕃。由内地汉族木工塑匠和当地藏族工匠共同修建的小昭寺便是典型建筑物,对当地建筑产生了直接影响。唐景龙四年(710),金城公主与吐蕃赞普墀松德赞联姻后,755年建造的第一座佛教寺院桑耶寺的三层楼殿是按照藏族、汉族和印度三种不同的风格修建的[③]。据说墀松德赞修建九层噶穷寺时,从周围地区召来了许多木工。底层楼殿是按照藏族风格修建的;二、三层是于阗人按于阗风格修建的;四、五、六层是来自白曲地区

---

① [法]海瑟·噶尔美著.熊文彬译《早期汉藏艺术——西藏艺术研究系列》.石家庄:河北教育出版社,2001.PP2—6.

② 宿白《西藏拉萨地区佛寺调查记》,《藏传佛教寺院考古》.北京:文物出版社,1996.PP6—10.

③ [法]海瑟·噶尔美著.熊文彬译《早期汉藏艺术——西藏艺术研究系列》.石家庄:河北教育出版社,2001.P7.

的汉人按照汉族风格修建的；最顶上的三层楼殿则是印度木工按照印度风格修建的[①]。

在这种直接的工匠和技术输入之后，吐蕃开始进入对建筑理念的关注，后来吐蕃遣使求五台山图即是体现。据藏文史料所载，汉式金顶在前弘期即已传入西藏，但较广泛出现于西藏各地似始于13、14世纪。与汉式建筑同时传入西藏的此时期还有内部装修与彩画[②]。因地缘关系，甘青藏族建筑接受汉族建筑较早，其影响程度和范围更深广。

（2）藏族建筑文化的形成及对外的影响

从公元7世纪至14世纪的七个世纪之间，藏族建筑通过国外佛教传播因素的影响，吸收了国外建筑主要是佛教建筑和艺术的成分，并逐步融入到本土建筑文化之中。在艺术方面，藏族固有的绘画雕塑流派在明朝形成，"至少从15世纪开始，西藏就有许多蜚声世界的艺术家。他们的作品富有创造性，创作思路十分宽广，远远地超出了对传统毫无创造、僵硬死板地模仿。"[③]随着藏传佛教进入后弘期，藏族建筑文化日趋成熟，已经完全将外来的建筑文化与本土建筑相融合，形成了藏式建筑"富丽庄严"的装饰风格，这种风格在历史发展中随着建筑形制的变化而逐渐完善。建筑艺术在弘扬藏传佛教教义的进程中逐步丰富化、细致化、繁密化和工艺化。但是为了保持寺院的富丽堂皇，藏式建筑装饰的更新重绘比较频繁，因此较早期的彩画原貌已很难见到，这给研究者对藏式彩画进行断代研究造成很大困难。

之后，随着藏传佛教在世界佛教中地位的确立，加之佛教在印度式微，西藏建筑文化进入反向输出过程，印度、尼泊尔以及克什米尔等地的佛教文化都受到西藏的影响。自元代以来，随着藏传佛教国教地位的确立，藏族建筑文化开始向我国的中原及广大周边地区伸延和传播。其范围包括今山西五台山、北京市、河北承德市以及辽宁沈阳市等地区以

---

① [法]海瑟·噶尔美著.熊文彬译《早期汉藏艺术——西藏艺术研究系列》.石家庄：河北教育出版社，2001.P9.
② 宿白《西藏寺庙建筑分期试论》，《藏传佛教寺院考古》.北京：文物出版社，1996.P194.
③ [法]海瑟·噶尔美著.熊文彬译《早期汉藏艺术——西藏艺术研究系列》.石家庄：河北教育出版社，2001.PP12—13.

及今内蒙古自治区和云南丽江市①（详见表4.1）。在这些地区的建筑中，具有藏传佛教特点的藏式建筑装饰纹样和色彩特点都有体现和保留。而拉卜楞寺作为格鲁派第二大寺院，是河湟地区较为典型的藏式建筑装饰的代表。

表 4.1 非藏区藏传佛教寺院简表②

序号	寺院名称	藏传佛教传入时间	所在地域
1	文殊寺，镇海寺，寿宁寺，普乐院	元代、清朝	山西五台山
2	妙应寺，护国寺，嵩祝寺，福佑寺，黄寺，黑寺，隆福寺	妙应寺：建成于1279年 护国寺：元二十一（1284）年 雍和宫：清顺治六（1649）年	北京
3	溥仁寺，溥善寺，普乐寺，安远寺，普宁寺，普佑寺，须弥福寿寺，普陀宗乘庙，殊像寺，广安寺，罗汉堂	清代乾隆时期 1790年	河北承德
4	福国寺，文峰寺，普济寺，玉峰寺，指云寺	明代	云南丽江
5	大召（无量寺）	万历三年（1575）	内蒙古归化（呼和浩特）
	席力图召（延寿寺）	万历年间建	
	美岱召	万历三十年（1602）	

任何一个民族、任何一个国家，在自身的社会发展历史进程中，都会在不同的历史时期，或多或少地吸纳外来文化，或受到外来文化的渗透，并有意识、无意识地与自身文化相融合，形成新的民族或国家的地域文化。同时，也把自己的文化传播到其他民族或国家去。这种文化传播现象应当说是一种不可阻挡的社会文化现象。纵观藏族的历史，在各个历史时

---

① 杨嘉名，赵心愚，杨环《西藏建筑的历史文化》．西宁：青海人民出版社，2003. P206, P211.

② 该表内容根据文献综合整理：杨嘉名，赵心愚，杨环《西藏建筑的历史文化》．西宁：青海人民出版社，2003. PP211—219. 宿白《呼和浩特及其附近几座召庙殿堂布局的初步探讨》，《藏传佛教寺院考古》．北京：文物出版社，1996. P292.

期的文化传播都是客观存在的①。而这种客观存在既表现在较为宏观的建筑格局和建筑形制中，也微观地体现在建筑装饰彩画的纹样形制和色彩中。

4.1.2 藏式建筑装饰彩画的构成

根据藏传佛教格鲁派的清规，寺院建筑中的僧舍一律不许建楼房，也不准彩画油漆和栽树，因此彩画多存在于学院经堂、佛殿和活佛居住的囊谦中。安多藏区的普通民居不得雕镂彩绘，在西藏地区的民居可以施彩，但不得使用木雕装饰。同时，因为藏传佛教一贯的政教合一制度，寺院就是当地经济、政治、文化的集中体现，所以在藏式建筑装饰中，一般都会不惜财力物力，动用最好的技术、工匠来制作，形成建筑整体庄重、华丽、堂皇的装饰特点。在汉地的建筑和装饰制度中往往以宫殿建筑为最高等级的体现，在藏地则是以寺院建筑及其装饰为其最高水平的展示，宫殿、园林等建筑都以寺院为其参考。

在藏式寺院传统建筑中，建筑的装饰主要体现在门窗、梁、托木、柱、屋顶、墙体等部位。寺院建筑的殿内、廊内的天花部分大都被织锦覆盖，柱身也有很大一部分被包裹，墙体多装饰有壁画，悬挂有唐卡。根据考察中的建筑实际情况，结合拉萨藏区的文献资料，建筑装饰彩画依据建筑形制中不同的木构，主要存在于两部分，即梁柱部分和门窗饰部分。下面分别将拉卜楞寺建筑的这两部分与藏区中心的建筑相对比，分析其藏式装饰的典型性。

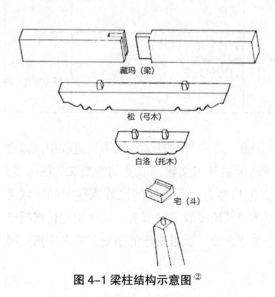

图 4-1 梁柱结构示意图②

---

① 杨嘉名，赵心愚，杨环《西藏建筑的历史文化》.西宁：青海人民出版社，2003. P203.
② 徐宗威《西藏传统建筑导则》.北京：中国建筑工业出版社，2004. P255.

（1）梁、雀替、柱的结构与装饰

藏式传统建筑的承重体系，除墙体承重外，主要还有木柱、木梁承重。梁、托、柱装饰处于突出位置，这些部位的装饰在藏式传统建筑装饰中至关重要，用以达到庄严、堂皇、精美、华丽的效果。按照建筑结构，从上往下依次是梁、雀替、斗和柱（图4-1）。梁柱部分的梁置于雀替之上。梁上叠放方形或圆形椽子，或在梁上叠放数层梁枋木和出挑的小椽头，在凹凸齿形的梁枋木上，放置的出挑各式椽头之间嵌有挡板。雀替又分为弓木、托木，也称为长弓和短弓。

西藏大部分地区因山高路远，运输困难，木料一般都被截成2—3米左右的短料，方便牦牛驮运。柱子的形制因此也比较多样化，根据其截面有圆形、方形、瓜楞柱和多边亚字形（包括八角形、十二角形、十六角形、二十角形等）等多种形状，亚字形柱也称为各种棱柱。各式柱子都有收分和卷杀。大昭寺（图4-2）、哲蚌寺（图4-3）的柱廊就是这种藏式结构装饰的完整体现，对比之下与拉卜楞寺下续部学院（图4-4）、弥勒佛殿的前檐柱廊结构相同，仅装饰细节有所差异。

图4-2 大昭寺中心佛殿廊柱[①]

图4-3 哲蚌寺十六角柱廊[②]

---

① 宿白《西藏拉萨地区佛寺调查记》，《藏传佛教寺院考古》. 北京：文物出版社，1996. P6.
② 徐宗威《西藏传统建筑导则》. 北京：中国建筑工业出版社，2004. P284.

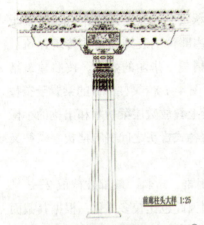

图4-4 拉卜楞寺下续部廊柱立面图[1]

1）梁的上下有一些较窄的条枋，装饰有连续纹样，多为莲瓣、叠函、连珠纹等。在主梁表面划分成大小等同的长方形，有些外形为矩形，有些为斜菱形，也有弧形外框，有点类似池子框。框内填有梵文、经文或绘制各种花卉、鸟兽、龙凤、祥云、佛像等纹样。在各个格子之间的连接处往往也有细密的卷草纹为装饰，这在图4-5a布达拉宫[2]的梁饰中有所体现。在下续部学院的梁上下有叠函枋、莲瓣枋及其他较细的条枋，大梁上以龙纹为主要装饰纹样，间有牡丹纹、云纹等（图4-6a），结构与纹样都与布达拉宫的相似。而图4-5b是布达拉宫的另一种梁饰，与拉卜楞寺弥勒佛殿前廊梁饰结构相同（图4-6b），在椽头、叠函枋、莲瓣枋下为分隔的长方形框结构，框棱由层叠木构向内凹进，框内或平涂色彩，或绘制有卷草、花卉纹样。在实际建筑装饰中，根据财力物力和工匠的水平不同，在这些基本形制下，进行着不同的组合，各种纹样不同的疏密程度使得各处的装饰变化丰富。

图4-5a 布达拉宫梁饰一

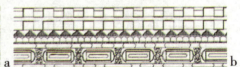

图4-5b 布达拉宫梁饰二[3]

---

[1] 下续部学院经堂前廊柱头立面图：甘肃省文物保护研究所《下续部学院建筑残损勘察报告及修缮设计方案》（内部资料），2011.图版18.

[2] 现在的布达拉宫重建于清顺治二年（1645），至1693年基本完成，十三世达赖土登嘉措进行了扩建，使呈现状。据记载参加修建的藏族工匠有7000人，尼泊尔工匠191人，康熙帝派去的工匠114人。后来以布达拉宫为模式的藏传佛教建筑形式传播到全国及邻邦。赵擎寰、郭玉兰《中国古代建筑艺术》.北京：北京科学技术出版社，1995.P102.

[3] 梁饰二图（4—5a/b）均选自徐宗威《西藏传统建筑导则》.北京：中国建筑工业出版社，2004.P367.

图 4-6a 拉卜楞寺下续部学院梁枋　　图 4-6b 拉卜楞寺弥勒佛殿前廊梁枋

2）柱头分为两层，上为弓木、下为托木，与汉式的雀替类同。以上大下小的梯形外形相连接，宫殿寺院建筑重要殿堂的雀替都经过精心镂刻。因木构的连接，其外形的雕饰也相连，边缘多雕刻祥云、卷草、花卉形状左右对称。中心通常雕刻佛像、兽面、花卉等纹样。

这部分与建筑形制的变化紧密相关，经历了四个时期的变化[①]：第一期，自7世纪至10世纪，柱头托木现仅知大昭寺中心部分尚存实物。特点是单层、表面雕饰形象生动多样，下缘曲线简洁，皆似模拟印度石窟石雕做法。类似的遗物见于阿旃陀第1、27号两僧房窟和第19号塔庙窟。第二期，自10世纪末至13世纪前半叶。柱头托木除单层者外，出现了新的双层式样。其下缘皆流行雕饰多曲弧线。直接来源仍出自印度，7世纪开凿的阿旃陀第26号塔庙窟、第6号僧房院窟中雕出的多曲弧线柱头托木为佐证。但是已出现了与内地建筑构件结合的做法。第三期，13世纪后半叶至14世纪末。双层托木发展成柱头托木形制的主流，下缘前端先作短促的双曲弧线，后面饰以两组云头，两组云头之间介以缩进的半云头。单层托木此时并未消失。第四期，15世纪迄17世纪40年代初。柱头托木大多沿袭双层托木。上层托木前端的弧形向前延长，呈现狭瘦形状，后面第一个短弧与后面的云头相连接。也有较为简单的在短壮弧线后面只作出一组云头。第五期，自清代统治以来。柱头托木俱双层，上层托木大部取向窄长，下层托木日益增高，下缘雕饰的前后两云头逐渐处于同一水平线，后面云头较前面云头逐渐拉长。在后期发展中，云头曲线开始简化，托木制度甚至开始出现紊乱。

从以上西藏建筑的历史发展分期中，可以对比得出拉卜楞寺下续部学院的柱头托木形制（图4-7）应属于第五期形制，具有弓木狭长，下缘雕刻云头较缓和，接近水平等特点。尽管托木的形制在历史中有着变化，但

---

① 根据宿白《西藏寺庙建筑分期试论》归纳概括，《藏传佛教寺院考古》. 北京：文物出版社，1996. PP190—204.

是其基本保持着区别于汉式建筑的典型特点，尤其是其雕饰纹样，具有着鲜明的宗教特点，并基本保持着一致，例如同属于第三期的夏鲁寺托木（图4-8）的中心雕饰与拉卜楞寺托木上都是在方形框内雕绘着饕餮等纹样。可见拉卜楞寺对藏式建筑装饰有着较为良好的继承与传递。

图4-7 拉卜楞寺下续部学院柱头托木　　图4-8 日喀则夏鲁寺柱头托木 ①

3）柱子包括斗、柱头、柱身、柱础等。整体柱子的装饰常用先雕刻后彩绘的方法。

图4-9 布达拉宫柱饰 ②　　图4-10 拉卜楞寺柱饰

---

① 徐宗威《西藏传统建筑导则》. 北京：中国建筑工业出版社，2004. P268.
② 徐宗威《西藏传统建筑导则》. 北京：中国建筑工业出版社，2004. P378.

斗上雕刻外框，在中间多装饰有梵文、莲花、瑞兽、吉祥八宝等图案。柱头部分用长城箭垛图案、如意形、花卉、佛像、短帘垂铃等。柱身多为红色，有些柱身上下处有用铜雕进行装点的柱带，图案为宗教法器、兽头、团花等，有些可以省略柱带。柱础主要采用雕刻装饰。

图4-9为布达拉宫的柱饰之一，以此图与拉卜楞寺下续部学院柱饰（图4-10）进行对比：首先是斗和柱形结构相同，其次是垂花的上疏下密布局相似，布达拉宫的纹样包含元素比较多，在垂花纹中间还有佛像莲花，斗中纹样为梵文，显得比下续部学院的更为繁密而等级更高。布达拉宫柱身有束带装饰，但在下续部学院因柱身部分被织锦包裹而不得见木构装饰。而这种柱身束带和用织锦包裹柱子的做法都被认为是藏式建筑的典型手法。在敦煌石窟的中唐第158、159窟，五代第5、146窟的柱身中部绘束带彩画，就被认为是受吐蕃装饰习惯的影响，"惟喇嘛教建筑往往在柱子中段或全柱以彩色毛毡包裹以为装饰"[1]。

（2）门的结构与装饰

藏式传统建筑中对门的装饰十分讲究。门的装饰位置主要有：门框、门楣、门扇等。门楣最多为9层，大门门框侧面的装饰分7层。门洞两侧做黑色门套装饰。门楣大多用木雕、彩绘等手段加以装饰，门楣间隔方木里运用四季花、动物面部图案，也有挂门楣帘装饰，与廊外和窗外的"香布"一致，起到隔离内外视线、防紫外线对木构色彩的消蚀变色，起到保护彩画的作用，同时在客观上装饰和统一了建筑的整体感。门楣和门框层层雕刻的图案主要有：浮雕狮面、莲花瓣、堆经即叠函、连珠纹、菩萨、天神、十方佛、飞天乐伎、树木、山石、动物、神龛、花饰、水波纹、金刚杵纹等。其风格模仿了印度和尼泊尔的佛教建筑装饰风格[2]。门扇主要用铜雕半球形门环座、门箍或用彩绘手段加以装饰。这些图案纹样视不同的建筑和木构，通过一些细节变化和组合而达到丰富变化的装饰效果。

图4-11为布达拉宫白宫圆满集道大门，门楣间隔方木上装饰了7个木雕狮子像，门框的雕刻纹样就是藏式装饰。以此对比下续部学院殿门，它所采用的装饰结构与纹样与布达拉宫的颇为相似。

---

[1] 萧默《敦煌建筑研究》. 北京：文物出版社，1989. P217.
[2] 徐宗威《西藏传统建筑导则》. 北京：中国建筑工业出版社，2004. P331.

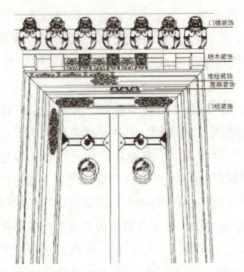

图 4-11 布达拉宫白宫圆满汇集道大门 [①]　　图 4-12 拉卜楞寺下续部学院殿门

拉卜楞寺下续部学院殿门的门楣上为一排 7 个雕刻彩绘的正面蹲兽，两端有伸出的象首（图 4-12）。木构门框由多层较薄木构间隔叠函、莲瓣、内框，薄木构绘绿色简单卷草纹样或施沥粉贴金的纹样。内凹式叠函层：施红色，叠函正面绘红、绿、青叠晕的三色相互交替呈放射状纹样。莲瓣层：莲瓣内外轮廓沥粉，施金色卷草曲线，外层施青或绿色叠晕交替，内层瓣心为红或橙色平涂交替。最内层门框为青色作地，绘卷草纹与其他纹样结合，上方为卷草饕餮纹，左、右为卷草宝珠纹，转角处为法轮卷草纹。纹样主要施金色，以红绿色点缀。

通过对比可以看到，下续部学院殿门的蹲兽、门框上的叠函、莲瓣、金色连珠纹等纹样，与布达拉宫白宫圆满集道大门的基本构成完全相同，层叠交替形成肃穆华丽的风格也相一致。

从以上综合对比，西藏建筑中的梁、雀替、柱、门的装饰等各木构彩画的纹样、色彩、制作手法等因素，与拉卜楞寺的下续部学院和弥勒佛殿前廊建筑彩画具有相同风格，因此本文将下续部学院确认为河湟地区藏式建筑彩画的典型体现。

---

① 徐宗威《西藏传统建筑导则》.北京：中国建筑工业出版社，2004. P333.

4.2 装饰纹样

藏式建筑彩画中所采用的纹样、材料与相关技术较为多样化。其中对丝绸织锦不仅借鉴其纹样在木构上进行彩绘，更多的是直接采用丝织品装饰建筑；装饰纹样中有大量与藏传佛教有关的吉祥纹样，如八宝图、梵文等，也有一些纯粹装饰性的纹样，如卷草纹、几何纹样等。

4.2.1 丝绸织锦装饰

丝绸是中国古代历史上最为珍贵的工艺美术品之一，它不仅是生活用品，在历史发展中同时更是权力、等级、地位等的代表物。丝绸是汉地的产品而非西藏自身可以生产的物品，而丝绸的输入对藏区的物质和精神生活都有很大的影响。丝绸是唐代输入吐蕃最重要的物品，当饮茶还没有在吐蕃得到普及时，丝绸是最受吐蕃欢迎的内地物品，汉藏往来无不以丝绸相伴随[①]。并且丝绸不同的质地、种类、纹样及其颜色的区别都成为藏区社会不同等级的权利地位的象征物。

丝绸在藏区最早被用于宗教活动是在吐蕃王朝时代，那时的苯教祭祀仪式上已用丝绸。后来在佛教中也得到大量使用，其中用途之一是装饰佛教殿堂。藏传佛教寺院的佛殿、经堂装饰离不开丝绸，华盖、幢、柱幡、壁衣、天幕、欢门幡、帐幔、璎珞等，多用丝绸制作。这些丝绸装饰对于烘托佛殿、经堂的宗教气氛起到了重要作用，丝绸的富丽华贵恰好与金铜佛像的金碧辉煌相匹配。加之，四壁张挂的用丝绸绘画、织造、装裱的唐卡；经架上供奉着绸缎包裹的经书；织金镂彩的佛衣为佛堂中各种造像披上盛妆；触目皆是的丝绸，使佛堂更显得神圣庄严而具有神秘色彩[②]。

对于这种丝织品与建筑彩画的关系，钟晓青从礼制和时尚的角度解释了这种同一性："相对来说，体现等级制度最重要、最直接、最首当其冲的部分，不是建筑，而是与吉凶六礼直接相关的宴乐器用、舆服仪仗等。视营造为'下艺'的传统，决定了建筑技术（包括工具）以及建筑装饰的发展往往滞后并因借自其他备受重视的工艺门类。被视为'时尚'做法与样

---

① 吴明娣《汉藏工艺美术交流研究》. 首都师范大学博士论文，2002. P57.
② 吴明娣《汉藏工艺美术交流研究》. 首都师范大学博士论文，2002. PP81—82.

式，往往首先出现在器物、织物之上，然后才会逐渐转至建筑之中。"①传统"视营造为'下艺'"之说未必尽然，汉相萧何尝言："天子宫室'非壮丽无以重威'"②，宫室固为国威之大计，是一种"超重"型工业，因此在创新上必然会广泛吸纳综合多种轻小型工业的成果。所以在藏区，尊贵的优质丝绸就会被用到集世俗权力与神权于一体的宗教活动及寺院建筑中，其中白色和黄色的丝绸被认为是最为尊贵的。

  林徽因从装饰方法的演变和模仿的角度解释了这种同一性："在柱上壁上悬挂丝织品，和在墙壁梁柱上涂饰彩色图画，以满足建筑内部华美的要求，本来是很自然的。这两种方法在发展中合而为一时，彩画自然就会采用绫锦的花纹，作为图案的一部分。"③在古文献中，有很多关于丝织品装饰梁柱的相关记载④，古代建筑构件曾用带花纹的丝织品裹为装饰，长期与彩画共存。在宋大中祥符元年（1008年）修建的玉清昭应宫，还是"文缯裹梁，金饰木"。到仁宗景佑三年（1036年），皇帝则"诏禁凡帐幔，徽壁、承尘、柱衣、额道务毋得纯锦遍绣"。熙宁元年（1068年）冬十月戊辰"禁绢金服饰"。结果到熙宁年间编著的《营造法式》中就以锦纹来代替原物了⑤。在《营造法式》中也有很多用"锦"作为纹样名称的彩画样式，如"海锦"、"净地锦"、"细锦"等，本身就是以丝织品来命名彩画的⑥。到了清代，旋子彩画的枋心和苏式彩画的包袱里，仍有锦纹图案。

  虽然有以上种种文献证据说明丝织品与建筑彩画之间的关系，学者们也普遍认为建筑彩画与纺织、印染、刺绣等工艺美术本来就有密切联系。但是现存汉地建筑中已经不见直接用丝织品装饰建筑的实例，用彩画锦纹或代用品接替了直接丝织品装饰。而在藏式建筑彩画中保留与传承着这两

---

① 钟晓青《学术观点》，《建筑史解码人》. 北京：中国建筑工业出版社，2006. P333.
② （汉）司马迁《史记》第2册，卷8《高祖本纪》. 北京：中华书局，1963. P386.
③ 林徽因《中国建筑彩画图案》序（1953年），梁从诫编《林徽因文集·建筑卷》. 天津：百花文艺出版社，1999. P414—415.
④ 秦汉时期，文献记载的彩画已相当华丽，如秦始皇的咸阳宫内"木衣绨绣、土被朱紫"，《西京杂记》记载西汉宫殿更是"华榱壁珰"，"椽椽皆绘龙蛇萦绕其间"，张衡《西记赋》叙述西汉宫殿中"绣栭云楣"，"镂槛文"。这些文献说明在秦汉时期的椽、飞檐、连檐等都有彩画，而且还有用带花纹的绫绵织物裹在木构件上做为装饰。祁英涛《中国古代建筑各时代特征概论》，中国文物研究所编《祁英涛古建论文集》. 北京：华夏出版社，1992. P270.
⑤ 中国科学院自然科学研究所《中国古代建筑技术史》. 北京：科学出版社，1985. P279.
⑥ 李路珂《〈营造法式〉彩画研究》. 南京：东南大学出版社，2011. P13—14.

种直接和间接的织锦纹样装饰方式，尤其是丝织品直接装饰木构的方法一直在采用着（图4-13），这就以实例证明了织锦装饰与建筑彩画的同一性关系的种种设想。所以藏式建筑的这种装饰手法在整个建筑彩画领域具有历史现实意义。

图4-13 下续部学院前廊

藏式建筑装饰中大量使用丝绸织锦进行装饰，在拉卜楞寺下续部学院、弥勒佛殿的殿堂内及前廊的天花都以色彩纹样不同的锦缎覆盖，殿内悬挂有锦幡等装饰，也有用丝绸或毛毡包裹柱子，在殿内外都可以看到丝绸制品在藏族建筑中的装饰作用。

同时，也有很多丝织品纹样被彩绘于建筑木构上，如明清维修的布达拉宫门楣彩绘纹样中有内地织锦中如意云纹、卷草、连钱纹，图案的色彩对比强烈，勾勒轮廓线也效仿云锦中妆花的"片金绞边"，产生富丽华贵的色彩效果①。在拉卜楞寺弥勒佛殿金顶檐下和嘉木样寝宫的柱头部分都绘有锦纹，与丝织品锦纹相辅相成，在柱子上绘有如意云纹、宝珠流苏穗纹等，更是直接采用了丝织服饰中的配饰样式，与藏式的垂花纹相结合。

4.2.2 典型纹样

藏式建筑中出现的典型纹样大部分是与藏传佛教仪轨相关的吉祥纹样、符号、梵文咒语、法器等，藏族艺术中出现的大部分符号都源自印度佛教。关于这部分纹样占据了建筑装饰彩画的主体位置，并且其数量庞杂，种类丰富，下面仅就在河湟地区建筑中常见的几类纹样进行解读。

1）吉祥八宝图：也称八瑞相（图4-14a）。在佛教传统中，象征好运的八瑞相代表释迦牟尼得道时众神敬献他的供物。是藏传佛教吉祥符号中最著名的一组，也是在建筑装饰中常见的一组纹样（图4-14b）。这八个图案可以单独成形，也可绘制成一个整体宝瓶式图案。按照其传统排列如下：

---

① 吴明娣《汉藏工艺美术交流研究》. 首都师范大学博士论文，2002. P78.

图 4-14a 吉祥八宝图[①]

图 4-14b 拉卜楞寺、妙因寺八宝图实例

①宝伞：古印度时，贵族、皇室成员出行时，以伞遮阳免受热带阳光的暴晒之苦，后演化为寓意至上权威的仪仗器具。藏传佛教亦认为，宝伞象征着佛陀教诲的权威，也象征着荣誉和尊崇，可以保护人们避开欲、

[①] 八宝图综合参考：[英] 罗伯特·比尔著，向红笳译《藏传佛教象征符号与器物图解》. 北京：中国藏学出版社，2007. PP9—25. 图片 4—14a 采自 P9. 徐宗威《西藏传统建筑导则》. 北京：中国建筑工业出版社，2004. PP440—442.

障、疾病和邪恶力量。白色或黄色宝伞是至高无上权力的宗教象征。

②金鱼：这一吉祥符号在印度教①、耆那教②和佛教中十分普遍。在佛教中，一对金鱼代表着幸福和自主，以鱼行水中的自由畅通，喻示不受种姓和地位约束，超越世间，自由豁达得以解脱的修行者。常绘制以雌雄双鱼象征解脱、复苏、永生、再生等含义。

③宝瓶：仿造传统的印度黏土水瓶，主要是财神的象征。典型的藏式宝瓶被画成极其华丽的金瓶，其各个部位都散射着莲花瓣图案。一块如意宝或三联宝石作为饰顶，象征着佛、法、僧三宝。瓶颈上系有来自神域的一方丝绸，顶部用一棵如意树为顶饰。该树的树根浸泡在长寿水中，树根上神奇地长出各色各样的珠宝，瓶中插有孔雀翎或如意树。既象征着清净和财运，又象征着俱宝无漏、永生不死。

④妙莲：莲花出污泥而不染，是佛教再生、纯洁和免受轮回之苦的主要象征。藏传佛教认为莲花象征着纯净和断灭，即修成正果。莲花的应用非常广泛，形式也多种多样。有以单瓣排列相连的莲瓣，在门框和枋上多见，也有单独整朵出现在梁头等处。比较奇特的现象是在很多地方出现牡丹样式的莲花，无论在拉卜楞寺的梁枋等建筑实物中（图4-15a），还是在一些文献资料中（图4-15b），都出现以牡丹纹样代替莲花纹样。

图4-15a 下续部学院

图4-15b 莲花③

---

① 印度教，亦称"新婆罗门教"。四世纪前后婆罗门教吸收佛教、耆那教等教义和民间信仰演化而成。基本教义与婆罗门教雷同。后逐步形成毗湿奴教、湿婆教和性力派三大派别。[英]罗伯特·比尔著，向红笳译《藏传佛教象征符号与器物图解》。北京：中国藏学出版社，2007. P13.

② 耆那教，产生和流行于南亚次大陆的一种宗教。前六至五世纪与佛教同时兴起，自称是最古的宗教，传说有二十四祖。四至十三世纪曾在印度流行，不少君王都是该教信徒和支持者。[英]罗伯特·比尔著，向红笳译《藏传佛教象征符号与器物图解》。北京：中国藏学出版社，2007. P9.

③ 图片来自徐宗威《西藏传统建筑导则》。北京：中国建筑工业出版社，2004. P440.

牡丹在汉文化中表示美满、富贵,在丝绸和瓷器等工艺品装饰中,牡丹是被表现最多的花卉,其花形、色泽的雍荣华贵更符合宗教装饰中整体的堂皇气氛。藏族画师们在有意无意之中,将它入画,甚至代替了莲花,也赢得了藏族人民的喜爱。在西藏的唐卡、寺院壁画中莲花应带有八个或十六个莲瓣,但常常用牡丹取代莲花的位置,清代乾隆早期贡入宫廷的布画唐卡《达赖喇嘛源流组画——松赞干布像》,画中的松赞干布理应"右手握莲花"①,实际所画的花、叶形状,均似牡丹。在这一唐卡组画中,其他应绘莲花处,都绘作牡丹,如五世达赖右手握牡丹,六世达赖座前案上瓶中所供也为牡丹,花朵颜色不一。在另一幅作于西藏的清代布画唐卡《尊胜佛母像》②中,主尊背光周围也绘有不同颜色的牡丹,完全是牡丹的真实写照。在桑耶寺有清代所绘的精美壁画,画面上多处穿插较大面积的牡丹,十分醒目③。

⑤白海螺:海螺是力量、权威和统治的象征。右旋白螺是古印度护法神的器物,巨大的海螺号宣告他们战争的胜利。佛经载,释迦牟尼说法时声震四方,如海螺之音般深沉,是佛陀三十二大相之一,其声音响彻整个十方大地,故今法会之际常吹鸣海螺。在西藏,以右旋白海螺最为吉祥,最受尊崇,适宜用于仪式中。

⑥吉祥结:原初的意义象征着爱情和献身。印度和中国汉地佛像的胸部经常刻有吉祥结或卐字符,象征着大圆满思想。作为佛教思想的象征物,吉祥结代表着佛陀无限的智慧和慈悲。

⑦胜利幢:为古印度时的一种军旗。早期佛教吸纳胜利幢为释迦牟尼战胜恶魔大军的象征。寓意烦恼孽根得以解脱,觉悟得正果。胜利幢最传统的形式是圆柱形宝幢,插在一根长木轴杆上,幢顶呈小白伞状,伞顶中央有个如意宝饰。圆顶伞用装饰华丽的金黄色伞骨支撑,伞骨末端有一个摩羯头,上面挂有呈波浪状的黄色或白色丝绸。

⑧金色法轮:"法轮"或"轮宝"原系古代印度的一种日轮或车轮形武器,在军队前方上空辉耀旋转,起源于太阳的象征符号。轮宝是吠陀太阳神出身的印度教大神毗湿奴的持物,也是印度传说中征服世界的"转轮

---

① 故宫博物院编《清宫藏传佛教文物》.北京:紫禁城出版社,1998. P37.
② 故宫博物院编《清宫藏传佛教文物》.北京:紫禁城出版社,1998. P67.
③ 吴明娣《汉藏工艺美术交流研究》.首都师范大学博士论文,2002. P77.

圣王"拥有的七宝之一,在佛教中法轮象征着佛法。①轮的快速转动代表佛陀教义揭示的迅速的精神转变,象征佛法像金轮一样旋转不停,永不停息。轮由轮毂、轮辐和轮圈三部分组成,象征着佛教教义以伦理、智慧和禅定为依据。其中心轮毂上有三个或四个旋转的"喜旋",其旋转方向与中国汉地的阴阳符(即太极图)相同(见后文喜旋纹样)。

2)八瑞物图(图4-16):是早期第二大组佛教符号,其中包括:①宝镜;②黄丹;③酸奶;④长寿茅草;⑤木瓜;⑥右旋海螺;⑦朱砂;⑧芥子。与八瑞相一样,这八件宝物可能也源自前佛教时期,并在初始阶段就被早期佛教所采纳。

它们代表了敬献给佛陀的一组具象供物,象征着佛陀的"八正道"(正见、正思、正语、正业、正命、正精进、正念和正定)。②与八瑞相一样,每一瑞物可以单独放在不同的贡碗中,也可以成组地出现在成排的珠宝供物后面,或放在浅碗或托盘里。

3)十相自在(图4-17):"十相自在"是汉译名,藏语称"朗久旺丹",是把佛经自在之权的每一个自在缩成一个梵文字母,再组合成一个图案。③外形为佛龛形,莲瓣底座,中间纹样上方为日月图案,下方为组合的梵文。多出现在柱头、梁头等位置。

图4-16 八瑞物图④　　　　　图4-17 十相自在图⑤

---

① 王镛《印度美术史话》.北京:人民美术出版社,2004. P20.
② [英]罗伯特·比尔著,向红笳译《藏传佛教象征符号与器物图解》.北京:中国藏学出版社,2007. P28.
③ 阿旺格桑《藏族装饰图案艺术》.拉萨:西藏人民出版社、江西美术出版社,1999. P173.
④ [英]罗伯特·比尔著,向红笳译《藏传佛教象征符号与器物图解》.北京:中国藏学出版社,2007. P39.
⑤ 马吉祥,阿罗·仁青杰博《中国藏传佛教白描图集》.北京:北京工艺美术出版社,1996. P332.

4）五妙欲图（4—18）：指色、声、香、味、触五种感官。在传统上，五欲供的形式如下：①镜子表示"色"；②琴、铙钹或锣表示"声"；③焚香或盈满香料的海螺表示"香"；④水果表示"味"；⑤绫罗表示"触"。作为令感官愉悦的器物主要是敬献给善相神和世系大师的。它们象征着取悦获得圆满的一种欲望，就施主而言，则代表着他们断欲的一种姿态。在传统上，它们被放在神祇的莲花座或宝座下，与供碗组合在一起①。

图 4-18 五妙欲贡品②　　　图 4-19a 三宝③　图 4-19b 下续部学院

5）三宝（图 4-19a/b）：佛、法、僧"三宝"是佛教圣坛上的中央供物，代表着一切佛的身、语、意。在建筑彩画中多以三颗一组的宝石代表"三宝"，外围有火焰纹。多处于对称纹样的中心位置。

6）七珍饰品（图 4-20）：转轮王七珍也可以画成七个一组的镶珠宝的徽相或标识。七珍如下：①犀牛角；②一对方形缠枝耳环；③红色珊瑚树；④一对圆形缠枝耳环；⑤十字徽相或标识；⑥一对象牙；⑦镶嵌在三叶饰金座上的三睛宝石。转轮王七珍分别代表七政宝：金轮宝、神珠宝、玉女宝、主藏臣宝、白象宝、绀马宝和将军宝。而七政宝是天下安泰的标志，其形象较为复杂，不适用于建筑彩画，多出现在壁画中。因此多以七珍饰品来代替，它们常出现在檩梁枋心或栱眼壁等处（图 4-20b）。

---

① ［英］罗伯特·比尔著，向红笳译《藏传佛教象征符号与器物图解》.北京：中国藏学出版社，2007. P42.
② 马吉祥，阿罗·仁青杰博《中国藏传佛教白描图集》.北京：北京工艺美术出版社，1996. P338.
③ ［英］罗伯特·比尔著，向红笳译《藏传佛教象征符号与器物图解》.北京：中国藏学出版社，2007. P71.

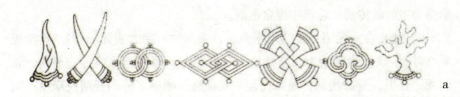

图 4-20a 七珍：犀牛角，象牙，圆形缠枝耳环，方形缠枝耳环，十字珠宝，三睛宝石，珊瑚树①

7）孔雀翎毛纹：印度神话中的一种孔雀羽毛，有去毒能力。在传统上，印度的孔雀是蛇与蝎这样的有毒生灵的天敌。孔雀绚丽的色彩和长尾羽冀代表着将这些毒物变成智慧甘露或圆满。

图 4-20b 感恩寺

在西藏的佛教仪式中，孔雀翎经常装饰在扇子、镜子及天神高擎的宝伞上。它们也是插在飞镖上的羽毛和净水瓶中的水掸，常常用来喷洒净水。在以后的几百年里，苯教徒也一直使用孔雀毛②。孔雀翎毛纹样经常出现在椽头（图 4-21）。

图 4-21 拉卜楞寺嘉木样会客厅

图 4-22 拉卜楞寺下续部学院

8）叠函、莲瓣：这两组不同的纹样经常同时出现在窄条枋或门框等位置。凹凸不平的雕刻叠函图取自层层叠放的佛经经卷形式，③所以也叫堆经（图 4-22）。有些近代文献上称为蜂窝，取其外形类似蜂窝状，而忽略其含义。一般是先雕刻，再施色。有从高到低过渡渐变的施色方式，也有全部平涂的方法。

连续莲瓣排列，较为隆重的是先雕后绘，简单的是直接彩绘。每个莲瓣内多分为 2—3 层，每层冷暖施色不同，内部弧线也变化多端，产生丰富的层次感。这两种纹样几乎出现在所有的藏式建筑中，包括一些以汉式

---

① ［英］罗伯特·比尔著，向红笳译《藏传佛教象征符号与器物图解》.北京：中国藏学出版社，2007. P69.
② ［意］图齐著，向红笳译《喜马拉雅的人与神》.北京：中国藏学出版社，2005. P152.
③ 西藏拉萨古艺建筑美术研究所《西藏藏式建筑总览》.成都：四川美术出版社，2007. P340.

彩画为主的藏传佛教建筑中也常出现。

9）梵文吉祥咒语：多为六字真言，或称"六字大明咒"，即"嗡嘛呢叭咪吽"。藏传佛教认为，常持诵六字大明咒，可以消除病苦、刑罚、非时死之恐惧，寿命增加，财富充盈。在藏区，喇嘛之外的普通民众没有能力研习繁琐深奥的佛教教义，所以，边念诵六字真言边朝圣转经，就成为最为简便易行又富有成效的理解佛学思想的方法。在建筑彩画中往往将梵文的六字真言绘制成图案的样式，或单独成形，或与其他卷草纹一起出现在梁枋等位置。

图 4-23 拉卜楞寺下续部学院

10）白象：在印度、斯里兰卡、缅甸和泰国大象被尊为皇室或寺庙的坐骑。白象宝是众多金刚乘神灵的坐骑。大象尤其是中部或东方的蓝色不动金刚部怙主的坐骑。承托着不动金刚宝座的八头大象使中部或东方等同于印度大陆，成为宇宙中心，因为在吠陀神话中，这块大陆就是由八头大象承托的①。在藏式建筑彩画中白象与绿鬃毛雪狮通常雕刻在门楣上方（图 4-23）。

11）狮：万兽之王狮子是古印度军权和护佑的象征。早期佛教选用狮子作为佛陀释迦牟尼的象征，作为其权力的象征，佛陀被画成端坐在由八头狮子承托的宝座上。印度艺术中出现的狮子在藏族艺术文化表现中可以视为神话中的西藏雪狮（图 4-23），长着绿松石色鬃毛的白色雪狮是掌管西藏雪山山脉的厉妖②。

在藏族占卜中，金翅鸟、龙、虎、狮这四只"神授"动物代表着西藏当地的土地神。其中白色雪狮代表位于北方的雪山。如果四方土地神（或称"大地支柱"）所处方向正确、位置适宜的话，表明完美的自然环境适于修建寺院、庙宇和佛塔③。

---

① [英] 罗伯特·比尔著，向红笳译《藏传佛教象征符号与器物图解》. 北京：中国藏学出版社, 2007. P82.

② [英] 罗伯特·比尔著，向红笳译《藏传佛教象征符号与器物图解》. 北京：中国藏学出版社, 2007. P84.

③ [英] 罗伯特·比尔著，向红笳译《藏传佛教象征符号与器物图解》. 北京：中国藏学出版社, 2007. P90.

12）龙纹：中国龙的图像最先出现在旧石器时期的石刻上，其年代可以追溯到大约公元前五世纪，这也是人类最早的表象象征之一。对龙的最早文字描述出现在《易经》中，它象征着天界发出强光的阳性、春天、变化和创造力。作为中国皇帝的帝王标志，天龙或宫龙都画有五爪。皇帝手下的大臣佩带着四爪龙徽相，而官阶较低的官员则佩带三爪龙徽相[1]。龙纹大量出现在寺院建筑装饰的梁枋、雀替、柱子等位置，已经与藏式建筑完全融合，无法再将其剥离，因为龙纹随着丝绸制品进入西藏较早。

中国帝王的龙凤代表着皇帝和皇后，是天（阳）地（阴）的象征。龙纹与凤纹装饰在西藏传播，并广泛用于藏族建筑、金属制品、木制品等装饰中。具有龙纹装饰的丝绸制品流传到西藏的主要途径是中央政府对于西藏地区上层人物的赏赐，对藏族人民的审美产生了较大的影响。尤其是在明清时期具有龙纹装饰的丝织品大量进入西藏，清朝时对达赖、班禅、呼图克图等上层人物的赏赐中就包含有不同花色的龙袍及龙袍料[2]。

双龙常被画成二龙戏珠或相互追逐宝珠掠过天空的情景。夜明珠是与龙并行出现的一个特殊标识，它被画成在烈焰中的红色或白色小球。中国人认为，夜明珠是在海龙王口中生成的，而在印度，人们认为，它们生成于太阳之火。在佛教中，龙是东方和中央白色神大日如来的坐骑，大日如来的龙座可能源自中国皇帝的龙座。作为护宝神，汉藏的龙可能与印度的龙众关系密切[3]。

13）龙众：源自印度的古蛇崇拜。从历史角度来看，龙众是一个古印度部族。佛教中的龙众在很大程度上承继了古代印度的象征主义。龙居住在地下和海中地下世界里，在佛教宇宙学中，它们被派到须弥山的最底层，而其夙敌金翅鸟则被安排在上面一层。龙众通常被画成上半身为人形，腰以下部分是缠绕的龙身（图4-24a）。最常见的龙众呈白色，一头两手，双手合十祈求或供奉珠宝。

---

[1] ［英］罗伯特·比尔著，向红笳译《藏传佛教象征符号与器物图解》.北京：中国藏学出版社，2007. P91.

[2] 奇洁《从〈格萨尔〉史诗看汉藏工艺美术交流》.《西藏艺术研究》，2010（01）. P52.

[3] ［英］罗伯特·比尔著，向红笳译《藏传佛教象征符号与器物图解》.北京：中国藏学出版社，2007. P92.

图 4-24a 金翅鸟与龙众 ①　　　　图 4-24b 感恩寺菩萨殿

14）金翅鸟（图 4-24a）：是印度教和佛教中禽鸟之中的神鸟鸟王。在古印度传说中，金翅鸟一直是蛇或龙众的凤敌。这个介乎于猛禽和蛇类的仇敌十分常见。其形状被确定为鸟人，即：半鹰半人，是有臂有手人形的上半身与鸟头、鸟腿、鸟爪和鸟翼的结合。

在西藏，印度金翅鸟被同化为苯教的"妙翅鸟"，即："万鸟之王"和苯教火鸟。在藏式纹样中，金翅鸟被画成长有人的躯干、臂膀和双手。腰下部的强壮大腿长有羽毛，与长有利爪的、鸵鸟般的小腿相连。金翅鸟背上长满羽毛，其尾翼一直拖到足部。其弯喙宛若鹰喙或隼喙。和其双爪一样，其喙坚硬宛若陨铁。它的双翼和双眼一般是金黄色的。其尖利的双角之间隆起的肉髻里藏有一块龙众宝。这块隐藏的珠宝和月牙、太阳及滴露状饰物一起装饰在冠顶。这可能源自西藏民间传说。在传说中，人们认为金翅鸟喷出的是治疗蛇咬和其他毒物的解毒剂。金翅鸟展开金色双翅双手抓住一条上下翻滚的龙王，并用其尖利的喙咬住它的中段，在其紧握或啃咬中龙众难以逃生。

在宁玛派和苯教的传承中，金翅鸟意义重大。作为至高无上的金色太阳鸟，其头顶上的弯月、太阳和烈焰构成的吉祥冠象征着进入中脉的阴阳两气的合一。其双角代表俗谛和真谛，其双翼代表着方便和智慧的结合。金翅鸟狂暴的形象象征着把毒物变成甘露。长满羽毛的它从卵中"再生"象征着觉识的萌生②。

金翅鸟形象出现在印度佛教庙宇的甬道或佛陀菩提宝座的顶部。在藏式建筑彩画中多出现在梁枋等的枋心位置（图 4-24b）。

---

① ［英］罗伯特·比尔著，向红笳译《藏传佛教象征符号与器物图解》.北京：中国藏学出版社，2007. P93.

② ［英］罗伯特·比尔著，向红笳译《藏传佛教象征符号与器物图解》.北京：中国藏学出版社，2007. P97.

15）饕餮兽面：在中国、印度次大陆和东南亚都可以看到这个古代象征物（图4-25a）。在尼泊尔工匠的作品中，饕餮像极为普遍，它被称作"切普"①，其威慑一切邪恶之敌和龙众的能力与金翅鸟不相上下。一般称作"鬼脸"或"无名之物"。在中国被称作"饕餮"，是一种令人生畏之物。饕餮的变体包括狮头、金翅鸟头、罗睺头（吞噬时间的头）、海螺头和摩羯头（吞噬时间的摩羯）②。

图4-25a 饕餮脸③　　　　图4-25b 拉卜楞寺下续部学院

在藏族艺术中，饕餮作为一种纹饰经常被画成长有一张无下颌的凶恶的脸，头上长角。它的一双手紧握插在口中的金色的饰杖。通常其上颌挂有一颗珠宝、一组珠宝或珠宝帘帐。整个饕餮脸的帘帐构成了一张珠宝网，常常画在庙宇围墙的大梁上，也出现在铠甲、头盔、盾牌和武器上。装饰庙宇大柱的柱面幡④常用拱形饕餮脸作为饰物（图4-25b）。从建筑学的角度来看，它们在门楣、拱道和楣柱上构成了一个相同的主题，也常作门把或门环出现在寺庙大门上，并且门把或门环上常挂有白色哈达形成的垂花饰。

16）金刚杵（图4-26）：是金刚乘坚不可摧的典型象征。藏文称"多吉"是"石王"之意，表明它和金刚石一样具有坚不可摧的硬度和璀璨之光。从根本上来讲，佛教的金刚杵象征着绝对现实的难以捉摸、不会毁

---

① 切普，尼泊尔人对金翅鸟之长兄阿卢那的称谓。[英]罗伯特·比尔著，向红笳译《藏传佛教象征符号与器物图解》. 北京：中国藏学出版社，2007. P99.

② [英]罗伯特·比尔著，向红笳译《藏传佛教象征符号与器物图解》. 北京：中国藏学出版社，2007. P99.

③ [英]罗伯特·比尔著，向红笳译《藏传佛教象征符号与器物图解》. 北京：中国藏学出版社，2007. P99.

④ 柱面幡，用棉麻或丝织缝成、悬挂柱面的装饰品。

灭、不可撼动、不可改变、无形和坚固的状态，即：佛性的圆满[①]。是藏传佛教主要的礼仪和密宗器具。有三股、五股、九股等几种不同的形式和画法，分别象征不同的意义。

十字金刚杵是由四个带有莲花座的金刚杵组成（图4-27），四个金刚杵的杵头从中心点向四大方位散射，象征着绝对的定力。十字金刚杵的中心点通常呈深蓝色，四大方位的金刚杵头的颜色分别为：白色（东）；黄色（南）；红色（西）；绿色（北）[②]。在这四种颜色中白色象征病难、烦恼和一切波折都静止。黄色象征繁荣昌盛。红色象征男女众生丰衣足食。绿色象征阻止一切痛苦和危难[③]。

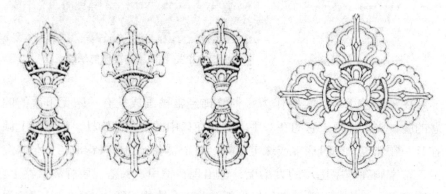

图4-26 三股或五股金刚杵[④]　　　　　**图4-27 三股十字金刚杵**[⑤]

这两种金刚杵在建筑彩画中大都出现在枋、椽等较窄木构上。是唯一出现在建筑彩画中的佛教武器。

17）万字符（图4-28）：在世界的每一个已知文化中都可以发现卐字符的形成过程。印度用它作为象征符号，可以追溯到印度河地区莫亨朱达

[①]［英］罗伯特·比尔著，向红笳译《藏传佛教象征符号与器物图解》. 北京：中国藏学出版社，2007. P108.
[②]［英］罗伯特·比尔著，向红笳译《藏传佛教象征符号与器物图解》. 北京：中国藏学出版社，2007. P115.
[③]徐宗威《西藏传统建筑导则》. 北京：中国建筑工业出版社，2004. P448.
[④]［英］罗伯特·比尔著，向红笳译《藏传佛教象征符号与器物图解》. 北京：中国藏学出版社，2007. P110.
[⑤]［英］罗伯特·比尔著，向红笳译《藏传佛教象征符号与器物图解》. 北京：中国藏学出版社，2007. P115.
[⑥]徐宗威《西藏传统建筑导则》. 北京：中国建筑工业出版社，2004. P117.

罗哈拉帕古城（死亡之城）发掘出的人工制品上。卐字符最初被认为是吠陀神湿奴的太阳象征物火轮或是毗湿奴独特的发旋或胸前徽相。在印度艺术中，佛陀是毗湿奴十大化身中的第九大化身，他的胸前常画有卐字符。在古代中国汉地，万字纹早在原始社会的辽宁小河沿文化的陶器，甘肃、青海乐都彩陶和内地青铜器上已有所见①。卐字符在道教中是永生的象征，"万"字代表世间万事。

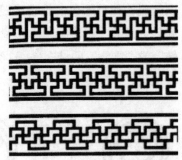
图 4-28 万字符连续纹样③

普遍接受的观点认为它最初是太阳的象征，源于太阳在四方和四季的运行。在西藏日土县原始岩画上就已出现了万字形，万字纹在藏传佛教寺院和民俗装饰中几乎是无处不在。西藏苯教中称作"雍仲"的"卍"字符号，是藏族原始自然崇拜中对火崇拜衍化而来，是火焰的抽象化，代表"永生或不变"，本质上与佛教的金刚相符。与印度金刚杵的象征物使金刚乘佛教之"金刚之道"兴起一样，雍仲卍字符也象征着雍仲苯教的兴起。与印度教、佛教和耆那教顺时针旋转不同，苯教的卍字符是逆时针旋转的。出于这个原因，苯教修持者要在圣殿和圣地逆时针方向进行转经。在印度象征主义中，顺时针旋转的卐字符被视为神的阳性，而逆时针旋转的卍字符表明神的阴性②。

18）喜旋（图4-29）：喜旋通常画在法轮的中心点上，其形状被画得与汉地道教的阴阳太极图相似，但其旋转的中心点通常由三个或四个部分组成。三个旋代表佛、法、僧"三宝"和战胜痴、贪、嗔"三毒"的胜利或殊胜"三界"。四个旋，其颜色通常与四大方位及四大要素相符，象征着以"四圣谛"为依据的佛陀教法及四大方位。喜旋是转轮王的"三睛宝石"或如意宝。在无上瑜伽密法的内瑜伽修法中，代表"四喜"③。也有学者解释为三种颜色的旋表示三士：上士、中士、下士，表示经过修行而得

---

① 刘岳《万字形纹饰初探》.《艺术学论文辑刊》1，清华大学美术学院艺术史论系编，2001.

② ［英］罗伯特·比尔著，向红笳译《藏传佛教象征符号与器物图解》.北京：中国藏学出版社，2007. P117.

③ ［英］罗伯特·比尔著，向红笳译《藏传佛教象征符号与器物图解》.北京：中国藏学出版社，2007. P279.

到解脱；四种颜色的旋表示四喜：喜、胜喜、殊胜喜、具胜喜，表示吉祥安乐的意思①。喜旋纹样在藏语中的意思是各种快乐、喜悦和愉悦与"旋转"或"围绕"的结合②。这类喜旋纹样经常出现在柱头、梁头、法轮中心等位置。

图 4-29 正逆时针旋转的喜旋③　　　　图 4-30 太极图④

同时，在一些藏式传统建筑的柱头上直接装饰有汉式太极图纹样（图4-30），但是这种两种颜色的太极图在藏文化中表示智慧和方式，与道教代表阴阳二元的图像含义有所不同。虽然其纹样形式与太极图相似，但是在宗教图像的意义上来讲，它已经具有了自己独特的含义，因此应该将其区别看待。

19）珠宝：在藏族艺术中，有关宝石的绘画作品十分丰富，它们作为供品、饰品和器物出现（图4-31）。在古代印度传说中，九珠宝被视为九曜：①珍珠（月曜星）；②红宝石（日曜星）；③黄玉或金黄宝石（木曜星）；④钻石（金曜星）；⑤祖母绿（水曜星）；⑥红珊瑚（火曜星）；⑦蓝宝石（土曜星）；⑧石榴石（罗睺星）；⑨猫睛石（计都星）。藏族传说中有五宝或七宝。作为供品，珠宝通常画成圆形或梨形，颜色从顶部到底部渐深，一般带有清晰的顶尖，顶尖上有几条金色的环线，表示珠宝在闪烁发光。也可根据彩色线条进行排列，形成金字塔状。作为手持器物可以画成梨状和带有喷焰顶的宝石状⑤。

---

① 徐宗威《西藏传统建筑导则》.北京：中国建筑工业出版社，2004. P448.
② ［英］罗伯特·比尔著，向红笳译《藏传佛教象征符号与器物图解》.北京：中国藏学出版社，2007. P279.
③ ［英］罗伯特·比尔著，向红笳译《藏传佛教象征符号与器物图解》.北京：中国藏学出版社，2007. P279.
④ 徐宗威《西藏传统建筑导则》.北京：中国建筑工业出版社，2004. P448.
⑤ ［英］罗伯特·比尔著，向红笳译《藏传佛教象征符号与器物图解》.北京：中国藏学出版社，2007. P246—247.

图 4-31 拉卜楞寺

如意宝可以画成红、橘红、绿和蓝的梨形珠宝，常常置于莲花托上，四周环围着冠状火焰或炽热的光。如意宝也可画成八面珠宝的形状，有三个被拉长的棒形茎状物，一根丝带或一个金箍将其锥形腰部捆住，上面有三块一组的珠宝，圆形底座常常插在一个月亮圆盘和莲花上[①]，与三宝的形式有所相似。

20）八贡品（图 4-32a）：如图中所绘，为法轮、宝伞、乐器、宝瓶、经书、宝扇、如意等物作为单独纹样，经常以缠绕的丝带做装饰，与汉地的"暗八仙"纹样形式类似，用吉祥物释义不同的佛法含义。该纹样在藏传佛教里的图像学含义暂时没有找到相关文献依据，在妙因寺枋心框内出现类似纹样（图 4-32b）。

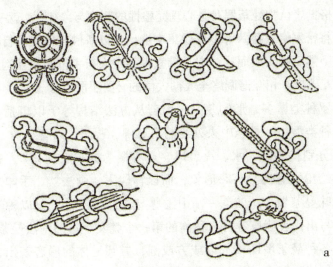

图 4-32a 八贡品[②]

[①] ［英］罗伯特·比尔著，向红笳译《藏传佛教象征符号与器物图解》.北京：中国藏学出版社，2007. P249.

[②] 该纹样目前在相关文献中没有找到对其含义的解释，只在马吉祥，阿罗·仁青杰博《中国藏传佛教白描图集》.北京：北京工艺美术出版社，1996. P339 里出现白描图。

 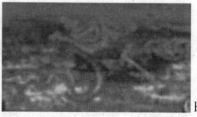

图 4-32b 妙因寺大门

21）曼荼罗：是藏族装饰艺术中体系完备、形制繁多、构图复杂、寓意深刻的图纹之一（图 4-33a）。曼荼罗（Mandafa）为梵语音译，在印度梵语中，曼荼罗的本意有圆轮的含义，主要指如太阳月亮之类的圆形物体，密宗中它主要是指一种象征性的场所，藏语称曼荼罗为几阔尔，意为中央或基础性的圆圈，有时也意译为坛场或坛城。印度宗教早在佛教产生之前的吠陀时代（前 1500 年—前 7 世纪），就在使用这种图像[①]。8 世纪随佛教密宗传入西藏，遂即得到继承和发展。藏传佛教的曼荼罗，其构图繁华典雅，其内容博大精深，是西藏佛教大师独特心理体验和创造性想象的产物。荣格据之认为曼荼罗乃是心理完整性的原型与象征[②]。就一般而言，曼荼罗是将密宗佛、菩萨等本尊像集中造出，以备佛教信徒修行时供奉或观想之物。然而就实质而言，它是佛教世界中人与宇宙间相互沟通、相互对话、相互感应、相互谐调终至大彻大悟的必要手段或方式。

曼荼罗种类繁多，形制复杂，但若从方法结构等予以概括，它主要表现为三种类型：一是于中央处绘制本尊佛、菩萨，以青、黄、赤、白、黑等五色分别代表地、水、火、风、空等概念的"大曼荼罗"；二是图中不直接绘出主尊佛、菩萨形象，而以物代人，画法器、手印来象征主尊的"三昧曼荼罗"；三是一幅中主尊与法器皆不绘，只以种子指代诸尊，即只写出代表诸尊各自名称前的第一个梵文字母的"法曼荼罗"。无论怎样，各种曼荼罗图纹都以或方或圆，方圆一体的形态表出，给人以层次分明，构置严密，物象繁复，寓意丰富的印象[③]。对于一般人来说，

---

① 孙林《唐卡绘画中的曼陀罗图式与西藏宗教造像学象征的渊源》.《西藏大学学报》，2007（03）.P97.
② ［德］埃利希·诺伊曼著，李以洪译《大母神：原型分析》.北京：东方出版社，1998.总序.
③ 纵瑞彬《藏族装饰纹样的历史文化考察》.《西藏艺术研究》，2000（01）.P54.

曼荼罗既是礼拜和敬仰的对象，也是神灵汇集的地方，需要小心地供奉。对于佛教密宗修行者而言，曼荼罗就是进行灌顶和现观的对象和必要方法[1]。在河湟地区的建筑中曼荼罗多出现在殿内天顶，并且种类丰富（图4-33b）。

图 4-33a 喜金刚曼荼罗[2]　　　　　　图 4-33b 妙因寺大经堂

22）单纯装饰性纹样：在藏式建筑彩画中，除了以上这些与藏传佛教相关的图案之外，还有很多纯粹装饰性的图案，例如各种二方连续纹样、几何纹、锦纹、丁字纹[3]、忍冬草、三叶草等卷草纹，祥云纹等，或者单纯连续装饰细条形枋，或者与其他主要图案一起作为边角装饰。这些纹样的变化更为丰富、自由，可繁可简，可雕绘结合，也可单纯彩绘，起到纯粹的装饰作用，用来烘托主体纹样。而这些纹样已经难以界定其文化属性，是藏汉民族都喜爱和经常采用的纹样。

以上 22 类纹样并不是藏式纹样的全部，而只是选择了在河湟地区的建筑彩画中经常出现的典型纹样，它们具有各自的宗教来源与含义。有些来源于佛教的发源地印度古文化，有些来源于汉地的传统，有些是当地苯教的特点。在历史发展中，这些纹样不是突然全部出现，而是随着宗教

---

[1] 孙林《唐卡绘画中的曼陀罗图式与西藏宗教造像学象征的渊源》.《西藏大学学报》，2007（03）. P98.

[2] 昂巴《藏传佛教密宗与曼荼罗艺术》.北京：人民出版社，2011. P164.

[3] 也叫长城纹，藏语叫"加日拉曲"。阿旺格桑《藏族装饰图案艺术》.拉萨：西藏人民出版社，江西美术出版社，1999. P135.

的传播、文化的交流而逐渐形成，但是最终又区别于它们来源的最初样式，进行变化而完善成了比较稳定鲜明的藏式装饰纹样特点。这些纹样具体在建筑彩画中根据建筑的性质功用而选择出现，以各种变化的形式进行装饰。

藏式建筑彩画具有历史发展的时期变化，在后弘期（10—15世纪）的建筑装饰特点：①每一种装饰题材的形式都十分多样，没有格鲁派寺院中那样的规格化；②建筑装饰中汉族建筑的影响越来越明显，但汉式大屋顶完全用汉式作法，与传统西藏建筑的结合也基本上是简单的叠加。例如，夏鲁寺的绿琉璃顶，为汉族工匠所造，从藏式建筑的墙身上加垫板，上面是斗栱、梁、椽、屋面，与汉地的完全一样；③建筑装饰较为古朴，多为各种动植物纹饰和抽象的几何图案。

格鲁派（15世纪）之后，寺院的建筑装饰形成了典型而鲜明的西藏特色：①一些装饰手法和题材进一步典型化和定型化；②各种装饰手法和题材融会贯通，形成十分丰富多彩的建筑形象；③建筑装饰技术日益精湛，装饰图纹日益细致繁复；④各民族间的文化交流，主要是汉藏文化交流，在建筑装饰中的反映更为直接，采用其他民族的装饰手法和题材也更多[①]。

藏式建筑纹样形成稳定形式之后，就不仅仅局限在藏区的建筑中，而是随着藏传佛教的广泛传播，也影响到全国很多地域的建筑彩画及工艺品装饰。它们在拉卜楞寺的建筑彩画中得到比较典型和集中的体现，因此在对比过程中确定了拉卜楞寺下续部学院等建筑作为河湟地区建筑彩画中典型藏式彩画的代表。而在所考察的河湟地区其他建筑中也出现了这类建筑纹样，它们在不同的单体建筑中又与汉式彩画纹样相互结合，甚至有些出现了很大的变化，进行了融合，难分彼此，形成了地方彩画的样式。

4.3 施色与方法

在藏式建筑彩画中可以看到它们的色彩与其纹样一样，具有区别于汉式色调的鲜明特点。木构彩画上多采用以红色为主的暖色调，青绿色只起

[①] 于水山《西藏建筑及装饰的发展概说》．《建筑学报》，1998（06）．PP51—52．

点缀作用,并且大量用金,在较暗的围帘内这种暖色调显得明亮而温暖。而这种建筑彩画的色彩特点,是由藏民族的色彩审美观所决定的,这与其生存的地域有着密切的联系,也是其民族文化的一个侧面体现。在绘制手法方面,多采用雕绘结合的手法,并且雕刻的作用较大,无论大的棱柱、弓托木上的纹样,还是小的莲瓣、叠函、卷草纹样,均采用先雕再绘的手法。显得层叠繁密,工艺精细,装饰性很强,壮美之中不失细节,非常吸引人的注意力。虽然没有专门的文献来记录和规定这种装饰彩画的制度,但是在整个藏式建筑中保持相当高的同一性,形成较为统一的审美规范,也就是所谓的风格形成——贡布里希对"风格"的定义很好地概括了这种同一性:

"如果一个民族的全部创造物都服从于一个法则,我们就把这一法则叫做一种'风格'。"[①]

4.3.1 色彩的选择

藏式彩画与汉式明代檐下彩画区别最大的就是其色调的差异,汉式明代大屋檐下由青绿色彩形成的冷色调,是这个生存于高海拔寒冷气候的民族所不能接受的,他们更倾向于红黄等暖色调的选择。同时因为其宗教的独特性与普及性,使得他们对色彩有了自己的选择,并且形成了一定的规则。例如布达拉宫的彩画用朱红、深红、金黄、桔黄等为地色,衬托青绿纹样[②],在拉卜楞寺下续部学院、弥勒佛殿的前廊和殿内也是采用了以红色为主的暖色调。

(1) 地域色彩

藏民族长期生存在人口密度较低的高海拔地区,"一般而言,高密度地区的居民喜爱淡雅色彩,低密度地区的居民喜爱鲜艳颜色。"[③]青藏高原阳光强烈,空气稀薄,白云、蓝天、雪山无不显现出纯净的色彩。而严酷的自然环境和物质的匮乏,使得该地域的人民崇尚、敬畏自然,重视对自

---

① [英]E.H贡布里希著,范景中译《艺术的故事》.北京:生活·读书·新知三联书店,1999. PP64—68.
② 赵擎寰、郭玉兰《中国古代建筑艺术》.北京:北京科学技术出版社,1995. P105.
③ [日]滝本孝雄、藤沢英昭著,成同社译《色彩心理学》.北京:科学技术文献出版社,1989. P83.

然色彩的模仿，追求更为丰富多彩的精神世界，于是形成了与其他民族迥异的色彩感和审美情趣。藏族建筑彩画艺术中独特的风格离不开热烈绚丽的色彩，在运用色彩中多以饱和纯粹的单色来进行浓烈的对比，很少使用过渡性色彩，创造出热烈的视觉气氛。

这种藏族热烈的色彩观在青藏高原的边缘地带的河湟地区也同样适用，因此该地区也有着相类似的色彩选择。当信徒们跋山涉水，经历了寒冷的外界环境，进入寺院朝拜，寻求心灵的慰藉时，寺院殿堂温暖热烈庄严的色彩通过视觉对人的心理影响是尤为重要的。就如在访问天祝藏族自治县主持重修天堂寺的主管喇嘛时，他说："你们汉人喜欢那种清冷的色调，我们不喜欢，那种太冷了。"所以说这种对色彩冷暖的选择首先是以地域环境为前提基础，应符合人们的审美心理需要，同时在发展中融合其他文化因素而形成。河湟地区处于青藏高原与黄土高原的过渡地带，所以其建筑装饰色彩也体现出一定的过渡性。

（2）宗教色彩

宗教对藏族社会的影响是方方面面的，其中也包括了他们的色彩审美观念。藏族的色彩观念中，除了与环境和民族性格有关外，更与苯教和藏传佛教紧密相关。藏族的传统观念强调事物的统一性，希望保持物质的自然色彩，混淆不同性质的东西被认为是不祥的。在苯教和佛教的发展融合过程中，对自然界相对应的色彩又赋予了一系列的文化含义，逐渐在藏传佛教发展成熟并广泛传播的时候，形成一定的规范。各种颜色都有其不同的含义，所以在运用色彩中，颜色之间也很少混合，喜欢单一色彩的主导性和统一性，大面积的主色很少使用调和之后的柔和色彩，多施以对比强烈、饱和度很高的天然颜料，由此形成了色彩强烈的建筑风格特征。

在苯教观念里，世界由卵而生，首先是一位诞生于白卵中的善父和一位诞生于黑卵中的恶父从两个方向创造出来的，前者是存在之主，后者为毁灭之王。白色代表善良和正义，黑色则代表了邪恶和不详。黑白这两种二元对立的相生相克的色彩就成为创世之初最早的无彩系的色彩组合。并从这两种颜色中，生出地、水、火、风和空这"五大"出来。在藏民族民俗生活中，逐渐对五大因素形成相对应的色彩象征表现。五色指蓝、白、黄、红、绿色，与自然相对应的这五种颜色中白色代表白云，黄色象征大地，红色是护法神的代表，绿色表示江河湖泊，蓝色为蓝天。藏族方形的风马旗，便是这五色染成。但是他们除了与自然界对应之外，后来在藏族宗教文化中更是有着其各自的象征意义。

随着藏传佛教的传播，大乘密宗色彩的理解和解释上的象征意义，与苯教影响下的"五大"所对应的五色文化相结合，在形式上契合了苯教中的五色，使得这五种颜色在密教中都有其丰富的意义，被藏民族接受，并被广泛运用。这五色在藏传佛教中与五佛部相对应，也与一定的方位相对应。同时，藏传佛教密宗视为一切佛教经典根源的六字真言是藏人主要的修持，"大家在读每一真言时，都将其思想转向相应的各界众生，大家会亲见感现观出自由真言所描述的形状之闪闪发亮的光芒以救援这些众生。"① 每一真言相对的光芒之色，将辐照于六界众生。表 4.2 是对这几种关系对应的概括，在不同的藏传佛教经文与现代学者的解读中，又有着不同的变化。藏传佛教因其教派的众多和传承的多样化，其相应的色彩对应关系也有着相应的变化。

表 4.2 色彩对应关系表②

苯教五大	五佛	五方	五色（六色）	六字真言	六众生
水	大日如来佛	中央	白色	唵	天神界
风	不空佛	北方	绿色	嘛	阿修罗界
地	宝生佛	南方	黄色（金）	呢	人界
空	阿閦佛	东方	蓝色（青）	叭	牲畜界
火	阿弥陀佛	西方	红色	咪	饿鬼界
			黑色	吽	地狱界

藏传佛教更加强化和丰富了色彩的象征含义，同时加以规范，使藏族色彩的审美形成了基本的范式，与佛学典籍相一致。而这些规范都属于藏传五明中的工巧明，在绘画理论中将白、黄、红、蓝、绿和黑色归入根本

---

① [英]约翰·布洛菲尔德著，耿晟译《西藏佛教密宗》. 拉萨：西藏人民出版社，2001. P174.

② 该表中五大与五色的对应参考于水山《西藏建筑的色彩世界》.《美术观察》，1996（11）. P56. 五佛、五方与五色的对应参考自杨健吾《藏传佛教的色彩观念和习俗》.《西藏艺术研究》，2004（03）. P61. 六真言与六色、六大众生的对应参考[英]约翰·布洛菲尔德著，耿晟译《西藏佛教密宗》. 拉萨：西藏人民出版社，2001. P174.

显色①，以书面的形式规定下来，予以遵守，并且运用到藏族宗教、生活的各个方面。宏观的包括建筑外观色彩，佛教造像、着装施色，曼荼罗坛城用色等等；微观的包括造像装饰、生活中的细节。例如在神灵的服饰上绘有彩色丝绸和白、蓝、黄、红和绿色丝带，用以说明这五种颜色与五佛的关系。白色丝绸用于安抚或抚慰仪式；黄色丝绸用于增长或招财仪式；红色丝绸用于召神或降伏仪式；蓝色丝绸用于强力或恐怖的活动中，而绿色丝绸可以用于一切目的或一般的活动。五色丝绸常被画成礼器上的飘带。黑丝绸仅在最恐怖的仪式或降神仪式中使用②。寺院沿着檐椽最外侧围成一圈的门楣帘，也是由红、白、黄、蓝、绿等颜色组成的带有褶皱的帘子。

藏传佛教在发展过程中形成了宁玛派、噶举派、萨迦派、格鲁派等众多教派，每个教派对色彩的运用都有特定的偏好，如宁玛派僧人头戴红色僧帽，俗称"红教"，噶举派因在僧裙上加入白色条纹而俗称"白教"，萨迦派的寺庙墙上刷红、白、蓝三色，以象征文殊、观音、金刚手，因而俗称"花教"，格鲁派创始人宗喀巴大师为表达锐意改革、重振戒律的心愿，将红帽改为黄帽，该教派因此被称为"黄教"。

1）白色：苯教尚白，将善业称作"白业"，恶业则称之为"黑业"。佛教吸收了苯教的这一因素，将佛法也称作"白法"。后来白色被视为观音菩萨的化身，是正义神灵的象征。建筑外墙多采用白色，尤其是大量的民居和僧舍外墙。

2）黄色：是黄金的颜色，象征着高贵和地位，是极其崇高而神圣的色相。黄色主要是因格鲁派的壮大而备受推崇。黄色的应用在全藏区较少，主要用于金顶、宗教器物镏金装饰和寺院等重要建筑外墙。它代表着佛教所追求的最高境界，是宗教界权力和地位的象征。

黄金在佛教里是日和火的象征，在印度教来说，这种最贵重的金属由于代表着诸神中的太阳神苏利耶而具有神圣的地位，由此人们认为，在黄金中加入其他合金元素致使其成为黄金合金是一种亵渎神灵的行径，这样一来黄金发出的天然金光就会黯淡，故而在美术创作中，无论是雕塑还是

---

① 杨化群《藏传因明学》. 拉萨：西藏人民出版社，1990. PP94—96.
② ［英］罗伯特·比尔著，向红茄译《藏传佛教象征符号与器物图解》. 北京：中国藏学出版社，2007. P220.

绘画，使用的黄金通常是 24 克拉的纯金①。正因为这种虔诚的宗教信仰，在藏族建筑装饰中用金量非常大。

3）红色：建筑装饰中红色的出现，与苯教密切相关，并且红色的用法较为严格。藏族史料中记载苯教时期盛行杀生祭神，进行"血祭"的仪式，后来就用牲畜血涂饰供养赞神府的外墙。而藏传佛教中将红色主要用于护法神殿、灵塔殿和个别重要殿堂②，如拉卜楞寺的武备护法神殿。

红色颜料主要使用朱砂。朱砂和铅丹自古就一直被当作矿物原料使用。在印度，朱砂粉是橘黄色或红色粉末，用来装饰圣像，也用于其他各种宗教目的和仪式。西藏草药确认了铅丹的三种形式：①取自石料的粗铅丹；②取自土壤的软铅丹；③从木头中提取的铅丹③。

4）蓝色：蓝色在藏族民居中并不多见，有的室内天花板或露明的椽子涂成很亮的蓝色。另外，只在萨迦派的宗教建筑和民居用大片的蓝色涂墙。在以红色为柱身的柱头上，在门窗挑檐的短椽上，在墙面窄且长的饰带中，蓝色都有着卓越的运用。绿松石是海蓝和天蓝的象征，群青色来自于天青石。

5）绿色：密教思想中，绿色代表成就④。绿色起着和蓝色相似的作用，它使建筑和壁画中的红色鲜活起来。

6）黑色：黑色在藏传佛教中有双重含义，一方面代表邪恶、非正义的事物；另一方面表示具有能够战胜一切妖魔、邪道的巨大威力。藏族建筑不分等级普遍用黑色在门窗周围涂饰成梯形边框，形成了西藏建筑外观最具特征的元素。因为门窗是建筑与外界连通的路径，也可能是邪魔妖道入侵的通道，其边框用黑色，意味着有保护神守卫，可以辟邪驱魔，求平安的意图。

以上这些含义丰富的大色彩观念主要体现在寺院建筑外部大面积的墙体与屋顶装饰中，或者严格体现在宗教含义明确的壁画装饰中。而在建筑

---

① ［印度］尼丁·库马尔著，王璞译，王郁梅校《大乘密教美术的色彩象征》.《民族艺术研究》，2003（02）.P35.
② 徐宗威《西藏传统建筑导则》.北京：中国建筑工业出版社，2004.P479.
③ ［英］罗伯特·比尔著，向红笳译《藏传佛教象征符号与器物图解》.北京：中国藏学出版社，2007.P38.
④ ［印度］尼丁·库马尔著，王璞译，王郁梅校《大乘密教美术的色彩象征》.《民族艺术研究》，2003（02）.P34.

彩画部分，也许是其宗教含义的体现不甚凸现，所以对这种色彩的含义划分没有那么截然，而是有所倾向的综合采用。

在拉卜楞寺的装饰色彩中就可以看到，因为纹样的细致繁密，所以施色也相应地繁密，但是用色并不繁乱，主要用色是五色。整体以红色为基调，没有出现黑色，暗色调为深青色。青和绿色在莲瓣枋串色，但是整体没有形成串色制度，因为在大梁枋上下的升降云头处为红绿升降施色。几乎所有的纹样都有施金，大到龙纹和连接枋心的法轮卷草纹，小到莲瓣边缘、垂铃纹样等，都是以金色勾勒。并且在后来的建筑彩画施色中随着财力物力的提高，用金量也越来越大，使得色彩氛围愈显浓烈与高贵。同时所使用的色彩也逐渐多样，除了最初的五色之外，其他间色如橘红色、紫色、赭色等色彩也丰富进来，而作为地狱之色的黑色是很难进入寺院建筑彩画中的。

由此可见，藏式建筑彩画的施色制度是宏观规范，微观自由的，与汉式彩画从明至清严格的施色制度有所不同。以宗教特点和审美心理为原则的色彩观念之下，匠作之人的主观能动性是可以得到自由发挥的，所以在寺院内部或者专业的匠人队伍中，匠作之事也是大有可为的。

4.3.2 施色方法

在绘制手法中，相较于汉式以绘为主的手法，藏式彩画中是以雕为基础的，大部分纹样都采用先雕后绘的手法，浮雕和镂雕相结合，在一些平面为主的木构上也会采用沥粉贴金的手法，与雕刻的凹凸效果相协调，表现出隆重华丽，精雕细刻的工艺特点。在不同的木构上，将以上列举的基本纹样重复交替排列，整体形成了细致繁复密匝的氛围。与建筑外部的单一色调形成对比，更与建筑所存在的自然环境的单调形成反差，使得进入建筑的民众对这些建筑彩画体现的高超技艺发出感叹，当然，要完成这种工艺复杂的工作，除了技术本身之外，作为信徒的匠人自身虔诚的宗教感情更是不可缺少。

4.4 小结

藏式建筑装饰的纹样类别繁多，以上只是列举了部分在河湟地区建筑中出现的纹样，而并非藏式纹样的全部。通过以上对藏式整体纹饰结构、典型纹样、色彩的对比分析可以看到，拉卜楞寺下续部学院建筑上保存着典型藏式的建筑彩画，弥勒佛殿前廊和殿内也保存着类似的建筑彩画，以这些建筑彩画作为该地区藏式彩画的典型代表。但这并不是说拉卜楞寺的建筑彩画对该地区的其他建筑直接有了影响，而是说类似于拉卜楞寺的这种藏式纹样在该地区有着深远的影响，而这类建筑彩画在河湟地区的集中表现就在拉卜楞寺。

依据上文所列纹样，联系实地考察中的彩画面貌，这些藏式纹样在河湟地区的藏传佛教寺院及相关建筑中有着或多或少的影响，并且历时长远。在后文的建筑彩画对比分析中，具体来看藏式建筑彩画在各类建筑中不同程度的体现及其变化特点。

5. 河湟地区建筑彩画风格解析三：藏汉融合式

在河湟地区的建筑考察中，可以发现在不同时期、不同性质的建筑中，以瞿昙寺为代表的汉式建筑彩画，和以拉卜楞寺下续部学院为代表的藏式建筑彩画，对河湟地区的建筑都有着不同程度的影响。整体来看，藏汉两种纹样在河湟地区建筑中体现着从开始的并置、简单叠加，到逐渐相互认可学习采用，到基本完全融合，难分彼此的过程，虽然这一过程并不是单线式的递进变化，但是在各建筑彩画的细节处仍然能够找到其中的一些脉络。

本章从不同时期建筑的各个木构件的彩画及纹样变化来分析藏汉两种彩画相互影响变化的痕迹，基本按照建筑从上到下的顺序进行展开。大部分建筑的外部建筑形制都为汉式形制，因此按照汉式建筑的木构名称来分析其彩画的变化。在考察时已不存在彩画的木构不再提及，仅按照现存纹样进行对比分析。

5.1 飞檐、椽头纹样

飞檐和椽头纹样因其在建筑中位置的外凸，明代的椽头彩画已不见。目前所见基本都是清代及以后补修，色彩和纹样也有残缺。现仅以能够见到的纹样做以分析。

5.1.1 涡旋形与花卉形

瞿昙寺的瞿昙殿是1782年建绘。东侧外檐彩画较为清晰，飞檐无色彩。椽头绘白地粗黑线花纹，共有两种纹样，一种是单旋纹，旋的中心在靠上三分之一的位置，产生一种不稳定感。另一种是五瓣花纹，似牡丹花瓣。两种纹样或相邻，或相间隔，似乎没有特别严格规定（图5-1）。

瞿昙殿后下檐椽子比东侧檐的图案增加了一种更为繁密的花纹（图5-2），仍是白地黑色勾勒，为双层，中心为六瓣，外层为十二瓣，花瓣内有一长点为装饰。这种花纹多出现在外檐起翘处，其他两种纹样多用于中部。

图5-1 瞿昙殿东外檐　　　　　　　　图5-2 瞿昙殿后外檐

妙因寺科拉殿飞檐椽无彩绘，椽头绘六瓣菊花，白色为心，青、绿色叠晕染（图5-3）。科拉廊较粗糙，飞檐、椽体施青色，椽头绘六瓣菊花（图5-4）。

万岁殿（1684年）上层飞檐椽施青色，椽子为圆形，椽头施五瓣菊花纹，青、绿展色相间。下层飞檐椽施绿色，椽为方形，椽头为八瓣菊花纹（图5-5）。

塔尔殿与古隆官殿（1860年）的椽头相同，飞檐椽原施绿色，有些地方已经没有色彩了。椽体原施青色，椽头绘涡卷纹，圆心靠上，黑、白色相依勾线，填青、绿二色相间隔，有一种旋转不确定感（图5-6）。

多吉羌殿飞檐椽已看不清色彩和纹样，方形椽子通体施青色，椽头为六瓣菊花纹，相邻的两个椽头施不同的颜色，青色和白色相隔（图5-7）。

图5-3 妙因寺科拉殿　　　　　　　　图5-4 妙因寺科拉廊

图5-5 妙因寺万岁殿上檐

图 5-6 妙因寺塔尔殿　　　　　图 5-7 妙因寺多吉羌殿

拉卜楞寺嘉木样寝宫内的小金瓦殿（1907年）鎏金瓦下的圆椽头上彩画大多已不存，只在西侧转角处看到一点留存（图5-8）。椽头绘孔雀翎毛纹样，内层青色叠晕，外层绿色叠晕，中间衔接处为红色，白线齐边。

家属居住处（1743年）飞檐前有布帘遮挡。飞檐体施绿色，在望板处有彩色条横拦。望板侧面绘有上下相对的三角形图案。方形椽头上绘有四瓣栀花，中间为圆形花心，花瓣与花心分别施青、红、绿色叠晕，在相邻椽头之间交替（图5-9）。会客厅飞檐不得见，椽头绘孔雀翎毛纹样，也施青、红、绿色叠晕（图5-10）。

图 5-8 拉卜楞寺小金瓦殿　　　图 5-9 拉卜楞寺嘉木样家属居住处

图 5-10 拉卜楞寺嘉木样会客厅

5.1.2 几何形

雷坛正殿外飞檐色彩不存。方形椽头，相邻椽头间青绿色相间勾边缘，内齐白线，中间绘青白色的日月纹样，以两条曲线较为随意自由地组合（图5-11）。

感恩寺垂花门为1858年所绘原构彩画。飞檐上为黑白色对角线交叉，分割出四

图 5-11 雷坛正殿外檐

图 5-12 感恩寺垂花门

图 5-13 鲁土司衙门大堂

个小三角形,椽头上分割出四个小方形,皆为青绿相对施色(图5-12)。

鲁土司衙门大堂飞檐无彩画,方形檐椽头彩画为对角线青绿旋转纹样(图5-13)。

5.1.3 近代维修

塔尔寺弥勒佛殿外上檐的飞檐施橘红色,挡板施绿色,椽头通体施群青色,皆无花纹,与释迦佛殿的上下檐的飞檐椽相似。外上檐飞檐施橘红色,挡板为白地、书青色寿字纹样。檐椽通体施青色,无花纹(图5-14)。从色彩和手法来看,皆应为近年重新施色。

塔尔寺释迦佛殿始建于1604年,在前人20世纪80年代的考察资料中还可以看到下檐椽头彩画为六瓣花纹(图5-15),现今被通体施蓝色的做法完全覆盖了当初的纹样,类似的情况在妙因寺补建新绘的彩画中也见到。

图5-14 塔尔寺释迦佛殿外上檐

图5-15 释迦佛殿下檐80年代资料[①]

5.1.4 藏汉融合式特点

综合以上几类建筑仅存的飞檐、椽头彩画可以看到,也许是建筑形制相似的缘故,这部分没有特别突出藏式或汉式的文化特点,更多地采用了相似的纹样。椽体多施以绿或青色,在方形或圆形椽头处采用了诸如四瓣栀花,六瓣菊花,甚至多瓣花纹,涡旋形纹样,孔雀翎毛纹样,直线对角的纹样。妙因寺与塔尔寺释迦佛殿80年代的资料都采用着六瓣菊花纹,瞿昙殿、妙因寺与雷坛都有类似涡旋的纹样,在鲁土司衙门大堂和感恩寺垂花门上都有着直线相交的纹样,孔雀翎毛纹同时出现在小金瓦寺佛殿和嘉木样寝宫会客厅,可见在河湟地区的建筑,其飞檐、椽头处的纹样都采用着相似的纹样。从18世纪到19世纪的建筑中,其纹样形制得到了较好

---

① 陈梅鹤《塔尔寺建筑》.北京:中国建筑工业出版社,1986. P222.

的传承，只是色彩的痕迹有所差别。同时可以看到在当代的新绘中，该部分彩绘越来越简单，仅通体刷色，很少绘纹样或绘制纹样与历史原貌差异很大，这也是古建彩画保护中一个严峻问题。

5.2 檩梁枋大木构纹样的变化

5.2.1 整体结构

根据木构和彩画的类同，此处将檐下檩、室内梁栿、大木枋等构件上的彩画合并在一起分析，将较窄的檩下枋、普拍枋等条状枋的彩画归在一类分析。

在典型汉式建筑的檐下檩、檩下枋、阑额或额枋等大木构上，多采用三亭式结构的彩画，该结构在河湟地区建筑考察的大木彩画中占主要位置。各部分比例较为自由，枋心和找头的比例随着木构的长短而进行着变化调整，枋心可长可短。对于这种结构前文已经详述，这里只举几例，不再一一列举。

但在河湟地区彩画的发展中，藏汉文化的相互融合使得在三亭式基础上出现了其他多种变化结构：由结合式叠加形成了五亭式、七亭式等结构。五亭式为两组三亭式合并了中间两个找头为一个纹样，七亭式为两组三亭式结构完整相加，并添加一个中心花纹。同时结合地方式建筑的特点，在同一个木构上出现多个枋心框结构重复连续，类似小池子结构，找头成为连接枋心之间的纹样。有些在木构中间有中心团花对称纹样，有些则没有中心纹样，没有主次，彼此相等。还出现了没有明确枋心框的三亭式结构。另外，还有二方连续式纹样出现，在有些木构上连续纹样与池子框相结合，也有连续纹样与包袱子结构相连。纹样结构越来越繁密，也越来越少规矩，随着时代变迁而越发自由，形成了地方化特点。

（1）三亭式结构

显教寺、感恩寺等与瞿昙寺明代彩画相似，以三亭式结构为主，三段的比例依木构不同而进行变化。殿内檩上枋心占木构长度的三分之一强比例，枋较窄，枋心占木构长度的二分之一强（图5-16）。

图 5-16 显教寺檩枋

（2）三亭叠加式结构

①瞿昙寺瞿昙殿东侧外檐下檩和檩下枋以进深四间相隔为四段，每段图案结构相似。中间两段纹样一致，以两个枋心为界，为五亭式结构（图 5-17a）。最中心为一团花纹样。檩下枋为三亭式结构，枋心为绿白双层斜直线外框，黑地，内有白色软卡子纹样，左右对称。额枋的中间两段绘有三个枋心，形成七亭式结构，枋心框都为如意头外弧形（图 5-17b）。

图 5-17a 瞿昙殿外东檐下檩枋 /b 额枋

瞿昙殿后下檐檩枋大部分为三亭式结构，只有明间额枋采用了两个三亭式结构与中心图案构成一个整图案（图 5-18a）。以最中端的金翅鸟头部纹样为中心，两边卷草纹样对称，再向外为两个枋心，长度较短，外框内角有栀子花纹，枋心内又加方形池子框。根据实地测量尺寸，如果将各个找头、枋心框、中心金翅鸟分开计算，各部分的长度基本相同。因中间找头与金翅鸟缠枝相连，视觉上连为一体，因此占了重心。后上檐的檩下枋为三亭式结构，但没有枋心框（图 5-18b），仅绘以单独的三段纹样，与抱厦内上层梁上相似。

图 5-18a 瞿昙殿外后下檐明间额枋 / b 外后上檐檩下枋

殿前抱厦内明间与次间纹样类似，三架梁上无枋心框，卷草宝珠纹和卷云纹分为三段（图5-19a）；五架梁上采用了五亭式结构，中心为团花图案，两个外弧形枋心框左右对称，内有池子框，与东外檐彩画相似。梁下枋纹样中间枋心所占距离较长，内写有梵文咒语，次间为外弧形枋心框（图5-19b），明间无枋心框。

图5-19a 抱厦次间侧面三架梁 /b 五架梁枋

②妙因寺大木构上多为三亭式结构。在鹰王殿明间阑额为两个三亭式结构相连接，中间为一单独盒子，内绘绿地金色法轮纹样（图5-20）。在古隆官殿次间檐下檩较长处，出现以旋子卷草纹连接的两个枋心，形成五亭式结构。中心的两个找头完全结合，没有明显的间隔（图5-21）。

图5-20 鹰王殿明间阑额

图5-21 古隆官殿檐下檩

③鲁土司衙门牌坊额枋以三亭式结构为主，但是也出现变化，如在主楼南侧面为小池子结构，中间池子内为一整旋花，两边为外弧形锦纹池子框（图5-22）。

图5-22 鲁土司衙门牌坊额枋

大门额枋南面为小池子结构。中心为一大太极圆心的团花纹。两端为剑纹池子，池子框长度与找头相同，外弧形枋心框（图5-23a）。

大门北面结构与南面的相同，只是中心纹样和枋心内纹样不同。明间以兽面纹为中心，两侧连接卷草纹（图5-23b）。次间的中心纹样为涡旋样大圆心的旋子团花，菱形弧线枋心框，框外为大旋子纹与小旋子纹以菱形结构相连（图5-23c）。在仪门、大堂檐下额枋都出现类似的结构。

图5-23a 鲁土司衙门大门南面额枋 /b 北面明间额枋 /c 北面次间额枋

④东大寺囊谦内梁架彩画以三亭式结构为基础，另外有两个小池子并列的结构，在两个枋心框中间为旋子团花或宝珠卷草纹样（图5-24）。

图5-24 东大寺囊谦内梁架

（3）池子框结构

①塔尔寺弥勒佛殿的外上檐普拍枋为小池子结构相连，外棱形枋心框，找头与枋心内纹样在前后檐不同（图5-25a/b）。释迦佛殿外下檐普拍枋彩画结构形制与上檐相同，前檐明间、次间的彩画在外层如意头枋心框之间为一个四瓣如意头组成的团花，内层枋心框外为金色如意卷草纹样（图5-26）。

图 5-25a 塔尔寺弥勒佛殿前檐普拍枋 /b 后檐普拍枋

图 5-26 塔尔寺释迦佛殿下檐普拍枋

②妙因寺大部分木构上为三亭式结构。在山门普拍枋上有池子框连续结构（图 5-27）。多吉羌殿在普拍枋上以枋心框与莲花缠枝纹样相间隔连接，形成小池子结构（图 5-28）。枋心框与找头纹样的长度没有主次之别，半莲花纹样与缠枝卷草纹样的找头，在枋心框之间形成一个完整的双层莲花纹样。

图 5-27 妙因寺山门普拍枋

图 5-28 妙因寺多吉羌殿明间普拍枋

③雷坛正殿室外木构仍为明代原构，但彩画是清代重绘。在彩画结构上，由三亭式走向更多的结构样式。檐

图 5-29 雷坛正殿外檐

下檩为连续旋花，东西外檐檩下枋为三亭式结构，方形切角的枋心框（图 5-29）。

④拉卜楞寺嘉木样寝宫家属居住处的平板枋和额枋上三亭式结构已经完全消解，形成五亭式或小池子结构（图 5-30），与这种窄横木较多的建筑形制相切合，找头与找头连接形成新的纹样，没有明确的主次之别，在保持左右对称的原则基础上，变化自由。

会客厅平板枋除了与上面相同的绘制池子结构彩画外，还出现了雕绘的吉祥八宝彩带、折枝花卉等纹样，外有雕刻的池子框，每部分纹样皆为单独雕刻,最后镶嵌在同一条枋上(图5-31)。

图 5-30 家属居住处

图 5-31 会客厅

(4)包袱子结构

①感恩寺碑亭殿内梁枋彩画大部分为三亭式结构旋子花纹。石碑正上方的脊檩枋上为包袱子结构的彩画。檩、枋侧面、枋底面为半圆形枋心连成一气形成半圆形包袱子形制(图5-32)。

图 5-32 感恩寺碑亭殿内脊檩枋

②鲁土司衙门大堂内檩中间皆为包袱子形制,但是上下并不相连,为单独的半弧形。弧形框为宽大的丁字纹样,白线勾勒,红绿施色。上檩框外为二方连续的半莲瓣旋子团花纹,而下檩在这种结构的基础上,两端还有锦纹框相间其中(图5-33)。

③妙因寺科拉殿脊檩上还出现了一个半圆形枋心,为包袱子形制,但只限于檩上(图5-34)。

图 5-33 鲁土司衙门大堂内檩　　　图 5-34 妙因寺科拉殿内脊檩枋

④东大寺廊内大门正面檩枋，檩中间为弧形包袱子结构（图 5-35），两边波浪形结构的旋花纹样。下方中心为束如意头外弧形枋心框，但已经不是传统意义上的三停式结构，两端为连续波浪结构的旋花，介于连续式结构与枋心结构之间。

图 5-35 东大寺大门檩枋

（5）连续式结构

在大木构上少量出现一些二方连续式纹样，而这种结构则多出现在较窄的小木构上。有些连续纹样在整个木构的中心位置有一个中心团花纹样，向两边展开；有些则没有中心，一以贯之。前面看到有一些连续纹样与枋心框结构、包袱子结构相结合的形制，下面列举一些单纯的连续纹样形制。

瞿昙殿后下檐明间的檐下檩较细（图 5-36），绘波浪形二方连续图案。

图 5-36 瞿昙殿后檐下檩

塔尔寺弥勒佛殿后下檐普拍枋雕绘大气舒展的连续卷草纹样，形状宽大，每个卷草纹施色不同，有青、绿、红色叠晕，墨线勾勒，内齐白线（图 5-37）。

图 5-37 塔尔寺弥勒佛殿后下檐普拍枋

感恩寺垂花门檐下槫为波浪形结构的半莲花纹样（图5-38）。

图5-38 感恩寺垂花门檐下槫

鲁土司衙门牌坊、大门檐下槫以斗栱为间隔，以一个整旋花为中心，两边为波浪形二方连续结构（图5-39）。

图5-39 鲁土司衙门大门檐下槫

妙因寺科拉殿外檐阑额上为连续的旋花，中间以整旋花为中心，左右对称为连绵的破旋花（图5-40a）。殿内更有波浪式、折线式（图5-40b）的连续结构。

图5-40a 科拉殿外檐阑额 /b 殿内梁架

东大寺大门上梁架全部绘以二方连续结构相连，上层为波浪式，下层为折线式，没有枋心框和中心纹样，旋花为二分之一瓣和四分之一瓣两种（图5-41）。

图 5-41 东大寺大门

5.2.2 枋心框及其纹样

在清以后的彩画中,枋心框的形状在内弧形的基础上又增加了外弧形枋心框,而在河湟地区的彩画中,枋心框的形状和层次更为丰富,弧线与直线都出现,这已经在第 3 章列举。下面主要分析枋心框内的纹样,从汉式典型纹样看到明代的枋心框内有素枋心,也有绘各种吉祥纹样、道教纹样。在藏汉文化的融合过程中,采用了汉式彩画的结构形制,而丰富和改变了枋心内纹样。因此这个位置最能体现该建筑的宗教文化属性,也是藏汉式彩画相结合的最明显位置。

(1)显教寺殿内檩枋上为内弧形三层枋心框,框内以黑或绿为地,檩的枋心内有六个近圆形红色佛龛纹样,中间书写单个的梵文,与十相自在的纹样形制相似。檩下枋的枋心内为间距相等的八朵莲花纹样,之间有缠枝相连,花瓣施红色,花心与缠枝均施绿色(图 5-42a)。殿外大门上阑额的枋心内也绘有佛龛形纹样(图 5-42b),更为清晰,色彩为不甚明确的浅色调。

5-42a 显教寺殿内檩枋心

5-42b 显教寺殿外阑额枋心

(2)感恩寺:碑亭殿内枋心随木构长度变化,较短的有近似方形,多为内弧形枋心框,施绿黑色。枋心内以红色或绿色为地,内绘有佛教法器、白海螺、云纹等吉祥图案(图 5-43a/b/c/d),纹样绘制手法简单,但已经体现出其藏传佛教的纹样特点。

图 5-43a/b/c/d/e 感恩寺碑亭殿内枋心

在脊檩处的包袱子枋心内绘白色圆圈结构相套接的小朵花卉纹样,为织锦纹样(图 5-43e)。花朵为粉白色点染,外有黑色叶片装饰。充分体现苏式彩画秀丽的纹样特点。

金刚殿外前檐枋心框为直线菱形,红色为地,大部分脱落,露出木底纹。内绘如意、珊瑚、贡品等佛教七珍吉祥纹样,有彩带作为装饰,施青、绿、白色(图 5-44a/b/c/d/e)。纹样绘制大方舒展,墨线勾勒有力,设色匀丽。

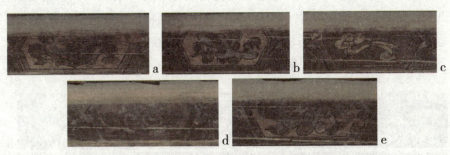

图 5-44a/b/c/d/e 感恩寺金刚殿外前檐枋心

金刚殿内枋心因木构的不同,长度差异较大。枋心多为内弧式双层枋心框,黑绿色简单叠晕。框内红色为地,纹样丰富多变:有卷草莲花纹、金刚杵法器、宝珠卷草纹、卷云纹、吉祥八宝、夔龙纹、缠枝团花纹、钱币纹、连续几何纹等纹样(图 5-45a/b/c/d/e/f/g/h)。各种纹样简繁不一,变化多端,绘制手法也较为自由多变,有些细腻严谨,有些粗犷肯定,充分体现出不同文化相互融合的特点。

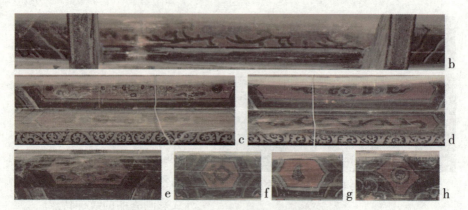

图 5-45a/b/c/d/e/f/g/h 感恩寺金刚殿内枋心

天王殿内枋心与哼哈殿相似，皆为红地，都绘有金刚杵、宝珠等纹样，也有一些比较独特的纹样。如凤凰呈祥纹样、佛八宝与莲花相结合的缠枝纹样、半人金翅鸟、如意缠枝等吉祥纹样（图 5-46a/b/c/d），卷云纹、几何纹样等纯装饰性纹样（图 5-46e）。纹样绘制精细，线条匀称有力，色彩明快丰富。凤凰纹样与佛八宝纹样同时出现在一座殿内，更明显地突出了藏汉装饰纹样的进一步融合。

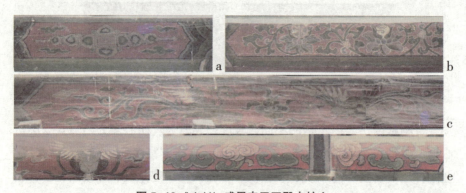

图 5-46a/b/c/d/e 感恩寺天王殿内枋心

护法殿内枋心为内弧式黑绿叠晕枋心框，以红色或绿色为地。枋心内纹样丰富多样，有体现藏传佛教教义的各种吉祥纹样：夔龙莲花纹样、卷云纹、宝珠纹、金翅鸟与龙众、羽人祥云、莲花祥云、金刚杵等纹样（图 5-47a/b/c/d）。两座殿内纹样相互对应，菩萨殿与护法殿建筑内枋心纹样内容基本相同，只在个别细节处略有区别，如地色、莲花、云纹等纹样形象有所变化（图5-48a/b/c/d）。各种形象绘制精美，施色细腻，相同纹样有所变化，体现出工匠丰富的创造性。

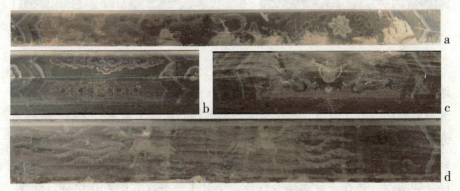

图5-47a/b/c/d 感恩寺护法殿内枋心

图5-48a/b/c/d 感恩寺菩萨殿内枋心

大雄宝殿内的枋心上仍采用内弧式枋心框，红色为地。内绘二龙戏珠纹样、夔龙纹、凤凰云纹等汉式吉祥纹样，同时也绘有鹰王、金翅鸟等藏传佛教的形象纹样（图5-49a/b/c/d/e/f）。与前几个殿的绘制手法相比，更为精细，采用了沥粉贴金的手法，在龙、凤、云纹等重要位置都以金点睛，明显突出了本殿在全寺的尊主位置。

图 5-49a/b/c/d/e/f 感恩寺大雄宝殿内枋心

感恩寺殿内彩画施色以黑代青，绿色变化较多，红色运用较多，多为地色，墨线或白线勾勒纹样，白色点染，晕染丰富，重要处施以金色。大部分殿外枋心不甚清晰，唯独金刚殿外前檐彩画较为清晰，它们主要是青绿施色，与殿内彩画风格不同。整体大部分纹样绘制精细，但也有粗线重彩的部分，变化较为丰富多样。纹样施用上充分融合了藏传佛教的吉祥纹样，如法器、莲花、金翅鸟等纹样，结合了一些汉式的吉祥纹样，如龙、凤及其变体纹样，呈现出纷呈多彩的面貌。

（3）瞿昙殿东檐枋心框为绿白色双层内弧形，檐下檩的大枋心内有两个小枋心框，绿色为地，绘有锦纹，两个枋心框之间以一个整团花为中心（图 5-50a）。檩下枋的枋心框内黑地，添加有白色软卡子，为苏式彩画的特点体现，中间以梵文为图案（图 5-50b）。

图 5-50a/b 瞿昙殿东外檐枋心

后檐也有与东檐类似的梵文枋心，也有较为独特的其他纹样。次间檐下檩枋心内为缠枝云纹，但脱落严重，檩下枋内亦是梵文。额枋枋心在内弧形枋心框内又有一层外弧形框，在次间枋心内为左右相向的凤凰云纹，红地，施青绿白色凤凰纹样，绘制的飘逸舒展，全无匠气（图 5-50c/d）。明间的两个枋心框较短，形制与次间相似，内绘贡盘宝珠、海螺纹样（图 5-50e/f）。梢间枋心更短，内绘宝珠火焰纹样（图 5-50g）

图 5-50c/d 瞿昙殿后下檐次间额枋

图 5-50e/f 瞿昙殿后下檐明间额枋　　图 5-50g 后下檐梢间额枋

抱厦内枋心框皆为内弧形，枋心内纹样有锦纹（图 5-51a）、梵文，也有祥云龙纹，橘红色为地，龙纹沥粉，施青绿色，无施金（图 5-51b）。

图 5-51a/b 瞿昙殿抱厦内枋心

（4）塔尔寺弥勒佛殿和释迦佛殿的建筑及彩画形制相似，所以枋心内纹样也有很多一致之处。

弥勒佛殿外上檐下檩的小池子结构，枋心为直线菱形如意头双层枋心框，框内纹样脱落严重，仅剩贴金蝙蝠纹样（图 5-52a），可以参考下檐相同位置，虽然枋心框变为多层弧形，但框内应为相同纹样，为蝙蝠祥云纹（图 5-52b），蝙蝠与团形汉字贴金，卷云纹施青绿叠晕，青或红色为地。普拍枋枋心内纹样丰富：有狮子云纹、龙云纹、凤凰云纹等（图 5-52c/d/e/f）。

图 5-52a/b 弥勒佛殿檐下檩枋心

图 5-52c/d/e/f 弥勒佛殿外上檐普拍枋枋心

下檐普拍枋为多层外弧形枋心框，内以金色梵文为图案，青或绿色为地，枋心框每层色彩之间以金线间隔。下面还有一细条枋，枋心框内绿色为地，绘金色金刚杵纹样（图 5-52g）。阑额的枋心内也是以梵文为纹样，内弧形枋心框，在转折处又添加了曲线变化，青绿皮条线内加有金线（图 5-52h）。

图 5-52g 弥勒佛殿下檐普拍枋枋心 /h 下檐阑额枋心

释迦佛殿外上檐檩枋心为直线菱形如意头双层枋心框，以青、绿或红为地，内绘小朵如意卷云纹，青绿白色为主（图 5-53a）。普拍枋上的枋心内纹样较为丰富，上檐脱落严重，下后檐普拍枋有祥云龙纹，锦纹、宝珠卷草、万字纹（图 5-53b/c/d/e）。下前檐普拍枋枋心有两层枋心框相叠，内枋心框伸出金色如意头角叶，以青或绿为地，内绘彩带

图 5-53a 释迦佛殿上檐檩枋心

图 5-53b/c/d/e 释迦佛殿下檐普拍枋枋心

八贡品纹样（图 5-53f/g/h）。阑额上的枋心内纹样与弥勒佛殿类同，都为沥粉贴金的梵文吉祥语（图 5-53i）。

图 5-53f/g/h 释迦佛殿下前檐普拍枋枋心 /i 阑额枋心

塔尔寺这两座殿的枋心结构在采用汉式样式的基础上，已经有了较繁化的趋势，例如增加枋心框的色彩层叠，或者在内层枋心框加入如意头等等，对框形和线进行了变化。枋心内纹样既采用了汉式的龙、凤、狮子、蝙蝠、汉字等纹样，又结合藏式的宝珠、贡品、梵文等纹样，同时锦纹、几何纹、云纹等也被运用到枋心内。在施色上除了运用青绿红色之外，金色被大量使用，与感恩寺那种只有最高级别建筑才能用金的方式有所不同。从这两座殿可以发现，其彩画从结构到纹样的题材，皆体现出汉式彩画的形式与藏式佛教的内容之间的相互结合，尤其枋心内纹样更多地体现出藏传佛教的内容。

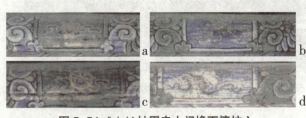

图 5-54a/b/c/d 妙因寺山门檐下檩枋心

（5）妙因寺山门外檐下檩枋心为如意头外框，方形内框，内绘吉祥八宝的各种纹样（图 5-54a/b/c/d），青或绿色做地，纹样色彩还有红色和点金。普拍枋的枋心内绘折枝花卉（图 5-54e/f），青、白为地，花卉形象具有写生意味。阑额枋心框为外弧形，内绘流云凤凰纹样，脱落严重（图 5-54g/h）。

图 5-54e/f 妙因寺山门普拍枋枋心

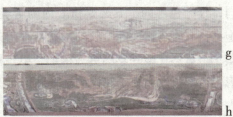

图 5-54g/h 妙因寺山门阑额枋心

内檐处彩画较清晰，梁架彩画与外檐风格不同，出现了三种枋心：最短的为团花形枋心框，内绘莲瓣旋花（图5-55a）；次长的枋心框为外弧形或方形，内绘不同的锦纹（图5-55b）；最长的枋心框亦有外弧形与方形两种，内绘缠枝宝珠纹（图5-55c）。色彩以青绿土红色为主。

图5-55a/b/c 妙因寺山门内檐梁架枋心

鹰王殿外檐下檩的枋心有短、长两种：次间短枋心近正菱形，大如意头内弧形枋心框，内绘几组白线勾勒的如意纹样、没骨花草纹样（图5-56a/b/c）。明间较长枋心内以红色作地，内绘对称卷草纹样（图5-56d）。明间阑额的枋心为团花外形，内以青色为地，绘上下相对的如意形，旁边饰以卷草纹，沥粉施金（图5-56e），明显突出于其他彩画。

图5-56a/b/c/d/e 妙因寺鹰王殿外檐枋心

鹰王殿内梁架因色彩差异有两种，一种是殿内中间相对称的梁栿上为色彩完整暗沉的彩画，以土红色为地；第二种在墙体和脊檩上为黑地白线勾勒的卷云纹样。枋心框皆为双层内弧形，内容不同。第一种在三架梁的短枋心内为上下相对的如意头（图5-57a），与外檐阑额处的纹样形制相同，仅施色不同。五架梁枋心内为饕餮卷草纹样（图5-57b），兽面形象饱满富有张力，而卷草纹的形状与外檐处的卷草纹也相似，只是更为丰富繁华，显然比殿外彩画更为精细。第二种黑地白线的枋心框在较短处为菱形，内部仅绘有喜轮纹样的旋转圆形（图5-57c），在较长的枋心框内绘有卷云纹、缠枝卷草花卉纹样（图5-57d），线条勾勒随意自由。

图 5-57a/b/c/d 妙因寺鹰王殿内梁架枋心

科拉殿外檐下檩枋心内绘锦纹，外弧形枋心框，每段锦纹形制各不相同（图 5-58a/b/c）。普拍枋上为方形切角枋心框，青或绿为地，绘花卉博古纹样、白象吉祥纹样等（图 5-58d/e/f）。

图 5-58a/b/c 妙因寺科拉殿外檐下檩枋心 /d/e/f 普拍枋枋心

殿内梁架结构多样，枋心内绘锦纹、宝珠缠枝纹、饕餮纹样等（图 5-59a/b）。整体来看，科拉殿内外与山门内外的枋心纹样及色调各自相似，外檐以青绿为主，而内檐在青绿基础上增加了明显的红色，同时对藏传佛教纹样融合的更为协调。

图 5-59a/b 科拉殿内梁架枋心

塔尔殿外檐下檩枋心为锦纹。普拍枋的枋心框亦为切角方形，每个枋心内都绘有折枝花卉纹样，有菊花、梅花、芙蓉、茶花等等各不相同（图 5-60a/b/c），以青或绿为地，纹样绘制精美，色彩饱和，枝叶转折自然，有写生风格，红、白及金色都在纹样中出现。阑额枋心框为外弧形，明间枋心内绘有龙云纹（图 5-60d），次间绘流云凤凰纹（图 5-60e），青或绿为地，龙凤纹上施金色。

图 5-60a/b/c 妙因寺塔尔殿外檐普拍枋枋心 /d/e 阑额枋心

古隆官殿外檐下槛枋心框为内弧形或外弧形，墨色皮条线内压金线。框内以青、绿、红色为地，绘八贡品、吉祥八宝、六字真言等佛教纹样（图 5-61a/b/c/d）。普拍枋为方形切角枋心框，内绘折枝花卉蔬果纹、梵文、云凤等纹样（图 5-61e/f/g）。阑额枋心除了明间的二龙戏珠纹样之外，在次间还出现了凤凰、香炉、白象及博古纹样（图 5-61h/i/j）。

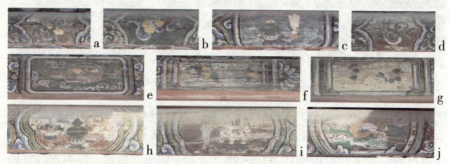

图 5-61a/b/c/d 妙因寺古隆官殿外檐下槛枋心 /e/f/g 普拍枋枋心 /h/i/j 阑额枋心

万岁殿檐下槛为如意头外弧形枋心框，前檐枋心内以青或绿为地，绘吉祥八宝纹样，皮条线和纹样上有点金（图 5-62a/b）。后檐和侧檐的枋心框内皆为不同形制的锦纹。阑额明间枋心内龙纹已剥落不清，次间为相向的凤凰流云纹，梢间为相背的狮子彩带卷云纹样（图 5-62c/d），皆以青或绿为地，有点金。殿内枋心绘宝珠卷草、梵文纹样（图 5-63a/b）。

图 5-62a/b 妙因寺万岁殿檐下槛枋心 /c/d 阑额枋心

图 5-63a/b 万岁殿内梁枋枋心

图 5-64 妙因寺禅僧殿阑额枋心

禅僧殿外檐下檩枋心绘锦纹，阑额彩画脱落严重，明间枋心以残留的沥粉贴金可以辨认出为龙纹。次间为互相对应的流云凤纹（图 5-64），绿色为地，凤凰纹样采用沥粉贴金手法。

多吉羌殿外檐下檩枋心框有外弧形、内弧形两种。后檐和侧檐枋心内绘不同形制的锦纹，前檐枋心内绘吉祥八宝纹样（图 5-65a/b/c/d），青色为地，纹样施白、红、青等色，无金色。普拍枋上的方形切角枋心框内皆以梵文为纹样。明间阑额枋心亦是方形切角，内绘二龙戏珠纹样（图 5-65e）。次间阑额枋心为如意头方形枋心框，内绘相向的凤凰云纹（图 5-65f/g）。阑额枋心内以青或绿色作地，沥粉贴金手法中金色已褪，纹样绘制精细，形象有力，色调以青为主。

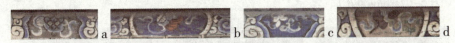

图 5-65a/b/c/d 妙因寺多吉羌殿外檐下檩枋心

图 5-65e/f/g 多吉羌殿外檐阑额枋心

殿内梁枋的枋心框有内弧形、外弧形。枋心内以锦纹和宝珠缠枝纹为主（图 5-66a/b），与外檐不同之处在于红色的大量应用，使得殿内彩画形成深沉的暖色调。

图 5-66a/b 妙因寺多吉羌殿内梁架枋心

妙因寺出现的枋心框类型有：如意头方形框，如意头外弧形框，内、外弧线框，切角方形框、团花形框等。枋心内纹样有：吉祥八宝，八贡品，锦纹，箭纹，梵文咒语，卷草纹，兽面纹，宝珠卷草纹，龙、凤、狮流云纹，博古纹，折枝花卉纹，饕餮纹样，如意纹的不同组合，以及一些较为自由多变的纹样。从枋心框形制和枋心内纹样可以看出妙因寺的枋心纹样已经将藏式和汉式两种彩画纹样从形式到内容都有了较好的融合，根据其各自的形式特点和寓意内容而相互协调地安排在各个殿的内外。

（6）雷坛正殿外枋心纹样由明确的道教纹样，转为非宗教的花卉图案，只保留龙凤等象征性的纹样。檩下枋的枋心都为双层方形切角框，墨线勾勒，施青绿色叠晕，内层压金线。内以青或绿为地，绘有梅花、牡丹、石榴、菊花等折枝花卉纹样，线条勾勒劲细，色彩渲染具有写生之意（图 5-67a/b/c/d/e/f）。

图 5-67a/b/c/d/e/f 雷坛正殿外檐檩下枋枋心

前檐平板枋两端有枋心框，左边绘荷花，右边绘牡丹（图 5-67g/h）。青色为地，叶茎为绿，花头均施白色，沥粉为线，绘制细腻。前檐阑额中间为外弧形枋心框，青色为地，内绘二龙戏珠纹样，沥粉贴金，龙身施金黄色，山石云纹施青绿色（图 5-67i）。

图 5-67g/h 雷坛正殿前檐普拍枋枋心 / i 阑额枋心

过殿檐下檩枋心内绘锦纹。普拍枋上枋心与正殿外檐相似，只是纹样有所变化，有折枝花卉、博古纹样（图5-68a/b/c/d），绘制手法与正殿外相同。过殿前檐明间阑额与正殿相同，枋心内绘祥云龙纹，次间绘相向的凤凰纹样（图5-68e/f），但脱落严重，残留有沥粉线条和部分色彩。

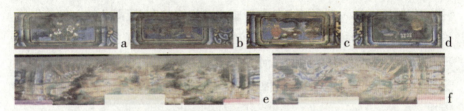

图 5-68a/b/c/d 雷坛过殿普拍枋枋心 e/f 阑额枋心

（7）拉卜楞寺嘉木样寝宫内的小金瓦殿檐下檩枋心框为外弧形，内以青或绿为地，绘折枝花卉纹样，有菊花、莲花、牡丹等纹样，为没骨画法，只是脱落严重（图5-69a/b）。平板枋上为外弧形小如意头枋心框或方形切角框，从中间到两端依次绘有夔龙纹、几何纹、折枝花卉纹样（图5-69c/d/e）。

图 5-69a/b 拉卜楞寺小金瓦殿檐下檩 /c/d/e 平板枋枋心

嘉木样寝宫家属居住处的檐下檩用深褐色与橘红色明暗两色绘水波木纹，中心部分直接绘卷云朵组合纹样，与大金瓦殿檐下檩纹样相类同，虽然没有明确的枋心框，但是形成了中心纹样（图5-70a）。在家属居住处和会客厅的廊内梁枋上枋心内也出现这种木纹作地的纹样,中间绘有上下左右都对称的如意头莲花形状(图5-71),而该纹样与大金瓦殿廊内枋心的莲花缠枝纹样相似(图5-70b)。

图5-70a/b 拉卜楞寺大金瓦殿檐下枋心　　图5-71 嘉木样会客厅廊内枋心

这种仿木纹,在《营造法式》中有类似记载为"松纹""卓柏装"。[①] 文献中关于仿木纹实例,见于白沙宋墓普拍枋,并在山西、陕西、甘肃地区更一直沿用到近代,即所谓"云秋木"作法。又《营造法式》卷三十四《彩画作制度图样·五彩装名件》所画之"松纹装",疑即此纹之复杂化[②]。虽然有些学者在对比营造法式与实例时认为这种"简单的松文(即木纹),现存实例不多。"[③] 但是我们在河湟地区的拉卜楞寺几处单体建筑中都见到这种木纹作地的彩画。可见这种纹样在传入河湟地区之后,得到了较好的传承。

家属居住处、会客厅的平板枋和额枋上的枋心纹样相似,都为内弧形如意头或切角方形枋心框,枋心内纹样概括有几种:①藏式图案化纹样,以红色为地,绘青绿串色的莲花缠枝纹样、宝珠纹样,在平板枋和廊内枋上都有这种纹样,仅施色有变化(图5-72a/b);②锦纹和几何纹样,一种是用青、红两种颜色的单线在绿地上勾勒锦纹,没有墨线(图5-72c);一种是用青绿红白等色绘制出立体效果(图5-72d/e);③折枝花卉纹样,内以红、黑、白色为地,采用没骨写生手法,花卉有渲染(图5-72f/g/h/i);④以白色为地,仿纸本文人花鸟小品画(图5-72j/k)。

---

① 李路珂《〈营造法式〉彩画研究》.南京:东南大学出版社,2011.P156.
② 宿白《白沙宋墓》.北京:文物出版社,2002第2版,P78,注114.
③ 中国文物研究所编《祁英涛古建论文集》.北京:华夏出版社,1992.P272.

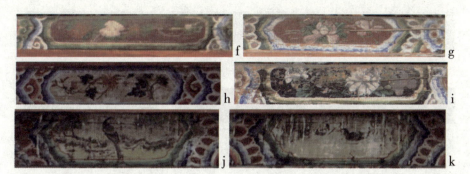

图 5-72a/b 拉卜楞寺嘉木样寝宫平板枋枋心 /c/d/e/f/g/h/i/j/k 额枋枋心

从拉卜楞寺各殿的枋心纹样内容来看，有一些藏式纹样的应用，如莲花缠枝纹、宝珠纹样等等，将他们放置在枋心结构内，本身就是一种藏汉纹饰的结合，并且通过一些变化，如结合"云秋木"的作法，使得这种结合非常协调。同时也采用汉式纹样，如折枝花卉、锦纹等，甚至更为直接地出现了仿纸本的花鸟小品画，花卉的绘制多采用写生没骨手法，渲染有度。只是将多见的青绿地色更为丰富化，出现了红色、黑色、白色为地。锦纹和几何纹上也不再仅仅是青绿色了，添加了红色，但形制简化，同时还出现了单线勾勒的锦纹，与丝织品的效果更为接近。可以说在拉卜楞寺的这几处可以看出，枋心内容已经完全达到了藏汉纹饰的融合，难分彼此。

（8）鲁土司衙门大门上的枋心内纹样绘以不同形制的箭纹、锦纹（图5-73a/b），在大门廊内枋心还出现了芭蕉扇纹样，应为后代重绘，施黑白色（图 5-73c）。仪门的檐下檩和额枋上都是外弧形如意头枋心框，绘不同形制的锦纹（图 5-74a/b/c/d），在平板枋上的枋心框为方形，内绘宝珠纹（图 5-74e）。牌坊上的枋心为不同形制的锦纹，枋心框也不太统一，施青绿色叠晕（图 5-75）。大堂檐下檩的枋心框有外弧形、内弧形等各不相同的形制，框内也绘有不同的锦纹（图 5-76a/b/c）；在平板枋的中间枋心为小花朵的锦纹，两端为博古纹（图 5-76d/e/f），都为方形框；额枋上都为内弧形枋心框，中间枋心内绘兽面祥云纹，两端绘不同的锦纹（图 5-76g/h/i）。

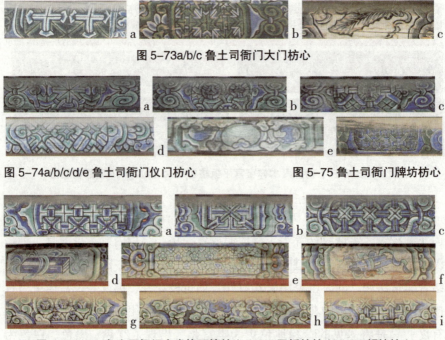

图 5-73a/b/c 鲁土司衙门大门枋心

图 5-74a/b/c/d/e 鲁土司衙门仪门枋心　　图 5-75 鲁土司衙门牌坊枋心

图 5-76a/b/c 鲁土司衙门大堂檐下檩枋心 /d/e/f 平板枋枋心 /g/h/i 额枋枋心

在鲁土司衙门大量存在各种不同形制的锦纹，可以说这里是锦纹的一个集锦。而其他纹样如兽面纹、博古纹、宝珠纹、扇面纹等，所占比重很少。枋心框的变化也很多，在同一木构上也会采用不同形制的枋心框，在统一的青绿色调之下，纹样体现出丰富的变化。

（9）东大寺大门廊内侧面梁枋上的外弧形枋心框内以黑或红色作地，绘折枝花卉纹样，有牡丹、芙蓉、菊花等，花头为白色渲染，均为没骨画法，生动雅致（图 5-77a/b/c/d）。

图 5-77a/b/c/d 东大寺大门枋心

囊谦内枋心框有内弧形与外弧形两种，有些加有如意头，也出现在框内添加金色软卡子的形制（图5-78f）。枋心内以青或绿为地，纹样非常丰富：有折枝花卉纹样（图5-78a/b）、狮子绣球云纹（图5-78c）、祥云凤纹（图5-78d）、金翅鸟卷草纹（图5-78e）、祥云龙纹（图5-78g），夔龙纹（图5-78h），博古纹（图5-78i/j）。纹样色彩丰富鲜丽，采用青绿红白等色，沥粉贴金。线条勾勒规整细腻，施色严谨而富丽，形成冷暖色的相互协调。

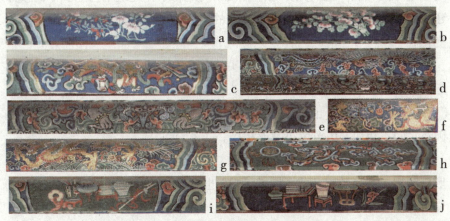

图5-78a/b/c/d/e/f/g/h/i/j 东大寺囊谦内枋心

从东大寺枋心纹样的内容和保存现状来看，应该是80年代以后重绘。其纹样集合了前文河湟地区所出现的各种不同性质的纹样，可以说是在藏汉建筑彩画经历融合以后，对其进行了延续和继承。在这种延续和继承当中，似乎透露出近代西北更大区域范围内工匠技艺与人员的交流。这里既有汉式彩画中枋心框的采用，又对其进行了变化，如对其层次的丰富、在皮条线上沥粉压金线，在采用青绿地色中，对其明度和纯度进行了相应的变化，使其更加艳丽。纹样中既有折枝花卉、龙凤纹、博古纹样，又结合有金翅鸟、宝珠纹样等藏式纹样，并且在绘制这些纹样的手法中进行了相应的继承与变化，使得最终形成富丽辉煌、高贵精致而不失雅致的彩画特点。

5.2.3 找头旋花的变化

大木构上的找头部分是汉式旋子建筑彩画得以命名和辨析其特点的部分，因此该部分的变化在整个建筑彩画中处于重要地位。河湟地区的建筑彩画在以瞿昙寺、雷坛正殿找头旋花的面貌为最初样式，在后来藏汉文化交流的变化中有着相应的多样变化，但是并没有完全接受清代官式程式化的旋子纹样，说明这种变化是汉式旋花与藏式纹样相结合之后产生的河湟地区地方式彩画，他们充分地体现在不同的各单体建筑木构上。下面按照建筑彩画旋花的组合结构与单个旋花的构成两方面来分析找头部分旋花的变化。

（1）显教寺与感恩寺的檩枋找头旋花基本一致，都较好地延续了瞿昙寺、雷坛明代彩画的旋花特点。找头结构有两种：大部分为一整二破结构（图5-79/80/81a/b），也有仅二破而没有整旋花的结构（图5-81c/83b）。整破花之间不相切，由黄色小圆形相接。

单个旋花的花心有莲座石榴头、红色圆形、红色花瓣三种。外接如意形旋花瓣，有简单整朵式（图5-80），也有分开的三瓣形（图5-81b），或五瓣（图5-79/81a/82/83a）的简繁变化，外层有大如意形外轮廓。岔角有四分之一的如意花瓣形和单独圆形两种。红色为地，整破旋花、相邻木构之间黑绿串色。

图5-79 显教寺

图5-80 感恩寺护法殿与菩萨殿

a

b

c

图5-81a/b/c 感恩寺金刚殿

图 5-82 感恩寺天王殿　　　　　图 5-83a/b 感恩寺大雄宝殿

（2）瞿昙殿的找头部分已经不是规范的整破旋花组合了，在外东檐的次间檐下檩还可以看到旋花的痕迹（图 5-84a），抱厦内的檩下枋上也可以看到较规则的如意旋花形状（图 5-84f）；在中心间的檐下檩就开始看到自由的缠枝纹样了（图 5-84b），而这种大卷曲的缠枝纹样有着非常多变的效果，随着木构的不同，有着不同的增减（图 5-84c/e/g/h），除了对称结构外竟然没有完全相同的两组缠枝纹样。另外，缠枝纹还可以和牡丹、宝相花等组成新的找头纹样，在东檐的檩下枋就出现了这种情况（图 5-84a/b）。在没有明确枋心框的三亭式结构上，两端的缠枝纹也充当着找头的角色（图 5-84d）。找头开始变繁密化，由此形成了有繁有简的整体找头纹样。施色也在黑绿基础上增加了石青、土红、朱磦等色。

图 5-84a 瞿昙殿东檐外段 /b 东檐中段 /c 东檐额枋 /d 东檐平板枋 /e 后檐次间 /f 抱厦内 /g 后檐明间檩下枋 /h 明间额枋

（3）塔尔寺弥勒佛殿上前檐普拍枋处找头为折枝花卉（图5-85a），上后檐为缠枝花卉（图5-85b），上檐次间阑额找头为如意头角叶形状，与缠枝纹形成菱形，连接半个柿蒂纹（图5-85c）。上檐明间阑额找头又增加了半圆旋花纹样，与大小如意头相连接，在枋心框的角叶头外形成菱形间隔（图5-85d）。下前檐普拍枋找头为两组大卷缠枝纹样与卷云纹组成（图5-85e），下前檐的明次间阑额相类同，均为缠枝如意形卷云纹（图5-85f），后檐明间处略有不同，半个莲瓣旋花添加有一组相背的如意纹相连（图5-85g）。整体来看，都以红色作地，用沥粉金线或黄色勾勒，青绿施色。

图5-85a 弥勒佛殿上前檐普拍枋 /b 上后檐普拍枋 /c 次间阑额 /d 上后檐阑额 /e 下前檐普拍枋 /f 下前檐阑额 /g 下后檐阑额

释迦佛殿上檐明间阑额的框外为如意形旋子纹，形成菱形外轮廓，与卷草纹组成的找头之间为互补菱形

图5-86 拉卜楞寺下续部学院

形状，在拉卜楞寺下续部学院的典型藏式梁枋上见到类似的形制，金色卷草纹上下对称形成棱形框的轮廓（图5-86）。而释迦佛殿的卷草纹连接半个柿蒂纹（图5-87a），这个结构与下檐阑额的找头相似（图5-87b），只是卷草纹连接的是半个莲瓣团花纹。上檐次间阑额的枋心框外有小如意头，与找头的四分之一旋花与半旋花层叠相连（图5-87c）。在下檐处的檐下檩和普拍枋上也是类似的旋花组合，分别为二破结构（图5-87d），二破如意头与半个旋花相组合（图5-87e）。

图5-87a 释迦佛殿上檐明间阑额 /b 下檐阑额 /c 上檐次间阑额 /d 下后檐下檩 /e 下檐普拍枋

（4）妙因寺山门外檐下檩找头为枋心框的如意头与半个莲瓣旋花组合（图5-88a），阑额处较为复杂，在旋花之间加以缠枝纹样（图5-88b）。山门檐内既有与外檐下檩相同的组合（图5-88c），也有因木构长度不同而进行的变化：在最短木构上仅一列旋子与莲瓣相连（图5-88d），在较长木构上将大如意头加在两组莲瓣旋花之间（图5-88e），或者将四分之一旋花加半旋花的组合，与如意头位置调换（图5-88f），形成丰富的变化。

图5-88a 妙因寺山门外檐下檩 /b 阑额 /c/d/e/f 山门内檐梁架

鹰王殿外檐下檩彩画的找头与殿内相同，仅为枋心框的大如意头与半圆轮廓的旋子相连，青绿叠晕施色，黑白线勾勒（图5-89a）。外檐阑额上的纹样与前相同，只是用沥粉金线代替墨线，色调明亮（图5-89b）。

图5-89a 鹰王殿外檐下檩 /b 阑额

科拉殿檐下檩与山门檐下檩找头相似，只是在山门的枋心框外为两个如意头，而在科拉殿处变成三个大旋子纹排列（图5-90a），而连接的莲瓣旋子花都一致。相邻位置青绿串色，但花瓣均为青色。普拍枋处找头为半个西番莲瓣或莲花瓣的旋花与缠枝纹结合，而缠枝纹也不尽相同，各自有所变化，花芯为黄色旋转形与几个旋子组合（图5-90b）。

殿内找头依据木构不同有灵活变化，整体来看有两种组合：一种为缠枝卷草纹与莲瓣团花的组合（图5-90c/d）；另外一种即如意头、半个或四分之一莲瓣与旋子的组合（图5-90e/f）。这两种纹样与殿外檐的两种都有所对应，只是更为繁化，变化更多。

图 5-90a 科拉殿檐下檩 /b 普拍枋 /c/d/e/f 殿内梁枋

塔尔殿檐下檩的找头为一列大旋子与缠枝纹相连接，没有旋花（图 5-91a）。普拍枋找头纹样与科拉殿的相似，只是缠枝纹样更为复杂，半个莲瓣旋花的位置在明次间相互调换（图 5-91b/c）。阑额明次间的找头也不同，次间为上下半个莲瓣旋花相切，如意头占据着旋花的一部分（图 5-91d），而明间找头在两个相背的莲瓣如意旋花之间为缠枝纹样相连接（图 5-91e）。

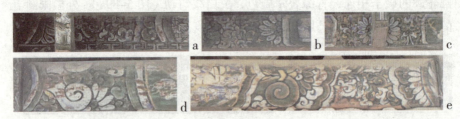

图 5-91a 塔尔殿檐下檩 /b 次间普拍枋 /c 明间普拍枋 /d 次间阑额 /e 明间阑额

古隆官殿的檐下檩除了山门上出现的如意头半旋花找头外，还出现了两种组合结构：在侧檐和前檐的次间亦出现变化，次间处为两组青绿卷草纹组合（图 5-92a），侧檐处为如意旋子层叠组合（图 5-92b）。普拍枋找头与科拉殿和塔尔殿的相同，都是缠枝纹与莲瓣或西番莲瓣旋花的组合。次间阑额找头的大如意头与前面所见为反方向，朝枋心框方向，与两个四分之一的莲瓣旋花组合（图 5-92c），明间阑额找头全部为细密的缠枝纹，没有旋花（图 5-92d）。

图 5-92a 古隆官殿前檐次间檐下槫 /b 侧檐下槫 /c 次间阑额 /d 明间阑额

万岁殿殿内梁枋彩画为典型的一整二破结构，旋花形制与感恩寺、显教寺的相同，莲座石榴头花心（图 5-93a）。

殿外檐下槫的找头部分是在枋心框外由一列如意旋子（图 5-93b）或一对大如意头（图 5-93c）与半个、两个四分之一西番莲瓣或莲瓣与如意旋花相组合。旋花之间似乎是将整破团花进行了相叠而形成，而每个找头内旋花的组合顺序会有变化（图 5-93b/c）。在阑额部分也是此类旋花组合，只是因木构长度而对旋花的数量进行调节，例如次间找头，在半旋花和四分之一旋花之间增加了一组旋花（图 5-93d）；而在更短的梢间，不仅只有半个和两个四分之一的旋花，并且枋心框外的如意头也省略了（图 5-93e）；在最长的明间，则在类似次间旋花组合的基础上又增加了一段密叠的缠枝纹样（图 5-93f）。从殿内到殿外各处的找头变化出现旋花的不同结构的组合变化，虽然是有一定规律的，但是也有着很大的灵活性。整破花之间、相邻木构之间的旋子和如意纹有串色，但是莲瓣和西番莲瓣都为青色叠晕，没有串色。

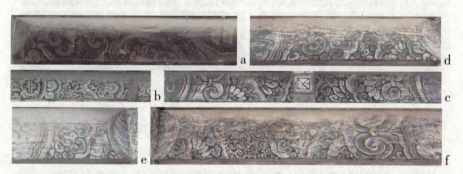

图 5-93a 万岁殿内 /d 外檐次间阑额 /b 后檐下槫 /c 前檐下槫 /e 梢间阑额 /f 明间阑额

禅僧殿檐下槫找头为两组同方向如意头之间加有半个莲瓣旋花（图 5-94a），阑额找头从枋心框的外弧线开始为一组莲瓣旋花，接两个四分之一旋花，再连接大如意头与半个莲瓣旋花（图 5-94b）。层叠舒展，青绿串色。

图 5-94a 禅僧殿外檐檩 /b 阑额

多吉羌殿檐下檩找头整体看是莲瓣旋花和如意头的组合，但是各段之间不完全相同，有着细微的组合变化（图 5-95a）。阑额找头在莲瓣旋花、如意头基础上增加了缠枝纹样，但是因次间和明间的长度不同，其组合的繁复程度不同，次间的如意头紧接枋心框（图 5-95b），而在明间如意头处于两组旋花组合的中间（图 5-95c），形成疏密的对比。

殿内的找头较为简单，为两个四分之一莲瓣旋花，与大如意头半个旋花连接，两组纹样的顺序可以互换（图 5-95d/e）。与殿外不同的是，除了青绿施色外，添加了红黄色，使得室内色调偏暖。

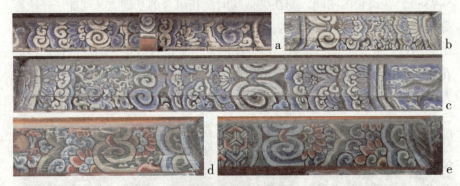

图 5-95a/b/c 多吉羌殿外檐 /d/e 殿内

根据以上对妙因寺各殿找头的分析，其基本纹样有莲瓣或西番莲瓣旋花、大如意头和缠枝纹样，组合出丰富的结构：①一整二破类型，以及由此演变的半旋花和两个四分之一旋花的组合；②整破旋花反复层叠，并且与缠枝纹相间，形成较复杂的结构；③单独的如意头与旋子组合，或者单独的缠枝纹连接，是最为简单的结构，缠枝纹样体现了藏式彩画中繁密的特点。而以上这些简繁不一的结构类型，根据实际木构面积的大小，进行比较自由地发挥组合，或增简旋子细节，或调换各组纹样的位置。而在施色上比较普遍的是在殿外一般使用青绿色调，虽然有偏绿或偏青的区别，但基本都是冷色调。而殿内或檐内普遍都加入了红黄等暖色调，形成内外色调的差别。

（5）雷坛正殿外和过殿的找头部分基本相同。檐下檩和檩下枋上都有半个旋花与两个四分之一旋花的组合，只是顺序有变化（图5-96a/b）。在过殿的普拍枋上还有西番莲瓣、莲花瓣旋花之间以缠枝纹样相连的结构（图5-96c）。在阑额上都为两组整破旋花，中间连接大如意头组成找头（图5-96d/e）。这几种找头纹样结构在妙因寺都有所见，可见它们是属于一类风格。

图5-96a 雷坛过殿檐下檩 /b 正殿檩下枋 /c 过殿普拍枋 /d 正殿阑额 /e 过殿阑额

（6）拉卜楞寺嘉木样寝宫的居住处和会客厅的梁枋木构都较窄，找头部分虽然也采用了类似整破旋花的组合，但是旋花形制明显简单。有些直接以枋心框的如意头充当二破结构，连接半个莲瓣旋花（图5-97a），与大金瓦殿金顶檐下的找头相同（图5-98），但是也出现了这种结构的很多变化，如在莲瓣旋花、如意瓣旋花之间穿插了横向的莲瓣列，按照枋心框的菱形轮廓进行排列（图5-97b/c/d/e/f/g/h）。虽然莲花瓣、如意瓣等纹样本身变化不大，趋于平面化，但是这些基本纹样之间可以自由组合，仔细看去，竟然出现很多变体。没有墨线勾勒，青绿红色叠晕，每种颜色的叠晕都以白色为最亮层次，因此色调较为明亮。

图 5-97a/b/c/d/e/f 嘉木样寝宫 /g/h 嘉木样寝宫会客厅　　图 5-98 大金瓦殿

在小金瓦殿的檐下檩找头也采用类似的结构（图 5-99a），而该殿的平板枋找头出现不同的旋花纹样，枋心框外的小如意头成弧形收紧，与旋子团花连接（图 5-99b）；有一列莲瓣出现在旋花和枋心框之间（图 5-99c）；也有以单个如意头代替旋花与如意枋心框相连的结构（图 5-99d）。平板枋找头和前几处最大的不同之处是其绘制手法，对旋子、如意形等用白线勾勒，并且勾勒富有变化，色彩的变化也具有绘画性，但是其纹样的基本构成元素是一致的。

图 5-99a/b/c/d 小金瓦殿

（7）鲁土司衙门牌坊的每段阑额找头的组合都不相同，细细分辨之下，看到都以莲瓣旋花为基本纹样，但是在组合中突出了单个的大如意头纹样，与旋子形状相似，每段旋花之间都以这种大如意头相隔（图 5-100a/b/c/d）。旋花也不是规整的整破组合，形成自由多变的找头纹样。

图 5-100a/b/c/d 鲁土司衙门牌坊阑额

大门找头部分有旋子的组合（图 5-101a），如意头与莲瓣旋花组合（图 5-101b/c）、如意旋子与莲瓣组合等（图 5-101d/e），但是没有完全相同的两处找头，即使是在同一木构上也会有一些变化，例如顺序的置换，如意头的方向变化等（图 5-101b/c/d/e），都有细微的变化，但是整体纹样和风格是一致的。仪门阑额找头变化较大,在莲瓣组成的枋心框外连接三朵如意纹样,形成一个整花(图5-102),纹样简洁。

图5-101a/b/c 大门檐内梁架 /d/e 大门外檐阑额　　图5-102 仪门阑额

大堂檐下檩找头变化多端,有仅两个四分之一莲瓣旋花的组合(图5-103a),有半个西番莲瓣旋花与旋子的组合(图5-103b),有如意头与莲瓣旋花的组合(图5-103c),其中第三种组合与仪门檐下檩相似。而这三种旋花组合类型在阑额上又添加了莲瓣和如意形,进行了叠加(图5-103d/e/f),形成更为复杂、适合较长木构的组合。在大堂檐内梁架上其旋花也采用了类似的整破旋花组合(图5-103g),只是施色与外檐不同,绿色变暖,青色也较淡。而在大堂内有很多木构上的彩画是仅墨线勾勒而没有施色的,也许是后世重绘中的遗留。

图5-103a/b/c 大堂檐下檩 /d/e/f 额枋 /g 檐内梁架

(8)东大寺大门找头为旋花的整破结合,有如意头与半个莲瓣的组合(图5-104a),有两个四分之一莲瓣旋花与半个西番莲瓣旋花的组合(图5-104b)。在囊谦内既有与大门类似的莲瓣旋花组合(图5-105a),也有在整破旋花边连接缠枝纹样的结构(图5-105b),其中有与单纯的缠枝纹相连接（图5-105c），或者缠枝纹与宝珠纹样相间的找头纹样（图5-105d）。可以说此处是对已经完全融合的藏汉纹样很好的继承与传承。

图5-104a/b 东大寺大门

图5-105a/b/c/d 东大寺囊谦

5.2.4 盒子与箍头纹样的变化

整个瞿昙寺内仅在大钟楼内有盒子结构出现，而河湟地区的其他建筑中，在继承了大钟楼如意形盒子样式的基础上，出现了一些变化。箍头部分大多也从不同数量的竖条，逐渐加入了一些变化。

（1）带盒子的箍头

显教寺内檩枋找头外有盒子，檩上的盒子内绘四瓣如意头，对角青绿串色。枋上的盒子内绘十字羯磨杵，为典型的藏式纹样，箍头为黑绿色的竖条（图5-106）。殿外廊内檐下檩与殿内彩画类似，盒子内如意头纹样清晰，无施色（图5-107）。

感恩寺碑亭殿内在较长构件上添加盒子，盒子内也绘有对称如意纹，箍头也是竖条纹，与显教寺的相似，仅将花心变化成太极图形，同样的纹样还出现在金刚殿、天王殿内。金刚殿内的长木构上有盒子，内绘四瓣如意纹样，在最长木构上出现有两个盒子的结构（图5-108），增加的盒子为长方形，内绘锦纹，箍头都是竖条。天王殿内的长木构上有盒子，盒子内除了四个如意瓣纹样外，还有依据木构长度出现变化的不同几何形、锦纹的组合纹样（图5-109a/b/c/d）。

大雄宝殿内长木构上增加盒子，有长方形锦纹，有如意头组成的圆形纹样，中心为太极形，黑绿施色，竖条箍头（图5-110a/b）。

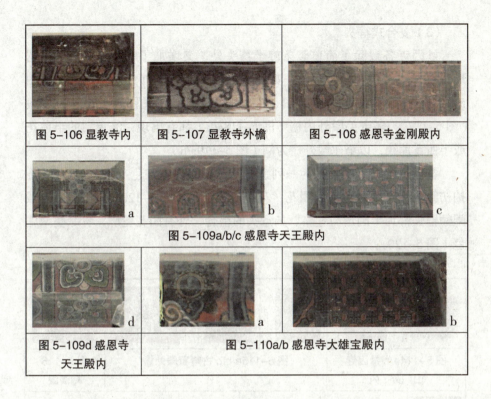

图 5-106 显教寺内 | 图 5-107 显教寺外檐 | 图 5-108 感恩寺金刚殿内

图 5-109a/b/c 感恩寺天王殿内

图 5-109d 感恩寺天王殿内 | 图 5-110a/b 感恩寺大雄宝殿内

（2）简单式箍头

大木彩画上没有出现盒子纹样，有些位置也没有箍头。而出现箍头的木构上，在单纯竖条式的基础上，增加了旋子与竖条组合的箍头。瞿昙殿外檐箍头都为竖条与旋子排列组合，根据木构高度的不同，而有三个至五个旋子的数量差异（图 5-111a/b）。在妙因寺鹰王殿内外都有这种箍头（图 5-112a/b/c），旋子与竖条的数量与施色都有变化。抱厦内次间箍头出现了半个火轮形状，中心为绿色，外施红色（图 5-113），带有明显的藏式特点，较为独特。

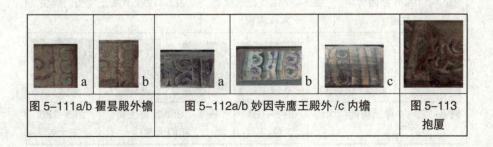

图 5-111a/b 瞿昙殿外檐 | 图 5-112a/b 妙因寺鹰王殿外/c 内檐 | 图 5-113 抱厦

283

（3）复合式箍头

妙因寺各殿除了简单竖条旋子箍头外，又增加了一些变化：①半圆形与旋子、莲瓣、西番莲瓣、如意头的不同组合，如在山门内外檐（图5-114a/b）、古隆官殿外檐（图5-115a/b/c）、禅僧殿（图5-116）、万岁殿（图5-117）、多吉羌殿外内檐（图5-118a/b）都有出现；②单独的半莲花或半西番莲纹，以塔尔殿外檐为例（图5-119a/b）。

雷坛过殿檐下檩箍头为一列莲瓣，花瓣心内施红色（图5-120a），普拍枋箍头为半个青色莲瓣团花，花心内施金色（图5-120b）。正殿、过殿阑额箍头都为半圆形与莲瓣、如意头的组合，外有团花轮廓，青绿叠晕施色（图5-120c）。

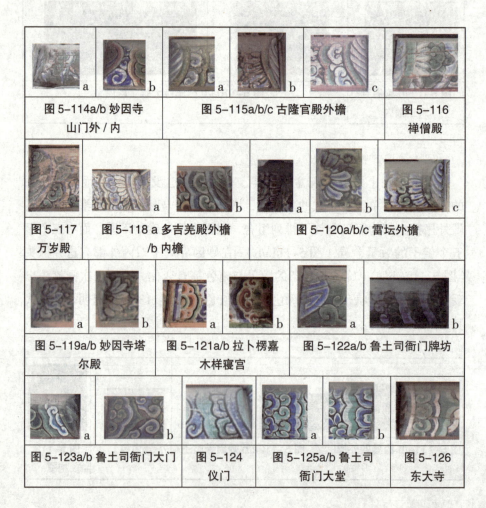

图5-114a/b 妙因寺山门外/内　　图5-115a/b/c 古隆官殿外檐　　图5-116 禅僧殿

图5-117 万岁殿　　图5-118 a 多吉羌殿外檐/b 内檐　　图5-120a/b/c 雷坛外檐

图5-119a/b 妙因寺塔尔殿　　图5-121a/b 拉卜楞嘉木样寝宫　　图5-122a/b 鲁土司衙门牌坊

图5-123a/b 鲁土司衙门大门　　图5-124 仪门　　图5-125a/b 鲁土司衙门大堂　　图5-126 东大寺

拉卜楞寺嘉木样寝宫的箍头出现了半圆形团花与竖条纹相结合的形制（图5-121a），也有单独的半个团花形制（图5-121b），与找头部分的如意头结合。更多的是没有采用明确的箍头，对汉式的三亭式结构有所改变而适用到其窄木构较多的建筑中。在青绿基础上增加深浅红色的运用。

鲁土司衙门牌坊箍头出现了半个寿字的纹样（图5-122a），也有半个旋子团花层叠形成的箍头（图5-122b）。大门处的箍头有如意头与半圆形组合（图5-123a），有半个旋子团花纹样（图5-123b）。仪门额枋箍头为半圆莲瓣团花（图5-124）。大堂箍头出现如意头、旋子的层叠，有团花轮廓相隔（图5-125a），也有单纯莲瓣的组合（图5-125b）。东大寺只有对前期箍头的继承，旋子与弧线的组合（图5-126），没有太多变化。

5.2.5 藏汉融合式特点

（1）整体结构

从大木构彩画的结构可以初步看到，汉式的三亭式结构在当地的建筑发展中，逐渐演变到两组三亭式简单叠加，到相互结合，乃至融合到没有明显的叠加痕迹，在长木构上形成完全贯通一气的池子框结构。在拉卜楞寺嘉木样寝宫更是与本土平顶式建筑完全适合，不再凸出大木的纹样，适应多条较窄木构，彩绘与雕刻相结合，形成细密而有序的结构。另外，还出现了含有包袱子的彩画结构，与连续式纹样结合，体现了苏式彩画被当地工匠学习改变的面貌，说明当地建筑彩画对汉式彩画的学习采用不仅仅限于旋子彩画，他们在学习采用过程中有着主动的变化。通过各单体建筑的联系，有一些纹样结构是一致的，也说明河湟地区彩画有着较为统一的式样。

（2）枋心纹样

在枋心纹样的选择采用中，充分体现出建筑的宗教属性和建造者的审美要求特点。在第3、4章已经分别列举了典型的汉式和藏式的纹样，而在本章的枋心内就看到了那些纹样在当地建筑彩画中的实际体现。各建筑在运用这些纹样的时候，都有着不同程度的变化。

显教寺、感恩寺的彩画基本为明代汉地官式彩画样式，如内弧式枋心框、包袱子等特点，但已经开始在枋心内出现佛龛、莲花、白海螺、金刚杵等藏传佛教纹样。枋心内采用红色作地，重要位置用金色，而在其他处也是以黑代青，仅在金刚殿前檐出现青色，应为后代所改变；在绘制手法上，纹样绘制精美，形象饱满，线条舒展有力，甚至可与该寺壁画相媲美。

在瞿昙殿的彩画上已经不再是这样直接简单将两种彩画纹样相加，而是有了一些变化，如在黑绿用色的基础上使用了石青、红、黄色调，在枋心内有梵文、宝珠纹、贡品等纹样，与凤凰纹样等同时出现，在一些细节装饰上已经有了丰富而略显细碎的地方风格特点，但是此时的绘制手法较为自由流畅，还没有形成精工细作的藏式特点。

塔尔寺的枋心内纹样虽然采用了如蝙蝠纹样、团形汉字纹样、凤纹等典型汉式纹样，但重点突出了藏传佛教的典型纹样，如吉祥梵文咒语、八贡品、金刚杵、金色法轮、宝珠火焰纹样、连珠纹等藏式纹样，以标明该殿的宗教特性。既没有拘泥于汉式青绿主调的特点，也没有出现后来藏式纹样中的以红、金为主调的特点，而是在青绿施色的同时，出现大量的土红色，并且在正面和主要位置施金，次要位置施黄色代金，形成了自己的地方特点。在拉卜楞寺嘉木样寝宫的两处单体建筑中可以看到，虽然还是采用着枋心结构，但是其形状已经简化，因其木构的变化，使得各段之间没有明显的主次感，从而形成较为细碎的特点。枋心内纹样并没有完全凸显藏传佛教纹样，而对汉式绘画亦有着欣赏之意。在色调上采用了冷暖色共有的特点，而没有特别明确的色调倾向。在此处可以说是已经完成了藏汉纹样的结合，形成了藏汉彩画融合的地方式特点。

而在妙因寺各殿、雷坛、鲁土司衙门的彩画中，体现出对地方彩画进行个体化的改变与适应。例如将枋心框形制在内弧形、外弧形的基础上继续添加很多变化，增加了如意头、莲瓣等的变化，还有多层方形框的出现。枋心内纹样非常多样，如吉祥八宝、饕餮纹样、龙凤纹样、蝙蝠纹样、博古纹样、锦纹等藏汉式纹样已经完全不分彼此，多以青绿色调出现，红色与金色只作点缀。东大寺更是后代对这种地方式建筑彩画的继承和发扬，绘制细腻严谨，色彩冷暖兼用，用金较多。绘制手法有着藏式彩画的细腻严谨，装饰风格也是富丽中不失雅致。

（3）旋花找头

大木彩画的找头部分具有三个阶段的特点：

①以传统汉式的一整二破为结构，形成整个旋花与两个破旋花的组合结构，同时也出现仅二破旋花的结构，但是能够清晰辨别整破界限。单体旋花的形制也较为完整，以花心为变化特点，花瓣多以如意形组成，外面有完整的团花轮廓。这种找头彩画主要存在于显教寺、感恩寺，妙因寺的万岁殿内也有出现。

②以不同样式的缠枝纹样作为找头，有些缠枝纹舒展宽大，有些细密繁杂，以缠枝纹形成外弧形枋心框外的菱形结构，或者直接与枋心框相连。但是不再是典型藏式的以金色为主，而是以青绿为主色调，间有红、黄等暖色调节。这类纹样主要出现在瞿昙殿、塔尔寺，在妙因寺古隆官殿也有出现。

③在整破旋花的基础上，对其进行叠加或者简化，将整旋花变为半个旋花，将破旋花演变为四分之一角的旋花，甚至以如意头代替破旋花的位置。在这种新的"整破"旋花之间，以"一整二破"结构为基准，有进行简化的，形成单整或仅二破的结构；也有进行繁化的，形成更多层叠变化，同时中间夹有大如意头等其他纹样，形成更多的变化。单体旋花的花心多为小旋子组成，中层为莲花瓣或者西番莲瓣，外层以旋子构成。而在这种旋花为主要构成因素的找头上，逐渐增加了缠枝纹样，并且缠枝纹样没有统一的样式，只是显得更为繁密，同时在缠枝纹上间有金线勾勒，明显带有藏式纹样的特点。而这种简化或繁化的变化融合式找头多出现在拉卜楞寺、妙因寺、雷坛、鲁土司衙门等处，在塔尔寺也有出现。

这三种特点的找头纹样在河湟地区的建筑中以不同侧重的面貌出现，其中以第三种旋花与缠枝纹样的融合式居多，其中的变化也最为丰富，可以作为该地域藏汉融合式彩画找头的特点。而东大寺属于对以上几种彩画较好的继承与发扬。

同时单体旋花也具有一定的演变规律（图 5-127）。从明早期的花心外单个如意头（a），到三个如意头（b），后来将花心演变为莲座石榴头，花瓣变为五朵（c）；到明中后期将如意花瓣进一步美化，具有丰富的层次，花瓣有写生意味的翻转，花心也有了几种变化（d/e/f/g）；随后又进入到简化层次，将写生味的花瓣演变为旋子形制（h），但是在河湟地区并没有进入清代官式完全程式化的形制，而有了另外的解构及变化（i）。这种变化的过程就是明汉式旋花在河湟地区的地方化过程，它们具有阶段性和运动性的特点，相较于正规而僵化的官式彩画体制，体现出自由活泼、生机盎然的活力，也给了工匠一定的自由发挥空间。

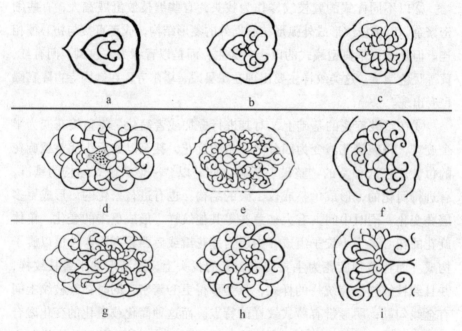

图 5-127 单体旋花变化：a 瞿昙寺中院廊庑 b 感恩寺金刚殿 c 瞿昙寺中院廊庑 d 瞿昙寺隆国殿 e 雷坛正殿 f 感恩寺天王殿 g 瞿昙寺隆国殿 h 瞿昙寺后院廊庑 i 妙因寺大门

（4）盒子与箍头

河湟地区藏汉文化开始碰撞的时候，仍然严格采用着汉式的盒子结构，大部分木构上有一个盒子，在较长木构上出现了连续两个不同纹样的盒子相并列的结构。盒子内纹样在如意头基础上增加了羯磨杵等藏式纹样，同时也有几何纹、锦纹的出现，而箍头仍然采用竖条式。在后来的演变中，盒子结构逐渐消失，而对箍头进行了变化，在竖条旁增加了旋子、莲瓣、西番莲瓣、如意头等纹样的组合。在继续发展中，箍头部分的竖条出现了半圆形的变化，有些将半圆形变成半个寿字形状，与其他纹样相组合，纹样绘制愈发多变。这种从严谨规整简洁到丰富细碎多变的演变，也是整个河湟地区彩画的一个变化规律。而且在这些箍头形制中也会发现各个单体建筑之间的相似之处，看到彼此之间的联系，得到整个河湟地区彩画中箍头的面貌特点。

前面对檩枋等大木构上的纹样通过对其整个木构彩画的结构、枋心框形制及其枋心内纹样、找头部分的结构及纹样变化，可以看到汉式的旋花彩画在河湟地区通过与藏式纹样的结合，逐渐演变，趋向于繁化和简化的两极变化，以适应当地建筑木构特点和审美要求。同时将枋心内的纹样进行改变，以适应藏传佛教的需要。从下面的一组大木整体彩画线描图（图5-128a/b/c/d）可以清晰地看出这种从整体结构到各局部的变化。

图5-128a 感恩寺天王殿 /b 感恩寺金刚殿 /c 妙因寺大门 /d 妙因寺多吉羌殿

5.3 普拍枋等窄枋的彩画变化

5.3.1 整体结构

在有些建筑上，斗栱上的檐下枋和普拍枋较窄，而有些建筑在檐下枋和普拍枋的上下还有窄条枋。这些木构的特点是窄而长，一般绘有延续性的二方连续结构的纹样，纹样形制也出现了很多种类。在河湟地区不同的建筑中，发现他们不同时期的建筑中在这类木构上会采用相似或相同的纹样，而类似的纹样在不同建筑中又有着形制与色彩的一些变化。其中比较典型的有升降云纹，几何纹样，莲瓣纹样等等，它们在不同建筑上出现的不同面貌，从细节处反映了藏汉彩画相互结合的特点。

5.3.2 纹样形制

（1）显教寺普拍枋绘升降云纹，升青降绿形制，以黑代青。外圈普拍枋云头中间绘圆形花心，墨线勾勒外形，在绿地云头内又有红线勾圈，黑色为地云头内为红色实心（图5-129a）。内圈普拍枋的升

图5-129a/b 显教寺内普拍枋/c 外檐檩下枋

降云纹内绘右旋白海螺纹样，升降云纹里面的海螺纹样皆相同，墨线勾勒填色（图5-129b）。显教寺殿外檩下枋整体绘拉不断几何纹样，墨线双勾无施色（图5-129c）。

（2）感恩寺金刚殿内普拍枋有左右对称的两瓣式升降云纹，这种纹样在木构中心为三瓣式一朵升云纹，在其两侧排列方向相反的两瓣式纹样。内绘红色半圆形花心，升青降绿（图5-130a），在瞿昙寺中院见到类似纹样。在同一殿内的随梁枋上绘常见的三瓣式升降云纹，但是施色为升绿降青（图5-130b），甚为少见。还有几何纹拉不断纹样（图5-130c）。在枋的底面绘有二方连续锯齿状卷草纹（图5-130d），施黑白色。

图 5-130a 感恩寺金刚殿内普拍枋 /b 随梁枋 /c 檩下枋 /d 枋底面

感恩寺天王殿内、菩萨殿和护法殿内的普拍枋上依然绘升降云纹，为常见的升青降绿，以黑代青，绘制精细（图 5-131）。在檩下枋的底面也有卷草连续纹样，与哼哈殿类似，只是施色为绿黑相间（图 5-132）。

图 5-131 感恩寺天王殿内普拍枋

图 5-132 菩萨殿内枋底面

感恩寺大雄宝殿外檐檩下枋绘升降云纹，因该殿为本寺的主殿，正檐的云纹较为细致，云头内除了黑绿二色之外，加了一层朱砂色（图 5-133a）。花心也由简单圆形变为栀花形，而侧檐的相同纹样则绘制较为简单。正檐下的枋底面绘有红黑色交替的连续拉不断纹和波浪锯齿纹，黑地，白线勾勒，纹样施红色（图 5-133b）。殿内普拍枋上大部分绘连续几何纹，这种几何纹样在其他殿外都有出现，但是唯此处的色彩保存最佳，以红色为地，在黑绿色基础上增加了黄色（图 5-133c），而在外圈上层普拍枋上绘有缠枝莲花纹，并且在花头上结合佛八宝纹样，红色为地，花头翻转施黄色，枝叶施黑绿色（图 5-133d），花卉与佛教纹样完全融合，并且枝叶与花瓣扭转自然生动。

图 5-133a 感恩寺大雄宝殿外檐枋正面 /b 外檐枋底面 /c/d 殿内普拍枋

（3）瞿昙寺瞿昙殿东下檐平板枋绘有两两相对的斜回纹，黑色为地，施绿、白色（图5-134a），外下檐处为升降云纹，云头弯曲度比较大（图5-134b）。在后上檐檩下枋绘有缠枝卷草纹样（图5-134c），比感恩寺大雄宝殿内的更为图案化，而与妙因寺、雷坛所见相似。抱厦内次间梁下枋绘有斜回纹，施红绿白色（图5-134d）。在前内檐处的檩下枋上有层叠纹样，为卷草纹、回纹、梵文等纹样（图5-134e），各种纹样兼容并存。

图5-134a/b 瞿昙殿外檐平板枋 /c 后上檐檩下枋 /d 瞿昙殿抱厦内梁下枋 /e 抱厦内檐檩下枋

（4）塔尔寺释迦佛殿外下檐的普拍枋下面接一连续莲瓣枋（图5-135），这类纹样多出现在藏式彩画的门框、梁枋等处，而此处出现在普拍枋之下、阑额之上，属于在汉式建筑形制中对这类藏式纹样的成功运用。

图5-135 塔尔寺释迦佛殿外下檐莲瓣枋

（5）妙因寺山门外檐普拍枋之下压一条雕绘的拉不断纹（图5-136a），大门内檐梁下绘有回纹，墨线勾勒，内齐白线，施蓝、绿红色（图5-136b）。鹰王殿外檐的斗栱上下枋都绘丁字纹，上下方向相对，但施色不同，下面普拍枋的斜角丁字纹有立体感（图5-137）。科拉殿外檐檩下枋每段绘有不同的连续纹样，有左右对称的单独西番莲瓣排列（图5-138）、回纹、丁字纹等，青绿施色。塔尔殿外檐檩下枋与科拉殿相似，还出现了雕绘的左右对称拉不断纹（图 5-139a）、斜回纹、莲瓣纹样（图 5-139b）等。万岁殿外檐檩下枋为立体丁字纹样（图 5-140a），绿色为主调，普拍枋上绘连续莲花卷草纹（图 5-140b），与感恩寺大雄宝殿内普拍枋纹样有所相似。禅僧殿后檐普拍枋也有莲花缠枝纹样，不过保存不佳（图 5-141a），在斗栱上的条枋绘有如意头盒子纹样（图 5-141b），青绿串色，在妙因寺内属独特。多吉羌殿外檐斗栱上枋条绘有不同的连续纹样（图 5-142a），殿内普拍枋上有莲花缠枝纹样（图 5-142b），还有连续的十字锦等三种几何形纹样（图 5-142c/d/e）。殿外以青色调为主，而殿内增加了红色。

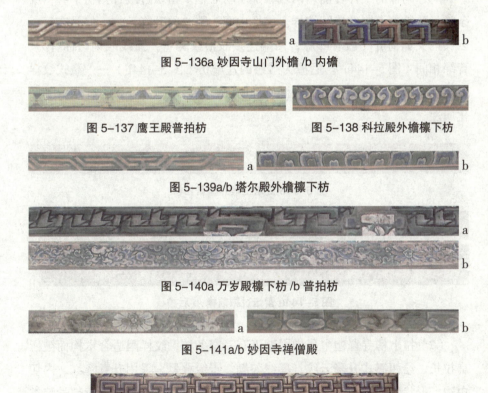

图 5-136a 妙因寺山门外檐 /b 内檐

图 5-137 鹰王殿普拍枋　　图 5-138 科拉殿外檐檩下枋

图 5-139a/b 塔尔殿外檐檩下枋

图 5-140a 万岁殿檩下枋 /b 普拍枋

图 5-141a/b 妙因寺禅僧殿

图 5-142a 多吉羌殿外檐 /b/c/d/e 多吉羌殿内

（6）雷坛正殿外檐为清代所绘，侧檐普拍枋绘莲花缠枝纹样（图5-143），同样的纹样在前檐两端添加了枋心框。雷坛过殿普拍枋下有一细条枋，雕绘着不同的连续纹样。前檐中间为雕绘的升降云纹，但是在每个云头内又如荷叶一般有叶脉，两端连接波浪纹翻卷，弧线雕刻匀称有力，青绿相间（图5-144a）。后檐为雕绘的莲瓣枋（图5-144b）——藏式纹样又出现在道教建筑中，可见彩画到此时已经在该地域相互融合，不分其文化属性。

图 5-143 雷坛正殿外檐普拍枋

图 5-144a 雷坛过殿前檐 /b 后檐

（7）拉卜楞寺释迦牟尼佛殿檩下有一窄条枋，纹样因适合木构而被压扁拉长。绘两瓣式升降云纹，墨线勾勒，青绿叠晕，采用升青降红，内切白边。形状勾勒较为随意，不是非常严整（图5-145）。对比下续部学院类似的纹样（图5-146），形制有所区别，虽然色彩都采用了红色与青绿色的升降云纹，释迦牟尼佛殿的施色有晕染变化，不似下续部学院的那么规整谨细，而下续部学院采用了沥粉勾金，匀称施色，加强了装饰感。嘉木样会客厅的莲瓣枋除了在大门框上出现之外，在檩下条枋上也出现了，与塔尔寺出现的情况类似，青绿串色，橘红与白色相间隔（图5-147），色彩不饱和。同时在莲瓣枋下还有一丁字纹窄枋，施金色，可以说此处将莲瓣这种典型藏式纹样完全与其他纹样融合，适用于当地建筑。

图5-145 拉卜楞寺释迦牟尼佛殿檩下枋　　图5-146 拉卜楞寺下续部学院

图5-147 嘉木样会客厅

（8）鲁土司衙门牌坊的檩下枋有拉不断纹、丁字纹（图5-148a）、盒子如意纹样（图5-148b）、升降云纹（图5-148c）等。在普拍枋上有丁字纹、升降云纹等纹样。大门外檐檩下枋绘如意盒子纹样，普拍枋上绘连续回纹（图5-149）。在仪门的檩下枋每段也是不同的纹样，不过各自都对称，有莲瓣纹、如意纹、旋子纹（图5-150）。大堂檩下枋也出现了四种连续纹样，对称拉不断纹与妙因寺塔尔殿处相似，如意纹、升降云纹等都有变化（图5-151a/b/c/d）。如意门檩下枋为红地上浮雕施绿色的丁字纹样，中间夹有雕绘的寿字纹样，有方形、团形，间有蝙蝠纹样（图5-152a）。平板枋上出现了一种宝珠卷草纹（图5-152b），红色为地，青绿绘纹。

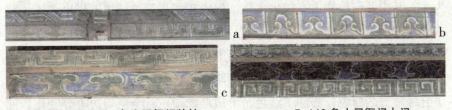

图5-148a/b/c 鲁土司衙门牌坊　　5-149 鲁土司衙门大门

图5-150 鲁土司衙门仪门

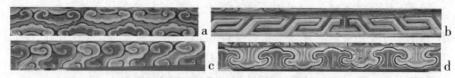

图 5-151a/b/c/d 鲁土司衙门大堂

图 5-152a/b 鲁土司衙门如意门

（9）东大寺的囊谦内梁枋的底面也绘有缠枝纹样（图 5-153），白地黑线，无施色，纹样形制与前面感恩寺所见的类似，只是此处的勾勒曲线更为活泼多变。

图 5-153 东大寺囊谦内枋底面

5.3.3 藏汉融合式特点

从以上各例可以看到，窄枋上的纹样多以文化属性不明显的连续纹样为主，其中几何纹样占有较大比例。但发现了连续纹样里同样也渗入了藏式纹样的因素在其中，如升降云纹，又叫降幕云或降幂云纹，是在汉式建筑彩画中常见的窄条枋上纹样，在显教寺出现了在云纹内添加藏式白海螺的纹样，同时将汉式较为统一的升青降绿用色制度进行了灵活改变，出现了升绿降青的施色，添加了红色，形成红绿施色，金色勾边等等变化。同时，对如意纹、莲瓣纹与几何纹样相协调普遍应用，例如在雷坛的道教建筑上也采用了莲瓣枋的雕绘纹样，鲁土司衙门的如意门上采用了缠枝宝珠纹样。虽然他们不属于藏传佛教建筑，但是在纹样的选择上同样使用了藏传佛教典型纹样，显然已经没有明确的界限，而是根据建筑木构的需要来选用。几何纹样的应用最为广泛，无论什么性质的建筑中，都会或多或少地采用这种单纯装饰性的纹样，尤其在非宗教建筑的鲁土司衙门，更是几何纹样的集锦。这些纹样的制作手法除了绘制以外，也添加了先雕再绘的手法，显然是结合了藏式彩画的制作手法。虽然这些建筑彩画不是同时期所绘，但是可以看出各种彩画纹样之间的相似性联系，同时也看到每类纹样在后代具有的变化。

5.4 斗栱纹样的变化

5.4.1 由棱间装到卷云纹

（1）显教寺殿内有内外两圈斗栱，斗栱的形制相同，栱上缘皆雕饰⌒⌒形，只是所绘纹样不同。外圈的斗栱为棱间装形制，外勾墨线，内齐白边，黑绿串色，无叠晕。耍头上雕刻三福云形制，施黑绿红色（图5-154a）。内圈斗栱在斗上绘有锦纹，施黑绿红色，在栱上绘有S形卷草纹，仅黑绿色（图5-154b）。殿外斗栱与殿内相同，只是色彩不存。

图 5-154a/b 显教寺殿内斗栱

（2）感恩寺金刚殿内外檐斗栱在横栱木构的上边缘为如意形⌒⌒，与显教寺所见相似。内檐和后檐斗栱彩画均采用棱间装形制（图5-155）。天王殿内檐斗栱依然为棱间装形制，但在耍头上雕刻三福云形状，红色为地，云头上施黄、绿、黑色（图5-156a）。斗和栱之间、相邻斗栱之间黑绿串色（图5-156b）。与此类同的斗栱还出现在碑亭殿内檐斗栱，护法殿、菩萨殿内外檐斗栱，但是它们几处的色彩保存不佳。

图 5-155 感恩寺金刚殿内檐　　图 5-156a/b 感恩寺天王殿内檐斗栱

金刚殿前檐斗栱上施以花纹（图 5-157a）。耍头雕麻叶头，在侧面形成卷云纹形状，正面绘以对称的如意卷云纹。所有斗上都绘对称如意头纹，横栱上依据木构形状拉长了如意卷云纹，大小卷纹组合，以弧线纹样消解了木构的直线条。华栱下面也绘有左右交互的卷云纹，在青绿色上染有白色（图 5-157b）。昂上花纹已不存，在相邻斗栱间青绿串色。

垂花门有四攒斗栱，两边柱头斗栱整体施青色，中间两攒整体施绿色。木构边缘整体压白边，内部施青绿色，双层叠晕。栱两边绘对称上弧形，形成如意柄的形状，末尾翻卷如意头状。坐斗的斗底上绘相向的如意卷云纹，其他散斗上没有花纹，在白边内施青或绿色（图 5-158）。

图 5-157a/b 感恩寺金刚殿前檐　　图 5-158 感恩寺垂花门

大雄宝殿外檐亦为相同的棱间装形制，昂上色彩不存，斗栱上可以看到黑绿色残留。殿内檐斗栱虽然形制不同，但是全部有绘制精细的彩画。转经廊上的斗栱栌斗外轮廓施绿黑串色，内绘不同形制的锦纹，其他散斗上绘较为简单的锦纹，施绿、黑、红色。华栱上绘黑绿串色的波浪形锯齿纹（图5-159a）。主佛堂内层斗栱与廊上的有所不同，在耍头上雕刻三福云头，并且加一道装饰性的横栱，也雕作相同的云朵状，各云头上施红、绿、黑、黄色，在各个斗上亦绘有各不相同的团花锦纹（图5-159b），与转经廊上的类似。从以上细节体现着该殿在全寺的主尊地位。

图5-159a/b 感恩寺大雄宝殿内檐

这种装饰性较强的三福云雕绘木构形制在鲁土司衙门祖先堂内也有见到，并且更加突出其装饰性。祖先堂内的单翘单昂斗栱的昂嘴卷曲，如象鼻一般（图5-160a）。两横栱雕刻成大小两组卷云纹，宽大厚重，类似斗栱上所见三福云形制的夸大表现（图5-160b）。昂嘴与栱上的雕刻从正面看如大象头部形状，也许是工匠出于象形的思考，但色彩不存。

图5-160a/b 鲁土司衙门祖先堂

（3）塔尔寺弥勒佛殿外上檐和下檐的斗栱形制虽有不同，但是彩画基本一致。在栌斗的斗底上绘对称如意纹，斗耳和斗腰处绘五彩宝珠火焰纹样，散斗上纹样类似，只是缩小以适应木构面积。栱上绘拉长的如意卷云纹，与感恩寺处的相似。华栱底面也绘有如意头纹样，上面绘叠晕方框形。整个斗栱上以黑线勾勒边缘线，内齐白边，色彩在青绿基础上增加红色，各色都有叠晕（图 5-161a/b）。释迦佛殿的斗栱也采用类似的纹样，只是因木构缩小，使得如意头等纹样都缩小简化，缺少变化，色彩叠晕简单（图 5-162）。

图 5-161a 塔尔寺弥勒佛殿上檐 /b 弥勒佛殿下檐　　图 5-162 释迦佛殿下檐

（4）瞿昙寺瞿昙殿只有抱厦处有斗栱，外檐斗栱色彩脱落严重，似为缠枝纹样与如意纹的结合（图 5-163a）。内檐斗栱的斗底上为如意纹，栌斗的斗耳和斗腰在外轮廓线内为半莲花纹样，散斗处为方形多层小盒纹。栱上绘长弓形如意纹，施绿红色（图 5-163b）。华栱上满绘如意纹与缠枝卷草纹（图 5-163c）。墨线勾勒，内齐白线，施色无叠晕。斗栱纹样与前几处建筑的甚为相似，只是在施色上多了橘红色，青绿色的纯度降低。

图 5-163a 瞿昙殿抱厦外檐 /b/c 抱厦内檐

（5）妙因寺山门斗栱出跳处是45°倾斜的直线形，栱的上边沿是弧线形，斗为菱形。栱的正面绘长如意纹，斜面处为方格几何纹。栌斗上雕南瓜形，斗底绘对称如意纹。斗栱的耍头也雕为麻叶头，侧面为云形，正面绘如意纹和涡旋纹组合（图5-164）。墨线勾勒，内齐白线，青绿施色，无叠晕。在单朵斗栱内串色，相邻斗栱间无串色，也就是说每朵斗栱施色规律相同。

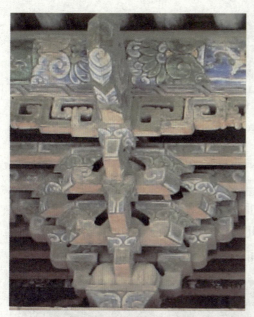

图5-164 妙因寺山门

鹰王殿外檐的三踩斗栱的斗上整体绘如意纹，下绿上青，黑色地。栱上绘有上下对应的卷草纹，以土红作地。耍头上也为上下翻转的对称如意纹排列（图5-165）。纹样墨线勾勒，色彩无叠晕，显得每个花纹的色彩比较宽大。

图5-165 鹰王殿外檐

万岁殿斗栱上边缘皆为水平的如意形⌒⌒。外檐的斗底为对称如意纹，栌斗的斗耳和斗腰绘半朵莲瓣旋花，散斗上为方形小盒。栱正面遍施小云朵形的旋子纹与卷草纹（图5-166a），栱及昂侧面同样绘了卷云纹（图5-166b）。耍头上绘青绿叠晕几何形，有些用卷云纹作四角变化。昂嘴为五边形，截面上绘有相对的两个卷云勾，似猪鼻。墨色勾线，内齐白边，施青绿色。纹样对称，相邻木构串色。内檐斗栱色彩变暗，但是仔细分辨，斗上纹样一致，栱上纹样较殿外简洁，仅为长如意纹（图5-166c），与感恩寺金刚殿外檐、垂花门处的相似。殿内色彩增加了红、黄色。

图 5-166a/b 万岁殿外檐 /c 殿内

禅僧殿外檐五踩斗栱的斗底绘如意纹，前檐的斗较后檐处多了对旋子纹，斗耳和斗腰绘半个莲瓣与卷草纹样（图 5-167a/b）。栱与华栱上都绘如意纹与卷草纹相衬托，青绿相间叠晕施色（图 5-167b/c）。栱的转折截面有如意纹（图 5-167b），也有几何形纹样（图 5-167c）。墨线勾勒，内齐白线，整个斗栱上绿色较多，间以青色，相邻木构串色。

图 5-167a 禅僧殿前檐 /b/c 后檐

多吉羌殿外檐为七踩三昂斗栱，斗上纹样与禅僧殿、万岁殿相同，斗底绘如意纹，斗耳和斗腰纹样有卷云与卷草纹，有莲瓣卷草纹，还有其他变化的纹样。昂与栱上的纹样与万岁殿相同（图 5-168a），只是此处青色占主调，与万岁殿的绿色调不同。相邻斗栱上青绿串色。内檐斗栱形制与感恩寺大雄宝殿的相似，都有三福云雕绘装饰（图 5-168b），云头为青绿黄色。其他纹样与外檐相同，只在青绿色上增加了红色为点缀。

图 5-168a 多吉羌殿外檐 /b 殿内檐

图5-169 雷坛正殿外檐

（6）雷坛正殿内檐斗栱整体为棱间装形制，而外檐斗栱纹样与妙因寺的小如意卷云纹相同，斗底为相对的如意纹，斗耳和斗腰处以莲瓣旋花相连。在栱上为如意纹与卷草纹结合。墨线勾勒，内齐白线，青绿叠晕施色，相邻木构串色（图5-169）。斗栱与梁枋彩画的繁密纹样融为一体，与殿内棱间装形制比较，殿外看似更为繁华，实则消解了斗栱原本硬朗的结构和力量感。

（7）拉卜楞寺小金瓦殿斗栱的出跳处是45°倾斜的直线形，上边沿弧线弧度很大，几乎接近折线，与斗的菱形外沿相连（图5-170），与妙因寺山门处相似。栱上绘如意头纹样。栌斗底绘对称如意纹，斗耳为雕刻棱形，似南瓜棱，但外形为方形。散斗底绘仰莲瓣或如意头，斗耳和斗腰绘斜方形绘几何纹样。墨线勾勒，内齐白线，施青绿色叠晕，相邻木构青绿串色。

图5-170 拉卜楞寺小金瓦殿外檐斗栱

（8）鲁土司衙门牌坊正楼、次楼有上下两层斗栱。上层皆为三踩斗栱，下层各为十一踩和九踩斗栱。斗底绘对称如意形，接斗腰和斗耳的方形盒子。上层斗栱的栱较细，绘长尾旋子纹（图5-171a）。下层斗栱的栱比较宽，绘如意纹与缠枝纹，并且将栱与栱之间用实心板相连接（图5-171b），与瞿昙殿抱厦斗栱形制相似，整体绘如意卷草纹，左右对称。黑白线勾勒，青绿施色，无叠晕。木构间青绿串色，形成层叠繁密的效果。有些木构在后代维修中进行了替换，上面无彩绘。

图 5-171a/b/c 鲁土司衙门牌坊斗栱

而边楼的七踩斗栱有两层带斜角的斗栱，使得侧面纹样在正面亦可见，与妙因寺大门拉卜楞寺小金瓦殿上的结构相似。斗栱纹样与中心三间相似，仅对如意纹的长弓形增加了一点变化。但是在青绿串色之外，增加了橘红色（图 5-171c）。

5.4.2 "苗檩花牵"纹样

苗檩花牵是一种用花牵代替栱的檐下木作，为甘青等地建筑工艺中庄窠院①建筑的地方式木构作法（图 5-172）。具体做法为：用檐牵横向拉结檐柱。檐柱头用托手与金柱拉结，托手头挑出檐步，端部做出栱形，上施一斗；也有做云头形而不施斗者。梁头挑出檐步坐于斗上，端部雕出耍头，其上对柱中承老檩，对斗中承苗檩。藏传佛教建筑中苗檩花牵的做法有许多灵活的变化。在结构方面，除用于坡顶檐口外，也可与藏族传统的平顶建筑结合使用，这种情况下只需使苗檩与老檩的上皮同高，上承平橡即可②。而从彩画的角度看，这类木构上的彩画主要存在于耍头与斗的部分。

（1）拉卜楞寺在下续部学院的大门入口就有苗檩花牵结构，属于较为早期的做法，耍头作云头雕刻形制，只是色彩不存（图 5-173a）。大金瓦殿金顶檐下也有类似形制，雕卷曲云头状。正面绘几何形（图 5-173b），侧面依木构绘舒展的流线纹，无墨线，红绿叠晕施色，青色只作点缀，木

---

① "庄窠"院建筑是青海农业区农民多年不断改革完善的一种民居，以一户为独立单元，沿庄墙内四周或三面，有的为二面布置房屋，多为三间一组，中为堂室，两侧为卧室。房屋多设檐廊。参见陈梅鹤《塔尔寺建筑》．北京：中国建筑工业出版社，1986．P14．

② 参见唐栩《甘青地区传统建筑工艺特色初探》．天津大学硕士论文，2004．PP70—72．

构间红绿串色（图 5-173c）。在嘉木样寝宫处，耍头处的卷云纹更为明确，三朵云头施青、红色或绿、红色，白线勾勒，斗上的云纹亦与其类似（图 5-173d）。

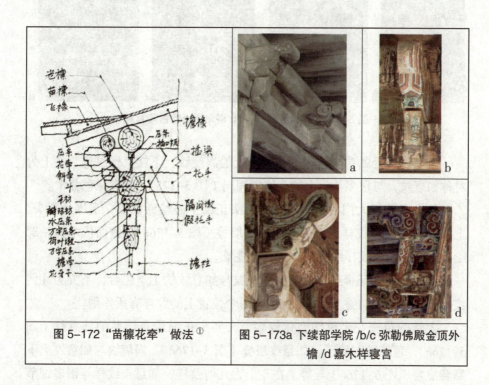

图 5-172 "苗檩花牵"做法[①]

图 5-173a 下续部学院 /b/c 弥勒佛殿金顶外檐 /d 嘉木样寝宫

（2）妙因寺、雷坛过殿、鲁土司衙门的苗檩花牵纹样相似。妙因寺科拉殿外檐苗檩花牵的耍头也作云头状，截面中间绘如意纹，上下绘直线双层盒子纹。斗上绘云纹与方形纹样结合（图 5-174a）。

塔尔殿外檐"苗檩花牵"形制，在柱间部分斗上接耍头，柱头上承二层梁头，向外伸出作云朵形。斗上作对称如意纹，四面图案相连接。耍头作云头状，正面施卷云纹，每一个耍头上的纹样都有变化（图 5-174b）。墨线勾勒，相邻木构间青绿串色。

古隆官殿的苗檩花牵与塔尔殿相似，只是纹样略有变化，云纹的方向和方形盒子的纹样都有所变化（图 5-174c/d）。青绿叠晕施色，木构间无串色。

[①] 图片采自唐栩《甘青地区传统建筑工艺特色初探》. 天津大学硕士论文，2004. P70.

图 5-174a 妙因寺科拉殿 /b 塔尔殿 c/d 古隆官殿

雷坛过殿处的苗檩花牵，在耍头上绘涡旋纹，下接几何纹样，斗上为对称如意纹，与很多斗栱上的斗纹样相同（图 5-175）。施青绿色叠晕。

鲁土司衙门大门的苗檩花牵，耍头正面中心绘漩涡纹，下接如意头，上接莲瓣与旋子纹样，下方为如意形层叠（图 5-176a）。侧面依木构轮廓绘旋子卷云纹，纹样线条舒展，青绿叠晕。

仪门的苗檩花牵在正面绘有涡旋纹与如意纹的上下组合，下方为几何纹样、如意纹的层叠（图 5-176b），每个位置上的纹样有所差别。

大堂的苗檩花牵纹样变化较多，在耍头正面绘有层叠的如意纹（图 5-176c），莲花纹与旋子、如意纹层叠（图 5-176d），涡旋纹与如意纹上下翻转层叠（图 5-176e）等等。在斗上为几何纹样、如意头纹样等诸多细节不同的纹样。墨线勾勒，内齐白线，青绿施色，木构间无串色。祖先堂外的苗檩花牵为新绘，耍头由层叠莲花纹连接如意头，斗上为各方向如意头层叠（图 5-176f），都施青绿色。

图 5-175 雷坛过殿

图 5-176a 鲁土司衙门大门 /b 仪门 c/d/e 大堂 /f 祖先堂

5.4.3 藏汉融合式特点

河湟地区大部分斗栱的栱上边缘都为如意形弯曲的弧线雕刻，这在感恩寺、妙因寺、显教寺的各殿都有存在。另外还有些斗栱的栱上边缘为弧线，下边沿与直线相结合，如妙因寺山门、拉卜楞寺小金瓦殿、瞿昙殿抱厦等处。尤其在雷坛正殿内外的反差可以清楚地看到这种变化。

通过对比分析，可以看到斗栱纹样从早期的棱间装形制，逐渐演变，加入如意纹，后来又加入缠枝卷草、莲瓣、锦纹等纹样，由疏简到繁密、破刚直为圆柔的变化轨迹较为清晰。并且也看到这种如意卷草纹已经成为河湟地区建筑中较为统一常见的斗栱纹样，由此可见藏汉建筑中斗栱纹样的演变轨迹与现存的面貌，而建筑装饰纹样的繁密化也是汉式纹样被藏化的一个规律。下面以一组线描图概括和展现河湟地区几种斗栱的典型纹样及演变过程（图5-177a/b/c）。

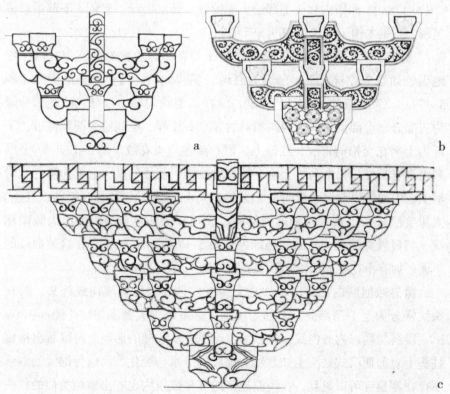

图5-177a 感恩寺金刚殿外前檐斗栱 /b 大雄宝殿内斗栱 c 妙因寺多吉羌殿斗栱

与斗栱上类似风格的纹样同样出现在"苗檩花牵"上，该木构本是适应甘青地方式建筑而产生，故其彩画也多为适应地方式的细密纹样，可以说是藏汉融合式斗栱纹样的缩写。在早期的几何形、如意形纹样的基础上，逐渐将如意纹、卷云纹、旋子等纹样反复层叠，结合锦纹、莲花纹、涡旋纹等，愈加繁化，变化丰富。色彩多采用青绿叠晕，红色点缀，在整个木构上形成较为繁密的装饰。

5.5 柱头、梁头等纹样

5.5.1 锦纹柱头

显教寺殿外廊内的矮柱头上绘有四瓣相连的锦纹，上下有黑带箍头（图5-178a）。而殿内柱头上部绘大圈锦纹，施红、绿、黑色，下部由彩锻包裹，不见木构（图5-178b）。

感恩寺菩萨殿内柱头上箍头为墨线勾勒、黑色叠晕的宽带，内绘红地黑色如意头纹样。下半部分为红地、墨线勾勒、白色点染的锦纹（图5-179a）。天王殿柱头以红色作地，纹样以墨线勾勒填以绿色的宽带分隔为三部分，上部箍头内为两两相对的如意头纹样，中间绘大圆圈锦纹，下部为十字花交错的锦纹，红地上以黑、黄色点染花纹（图5-179b）。金刚殿内没有长柱，只在角柱上绘有较短的纹样，墨线勾勒，上下为黑色宽带箍头，中间绘以双层莲瓣向上（图5-179c），纹样地色与柱身都施以红色。大雄宝殿柱头出现了两种彩画结构，较短柱头在宽条箍头内绘大圆圈锦纹，与显教寺的类同，施红黑绿色（图5-179d）。较长柱头在这种锦纹的下面还加有小花朵的锦纹，形成疏密对比（图5-179e）。

瞿昙殿抱厦内柱头以小如意头与红白色波浪轮廓线构成箍头，将柱头纹样分为上下两部分，上部为出剑纹，下部为大圆圈锦纹（图5-180a/b）。墨线勾勒，内齐白线，施以绿、红色。从纹样的形制上可以看出抱厦柱头上对前期汉式柱头上如意纹、锦纹的继承与变化。而这种锦纹的继承不仅在瞿昙寺可以见到，在河湟地区的其他建筑内也有出现相类似的柱头纹样。

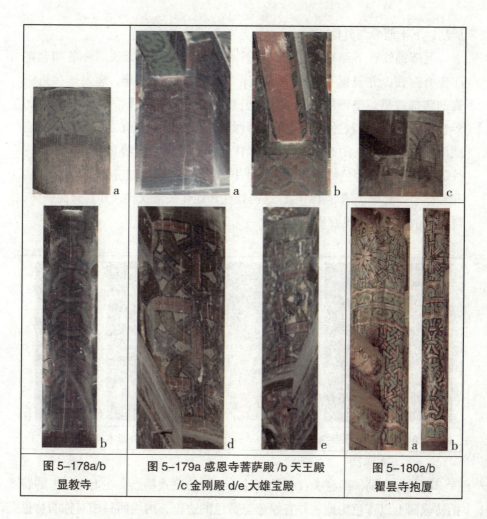

图 5-178a/b 显教寺　　图 5-179a 感恩寺菩萨殿/b 天王殿/c 金刚殿 d/e 大雄宝殿　　图 5-180a/b 瞿昙寺抱厦

5.5.2 锦纹与多种纹样结合

（1）简单结合

拉卜楞寺弥勒佛殿金顶檐下同一个柱头在廊檐内外两侧绘不同的纹样，廊外侧为锦纹（图5-181a），廊内侧为白地褐色双线勾勒的云纹（图5-181b）。中间以青、红、绿色与白线相间的直线条为箍头，箍头下方为一圈如意头相连接，依柱子表面的弧度绘制了四组垂花纹披肩，与塔尔寺、妙因寺鹰王殿所见纹样相似。而在墙体一侧的柱头上在横向彩条箍头内为较长的纵向彩条波浪纹（图5-181c），这种纹样在妙因寺也见到类似形制，下半部分与其他相同。

上部锦纹、下部垂花结构的纹样在嘉木样寝宫的家属居住处和会客厅也有存在，并且保存状况更佳。上部的锦纹变化各异，愈发地接近织锦的装饰效果，下部的垂花纹下方还绘有丝织品中见到的流苏纹样（图5-181d/e/f）。而比较独特的是在会客厅红色门柱的垂花纹之下为长条状白地黑色的虎斑纹（图5-181g），在居住处的门柱上绘有饕餮纹样，绿色花纹的脸部上长有金色犄角，金色鼻环下方为三段流苏纹连接的玉佩、如意和吉祥结等装饰（图5-181h），这两处柱饰通体装饰纹样，并且自成一体，再无相似之处，可见嘉木样寝宫独一无二的高贵地位。

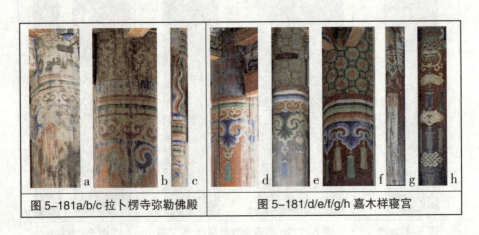

图5-181a/b/c 拉卜楞寺弥勒佛殿　　图5-181d/e/f/g/h 嘉木样寝宫

塔尔寺弥勒佛殿柱头纹样具有较为明确的藏式特点。在上檐伸出的普拍枋截面上以青色为地，外有绿色与黄色的边框，内绘两只相对称的黄色蝙蝠纹样，中心为团形汉字纹样。下方阑额的截面在青白色外框内绘有宝珠火焰纹，宝珠以青绿红色晕染，外染黄色火焰（图5-182a）。在角柱的上下彩条箍头内以青色为地，分别绘有不同的花卉纹样、卷草纹样。在明间的柱头上有相同的箍头，青绿叠晕外框，内压金线，青色为地，绘"十相自在"纹样，纹样以金色为主，点染有绿、白色（图5-182b）。

下后檐角柱上部枋头部分绘有青地吉祥梵文纹样，下方梁头依圆形木构绘金色法轮纹样。柱头上以彩条分隔，上方为仰莲瓣与连珠纹组成的箍头，下方连接如意头与垂花纹的披肩，施青、绿、红、黄色（图5-182c）。明间柱头上部为青地梵文的方框，与梁头上相似，下部分柱头纹样与角柱相同（图5-182d）。这种柱头上的垂花披肩装饰纹样是藏式棱柱上雕绘纹样的平面化，属于比较典型的藏式彩画纹样。前檐柱头上的纹样与后檐结构相同，只是方框内纹样换做吉祥八宝纹样，周围饰以卷草纹，沥粉贴金手法（图5-182e）。角柱上的梁头纹样与后檐相同，柱头上绘有花卉纹样（图5-182f）。前檐柱身用织锦包裹。

图5-182a/b 塔尔寺弥勒佛殿上檐 /c/d 下后檐 /e/f 下前檐

释迦佛殿上檐角柱表面被分开，分别绘写生折枝花卉纹样，青色为地，白色花卉。在枋头上部以绿红色绘有盒子形，下方依圆形木构绘外圆内方的钱币形纹样，红色为地，绿白线勾勒（图5-183a）。明间檐柱头上绘斜向万字纹，上下为彩色条形箍头（图5-183b）。柱身皆为红色。

图5-183a/b 释迦佛殿上檐 /c/d 释迦佛殿下檐　　图5-184a/b 妙因寺多吉羌殿

下檐柱头上长方形枋心内以青绿为地，绘"十相自在"纹样，沥粉贴金手法（图5-183c），角柱头为叠晕万字形纹样（图5-183d）。上下皆为青绿叠晕的彩条箍头，柱头下方为如意头垂花纹披肩，与弥勒佛殿相同，纹样更为清晰。

妙因寺多吉羌殿柱头上部箍头内绘有两圈小朵旋子纹，中间为纵向波浪纹。在下方绘有佛龛形"十相自在"图案（图5-184a/b），施青、金、白色。

（2）融合发展

妙因寺山门柱头色彩依稀可以辨别，上下以青色晕染的莲瓣连接绿色如意头为箍头，有直线和波浪线作为其分隔。中间为流云麒麟纹样，左右柱上相呼应，但是主体纹样色彩已脱落，只留有沥粉线和斑驳云纹（图5-185a）。类似的麒麟纹样在塔尔殿明间柱头上保存较好，可以互相参照（图5-185b）。而在古隆官殿的柱头上相似彩画结构中又有变化，箍头上只有如意纹与横条青绿叠晕施色，方框内绘祥云龙纹（图5-185c）。在雷坛过殿明间也有相同的结构纹样，在莲瓣如意箍头的中心出现麒麟纹样（图5-186a），而锦纹一般在次间出现（图5-186b）。

图5-185a 妙因寺山门 /b 塔尔殿 /c 古隆官殿　　图5-186a/b 雷坛过殿　　图5-187a/b 鹰王殿

妙因寺鹰王殿大门两侧的柱头上部以青绿叠晕彩条连接如意头为箍头，内绘菱形锦纹，青绿色上点染红白色花纹。下方为藏式垂花纹，但绘制简单（图5-187a）。殿内柱头上下为如意头连接横线为箍头，中间为纵向曲线，黑白线勾勒（图5-187b）。

而与柱头上箍头处相似的莲瓣如意纹也可作为单独纹样装饰短柱头，如在科拉殿外檐、古隆官殿等处就有相似的莲瓣如意旋子纹装饰（图5-188a），在禅僧殿与锦纹相结合，装饰柱头（图5-188b），在万岁殿仅为锦纹装饰柱头（图5-188c/d）。

鲁土司衙门的柱头上仅出现了箍头似的纹样，有旋子如意纹的交错变化（图 5-189a），有上下旋子内的竖波浪纹（图 5-189b），有单独青绿叠晕的如意纹排列一圈（图 5-189c）。而纹样如图 5-189b 在拉卜楞寺弥勒佛殿和妙因寺都有出现，此处应是对前代纹样的继承，并在东大寺大门处也得到了发展（图 5-190a）。

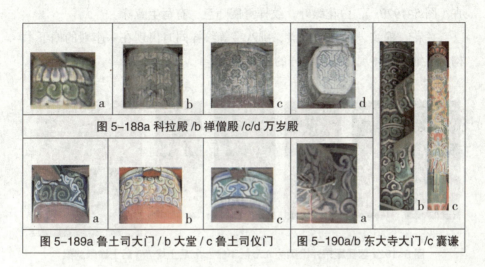

图 5-188a 科拉殿 /b 禅僧殿 /c/d 万岁殿

图 5-189a 鲁土司大门 /b 大堂 /c 鲁土司仪门　　图 5-190a/b 东大寺大门 /c 囊谦

在东大寺的大门处还出现旋子纹样的繁复组合，柱头分为上下两部分，由横条与旋子形成箍头，上下两部分内绘有层叠相错的旋子纹样，青绿叠晕相间施色（图 5-190b）。在囊谦内的柱头上绘有完整的日出升龙纹样，在绿地上绘有金色腾龙，周围饰以祥云，下部为青绿山石与一轮红日（图 5-190c），沥粉堆金，绘制精细，设色浓丽。

5.5.3 梁枋头纹样

图 5-191 显教寺外

在柱子上端伸出的梁头、枋头等处也绘有纹样，多与柱头纹样相统一又相区别。显教寺殿外檐角伸出的梁头上绘有圆形轮廓的俯莲瓣纹，中间为双层圆心（图 5-191），墨线勾勒，无施彩。

瞿昙殿外檐梁头上保留有一些纹样。在东外檐上为锦纹，交叉十字形，墨线勾勒，中心为白色，外施绿色（图 5-192a）。在后下檐上有墨线勾勒的白色莲花纹样（图 5-192b）；贡盘果蔬纹样，墨线勾勒较为灵动，白色为地，施以绿色；下方的短柱头上残存有旋子籀头，施以锦纹（图5-192c）。在后上檐的柁头上直接绘以佛八宝纹样，有宝瓶、法轮等（图5-192d/e），皆以墨线勾勒，填以白色。在后上檐的跟斜梁头上绘有花卉纹样，在白色方框内以黑色为地，以墨线勾勒有牡丹、芙蓉花卉（图5-192f/g），白花绿叶，纹样舒展随意，有写生意味。

莲花、锦纹、牡丹、贡盘、佛八宝等纹样同时出现在一座殿的檐下木构，在细节处体现出藏汉纹样的结合。

图5-192a 瞿昙殿东外檐梁头 /b/c 后下檐 /d/e 后上檐 /f/g 后上檐跟斜梁

在感恩寺多为形制不同的锦纹，如在感恩寺多吉羌殿、万岁殿、禅僧殿、古隆官殿、科拉殿、塔尔殿上大部分都绘有不同形制的锦纹，同时也绘有半莲花纹、单瓣花卉纹、多层花卉纹、如意纹、吉祥兽纹等不同纹样（图5-193a/b/c/d/e）。这些纹样多为青绿施色，只有在古隆官殿梁头上的麒麟、鹿等兽纹上施以金色（图5-193f/g）。在雷坛角柱上方伸出的梁头侧面仍然绘有与柱头相似的莲瓣如意纹，并且较为独特的是在梁头与枋头前有一块挡风板式的盾形木板（图5-194），单独进行装饰，绘有沥粉云气龙纹，色彩已褪尽，只留有沥粉线可以分辨纹样。

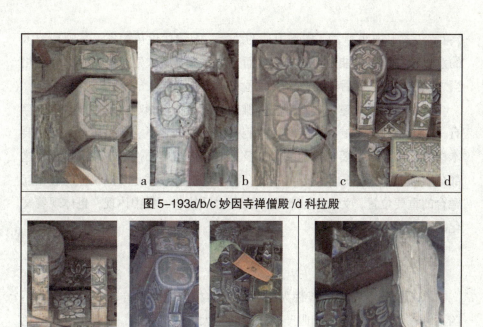

图 5-193a/b/c 妙因寺禅僧殿 /d 科拉殿

图 5-193e 妙因寺塔尔殿 /f/g 古隆官殿

图 5-194 雷坛正殿外

5.5.4 藏汉融合式特点

柱子、梁头和枋头等木构因其位置较为接近，因此彩画也多采用相似的纹样。早期多采用较单一的锦纹、莲花、如意箍头等纹样；在后来的发展中结合藏式柱子的雕绘彩画，加入一些垂花纹、莲花、佛八宝、梵文、"十相自在"等典型藏传佛教的吉祥纹样，同时也结合了一些藏汉文化中都喜爱的龙、麒麟、鹿等瑞兽纹样，对如意纹等纹样进行或繁化层叠，或简化成旋子纹、竖条纹等，并且在河湟地区的各类建筑中延续发展。

5.6 雀替、花板等雕绘纹样

雀替属于汉式建筑中采用雕刻手法较多的木构，是用于梁或阑额与柱的交接处的木构件，功用是增加梁头抗剪能力或减少梁枋的跨距。在宋

《营造法式》中叫绰幕，雀是绰幕的绰字，至清代讹传为雀；替则是替木的意思，雀替很可能是由替木演变而来。雀替与藏式建筑中托木的位置相当，发展到清代以后其装饰功能远远大于结构功能。

另外，在藏式建筑彩画多注重雕刻工艺的特点影响之下，很多建筑存有一些以雕镂为主的花板装饰，它们多位于檐檩之下、普拍枋上下等主要木构旁，作为对主要木构的装饰，极具文化性与装饰性。在藏汉建筑中这部分彩画大都采用先雕后绘的手法，因此这部分纹样是藏汉纹样能够相互融合的重要位置，为一座建筑中工匠高水平技艺的集中体现，也体现着文化的交流特点。

5.6.1 雀替纹样

（1）显教寺内柱间雀替为先雕后绘的相向龙头纹样，龙头形象并不凶猛，有点憨态可掬。圆眼凸睁，龙鳞宽大，雕刻简略，施黑、红、绿色（图5-195）。与妙因寺多吉羌殿内所见雀替的龙头形象相似，后者以青绿色为主（图5-196）。龙头状雀替在感恩寺大雄宝殿内有着不同的形象，龙嘴大张，红舌吐出至上长吻，龙嘴外有红色火焰状纹样，龙头施金色，龙角向后施土红色，鬃毛施青或绿色，比较特别的是，在龙颈的位置有雕绘的卷云纹向上伸出，施青绿红黄色（图5-197）。整个纹样设计精巧、富有动感、设色富丽。

图 5-195 显教寺殿内

图 5-196 妙因寺多吉羌殿内

图 5-197 感恩寺大雄宝殿内

（2）瞿昙寺瞿昙殿的抱厦（1782年）柱间雕有卷草纹雀替，线条简洁舒展，镂雕与阴刻线结合，有青绿色残留（图5-198）。鲁土司衙门祖先堂内（1801年）雀替与柱头上单翘单昂斗栱相连，形成十字交叉形。雀替雕刻有弧线形边框，内为大圈卷草纹相连，阴刻线形成大气细致的纹样（图5-199），但色彩不存。虽然同是卷草纹样，但是在塔尔寺又有不同的风格。塔尔寺弥勒佛殿后上檐雀替为雕镂的海石榴花连接缠枝卷草纹，施青绿色，纹样卷曲细小，雕绘细致，有细密卷曲的特点（图5-200）。在各间柱头处的雀替纹样基本一致，仅花头的方向与枝叶的卷曲度稍有变化。

图5-198 瞿昙殿抱厦外檐　　图5-199 鲁土司祖先堂内檐　　图5-200 弥勒佛殿后上檐

释迦佛殿上檐雀替雕绘折枝花卉纹样，叶茎从柱向两边生发。虽然卷草枝叶纹样相同，但是各组的牡丹花头不同，形成丰富的变化，有含苞待放、舒展怒放、半开未开等各种花姿，红色花瓣，绿色花心，白色晕染。雕刻舒展生动，枝叶翻卷，施青、绿、红、白色，设色雅致（图5-201a/b/c/d）。

后下檐柱间为雀替，明次间为雕绘的牡丹卷草纹样，枝叶卷草与上檐相同，牡丹花头层叠施白色，卷草青绿叠晕（图5-201e）。梢间较为简化，花头为单层，枝叶也减少，边柱上为单纯卷草纹，由中间到两端形成主次变化（图5-201f）。

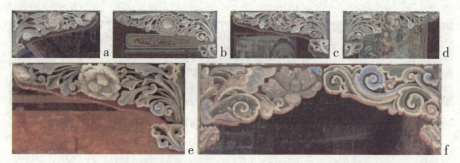

图5-201a/b/c/d 释迦佛殿上檐 /e 后下檐明次间 /f 后下檐梢间

（3）妙因寺雀替结构在各殿出现不多，只在山门、塔尔殿和古隆官殿几处柱间出现雀替。山门的雀替有三种纹样：明间为祥云龙纹，一对龙头都已不存，卷云纹呈如意形（图5-202a）；次间为喜鹊闹梅纹，树枝梅花及叶子形状占主要位置，喜鹊娇小站于枝头（图5-202b）；边柱上为卷曲流云纹，线条雕镂简洁舒展（图5-202c）。施青绿色，不过色彩脱落严重。

塔尔殿中心柱间雀替为透雕云龙纹，龙头不存，施青绿色，龙身上有施金（图5-202d），与山门处雀替的三角形外轮廓不同，整个雀替外形比较宽大厚重。塔尔殿的次间雀替为夔龙纹，与古隆官殿的明次间的夔龙纹（图5-202e）相类似，两柱间龙头方向相互呼应，仅弧线变化上有细微差别，龙尾一绿一青卷曲相背，透雕施色。

鲁土司衙门祖先堂外檐的雀替为夔凤纹，凤尾卷曲似如意头形状，青绿叠晕施色（图5-203），其卷曲的弧线与疏朗的结构与前面的夔龙纹相似。

图5-202a/b/c 妙因寺山门/d 塔尔殿明间/e 古隆官殿　　图5-203 鲁土司祖先堂外檐

（4）在塔尔殿和古隆官殿的夔龙纹还出现了龙尾在木构中间相连接的样式，形成另一种形制即骑马雀替（图5-204）。骑马雀替是将两柱间的雀替延长，在中间相连接，下面将这种雀替的变化单独列出。

图5-204 妙因寺古隆官殿

回顾河湟地区建筑的早期雀替，也有类似形制，例如在瞿昙寺宝光殿的阑额下花板在明次间的额垫板都采用高高的涤环板雕镂海棠池子作为装饰，中间为铜镜状纹样。下面雀替部分整体相连，在两角处雕镂有西番莲纹样，一朵盛开，一朵含苞待放，周围采用镂雕缠枝纹样相互连接（图5-205），风格特异。色彩已经不存，但雕镂的细节仍很清晰。

图 5-205 瞿昙寺宝光殿明间

塔尔寺释迦佛殿前下檐柱间，雀替演变为拱券形花板：以青或绿色叠晕为地绘于平板处，中间出西北独特的交叶纹，两侧对称出卷草纹，均先雕后绘，施青绿红色叠晕。形制类似藏式弓托木边缘雕绘的卷草纹形状（图5-206）。明间次间相同，梢间因木构较短，纹样更为简化。这种形制在妙因寺科拉廊见到类似彩画，科拉廊上的花板仅雕镂轮廓弧线，板上以橘红色作地，依据木构形状，绘有对称的缠枝卷草纹样，施青、白、红色（图5-207）。

图 5-206 塔尔寺释迦佛殿下前檐

图 5-207 妙因寺科拉廊

5.6.2 花板等纹样

(1) 在塔尔寺弥勒佛殿和释迦佛殿上檐的檩下都有雕镂花板,花板为对称卷草纹,但是纹样形制有所不同(图5-208a/b),红色为地,施青、绿、红色。但是在释迦佛殿下檐花板较为简单,仅轮廓线有卷草形,板上绘有青、红、绿色叠晕(图5-208c)。到科拉廊的檩下花板就更为简单化,只有弧线形轮廓,施青色叠晕(图5-209)。

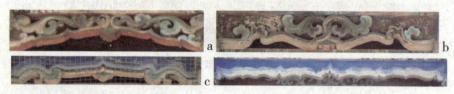

图5-208a 塔尔寺弥勒佛殿 /b 释迦佛殿上檐 /c 下檐　　图5-209 妙因寺科拉廊

妙因寺科拉殿的檩下花板为雕镂的夔龙纹,以矩形轮廓相互套叠,曲直线条变化,青绿色相间施色(图5-210a)。相似的纹样还有塔尔殿檐檩下、山门檐檩下、古隆官殿的普拍枋下的花板等,形成或直线、或弓形的装饰,每处纹样在相似中又有各自的变化(图5-210b/c/d)。

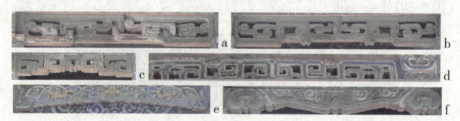

图5-210a 妙因寺科拉殿檩下 /b 塔尔殿檩下 /c 山门檩下 /d 古隆官殿普拍枋下 /e 古隆官殿檩下 /f 禅僧殿檩下

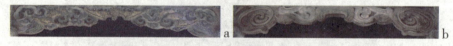

图5-211a 雷坛过殿前檐檩下 /b 后檐檩下

另外还有一种花板为蝙蝠卷云纹,云纹为雕镂施青绿叠晕,三只蝙蝠对称呼应,施金色。这种花板在妙因寺古隆官殿檐檩下(图5-210e)和雷坛过殿前檐檩下(图5-211a)都有出现。在禅僧殿还出现两端大如意头,中间为对称如意形弧线，上面绘有卷草纹，青绿串色（图5-210f）。也有将如意头纹样与卷云纹结合雕绘的花板，在雷坛过殿后檐出现，简洁大气，施青绿色（图5-211b）。

（2）除了檩下花板之外，在一些建筑的斗栱间也有花板。例如瞿昙殿抱厦在檐下斗栱间层叠的花板踩，上层为新补雕刻，最低一踩花板的外轮廓雕弧线佛龛形，在檐内外都有彩绘。外檐处中间为"十相自在"纹样，中间施金，两边绘墨线勾勒的青绿色卷草纹缠绕（图5-212a）。内檐处彩画依着龛形的轮廓绘一束缠枝纹向两边生发，左右对称，墨线勾勒，内切白线，施青、绿、红色（图5-212b）。塔尔寺弥勒佛殿与释迦佛殿在斗栱间也有与此类似的花板彩绘，不过所绘纹样变为旋子花的多层叠覆，形成类似孔雀尾羽的装饰纹样（图5-213a/b/c/d）。

图5-212a 瞿昙殿抱厦外檐 /b 内檐花板　　图5-213a 塔尔寺弥勒佛殿

图5-213b/c/d 塔尔寺释迦佛殿

拉卜楞寺嘉木样寝宫的两处建筑中，将斗栱与花板相结合。斗雕刻成瓜棱状，与檩下的雕镂花板左右相连，花板纹样每组不同。在会客厅的花板有对称卷草纹相缠接，有雕镂的几何状回纹，青、绿、红色在相邻木构间串色（图5-214a）。在居住处花板纹样有卷草纹、缠枝龙纹，与会客厅处的纹样形制不同，施青绿红色，斗的部分相串色（图5-214b）。会客厅斗下方的平板枋也是由各组雕刻纹样的花板镶嵌而成，纹样有折枝兰草、吉祥八宝彩带等，纹样因适应木构，雕刻流畅，原本施青绿色，但是色彩保存不佳（图5-214a）。

图 5-214a 嘉木样寝宫会客厅 /b 家属居住处

（3）鲁土司衙门的牌坊上有一种花板，在斗栱外围绕一圈垂花挂落，具有很强的装饰效果。以垂花柱相间隔，正楼处有上下两层挂落花板。上层的每个长方形框内以橘红色为地，雕镂不同形状的缠枝花卉、动物纹样，纹样施青绿色。下层为透雕内框，中间雕绘如意祥云、蝙蝠等纹样，施青绿色（图 5-215a）。次楼只有一层花板，与正楼的上层相同，只是加了一层亚字形内框，橘红色地上雕绘不同的卷草花卉纹样（图 5-215b）。纹样柔丽、细劲，线条疏朗。在长方形挂落的下方都连结雕刻不同如意弧形外沿的花板，青绿色叠晕间隔施色。

图 5-215a/b 牌坊挂落花板

5.6.3 藏汉融合式特点

雀替、花板部分的主要彩画工艺为先雕后绘，雕绘结合。早期的雀替纹样中多采用龙头、祥云龙纹、夔龙纹等纹样；逐渐地出现一些喜鹊、牡丹、蝙蝠等汉式传统的吉祥如意纹样，结合藏式彩画中典型的卷草纹样，出现繁化趋势，如在拉卜楞寺的花板层叠雕镂各类纹样；也出现简化的趋势，如在塔尔寺的花板和妙因寺科拉廊的花板使用仅叠晕色无其他纹样。这两种趋势共同形成河湟地区的建筑彩画特点，并且在后代的发展中逐渐趋向统一，将卷草纹与各种吉祥纹样相结合，充分发挥工匠们的雕刻技艺，形成装饰最明显的建筑彩画特点。

5.7 天花与藻井

天花藻井为建筑室内中央顶部，在河湟地区的建筑中，这部分充分体现出其建筑的宗教特性，并且表明该建筑在整个建筑群中的所占地位。但是很多河湟建筑内为露明造形制，梁架可览，并无天花结构；而藏族建筑的天顶多采用织锦包裹装饰，这在前文已有详述。由于建筑形制和建筑彩画的传统，所以河湟地区中保存天花藻井的建筑并不多，多以体现藏传佛教的曼荼罗、坛城等纹样。下面就仅有的几处建筑内的木构天花藻井装饰做以列举分析。

显教寺天花为平棊结构，中心设有藻井。平棊以中心四柱为分割，柱外与柱内各两周，内圈中心为更加升高的八阙藻井，所以在空间上形成了由外至内逐层收缩的聚焦效果。桯条较宽，在每块平棊方连接的岔角处都绘以寓意护持驱魔的十字羯磨杵，在中间绘以金刚杵。绿色为地，墨线勾勒，线条较为随意，施金黄色。在每块天花的四角都有如意云纹装饰，沥粉勾勒，绿色晕染（图5-216）。

感恩寺大雄宝殿天花为正中设有藻井的平棊顶样式。各段桯条上采用三亭式结构，枋心较长，红色为地，内绘法器、龙纹、凤凰纹、夔龙凤纹等，找头为二破旋花形成的燕尾。岔角处为四个如意头纹样形成一个完整团花形，花心为太极式旋转圆形，外围金色小瓣（图5-217）。

图5-216 显教寺大殿

图5-217 感恩寺大雄宝殿

妙因寺万岁殿殿内天顶为平棊顶式样，在其桯条的中间和岔角处绘有宝珠、金刚杵一类的法器纹样，但是因烟熏严重，纹样细节及色彩难以分辨（图5-218）。

图 5-218 妙因寺万岁殿

图 5-219 妙因寺多吉羌殿

多吉羌殿内顶与万岁殿类似，正中设有藻井的平棊顶样式，最外侧一周天花上绘缠枝莲花纹，其内一周绘梵文咒语，其余部分则绘三十五佛、五种文殊菩萨、护法神、宗喀巴大师和各种曼荼罗。这些曼荼罗几乎涵盖了所有常见尊神题材，其绘制年代当在清代晚期[①]。但是桁条上全部刷有新的红漆，没有纹样（图 5-219）。

大经堂内一层檐下天顶为平棊天花，所绘内容有各种曼荼罗，也有仙鹤金鱼纹样。在每块天花板四角也用五彩如意云纹装饰（图 5-220a/b）。这些都应为近年新绘，桁条上只刷有红漆，没有纹样。

a

b

图 5-220a/b 妙因寺大经堂

有学者专文对河湟地区建筑的天顶彩画纳入宗教绘画范畴进行过专题考察与详述，并得出：至明清以后平棊、藻井及栱眼上的彩绘题材与样式逐渐增多，於平棊、藻井、栱眼等建筑构件上彩绘尊神及曼荼罗的做法，除在永登连城妙因寺、显教寺、红城感恩寺等明代鲁土司属寺中出现外，河西地区其他藏传佛教寺院中却属罕见，探其源头，可以追溯至14世纪

---

① 罗文华，文明《甘肃永登连城鲁土司属寺考察报告》．《故宫博物院院刊》，2010（01）．P68.

后藏地区的夏鲁寺和青海瞿昙寺[①]。

再回顾一下瞿昙寺的天花纹样，在宝光殿室内天顶为六字真言曼荼罗平棊天花，桯条上无彩画（图5-221a）。隆国殿平棊天花顶为曼荼罗纹饰。桯条上施绿色地，在四角及中段都有宝珠纹样，为贴制（图5-221b）。

图5-221a 瞿昙寺宝光殿/b 隆国殿

从以上的对比可以看到在平棊天花结构上绘制曼荼罗的做法，从瞿昙寺开始，逐渐传向河湟地区的建筑，而这种纹样形制本身就是带着藏族文化色彩的，只是在汉式建筑中找到了其适合的位置，是藏汉文化建筑彩画交流中具体的体现之一。

5.8 门的装饰

汉式的大门少有纹样装饰，门框两侧一般有对联装饰，后来在民间多用书写好吉祥语的纸贴在门框两侧。而藏式的大门上有很多纹饰彩画，以拉卜楞寺下续部学院殿门作为典型例证，其藏式的蹲兽、叠函、莲瓣、连珠纹等纹样都在门饰中经常出现。这两种装饰方式在河湟地区的建筑中都得到了继承与改变，乃至融合。

（1）雷坛正殿外的对联为汉字雕刻。正殿门左右门框上有刻制对联一副，对联框内采用阳刻手法，施青色为地，凸出金色汉字。框内下端为俯仰莲瓣，上端有雕绘红绿色如意头装饰（图5-222a/b）。虽然是汉式的汉字对联，但是上下采用了佛教的莲花装饰、雕绘结合的手法，比较适合当

---

① 杨鸿蛟《甘肃连城显教寺考察报告》，谢继胜《汉藏佛教美术研究2008》. 北京：首都师范大学出版社，2010. P428.

地鲁氏的审美特点。

图 5-222a/b 雷坛殿门　图 5-223a/b 妙因寺多吉羌殿　图 5-224a/b 嘉木样会客厅

妙因寺多吉羌殿大门框上出现类似汉式的"对联"，只是用梵文代替了汉字，每个字都为圆形轮廓，取团形汉字的装饰效果，并且做成永久性的雕绘装饰。青色为地，金色为纹，下端为俯仰莲瓣为座，上端为珠串装饰（图 5-223a/b）。可以说这是用汉式装饰为外形，梵文吉祥语为内容的一种较好结合。

在拉卜楞寺嘉木样寝宫会客厅殿门左右门框的外侧有对称的两条瓶花纹样，先雕后绘，分外雅致（图 5-224a/b）。朱磦色为地，下面台座上的花瓶染青色，花瓶内插有枝叶，贯穿整个框内，中段有白色盛开的大花头穿插其中，花梢上为未开的花苞。在最上端有对称的卷草纹向上合撑半朵白色花头。虽然该位置与前面所见的对联所处位置相同，但是内容已经全部变化，使得其装饰性更强。

拉卜楞寺嘉木样寝宫会客厅的殿门基本结构与下续部学院的相同，但是在细节处对其进行了取舍，有所变化。门楣上没有蹲兽，而是以花牵为间隔，镶嵌有雕镂花板。中心花板为金色蝙蝠祥云纹，体现了蝙蝠的吉祥含义。两边花板有对称卷草纹、几何纹（图 5-225）。内框的莲瓣金点及卷草纹样皆与下续部学院的相同。

图 5-225 拉卜楞寺嘉木样会客厅

（2）感恩寺山门为牌坊状，三楹四柱。中间有"慈被无疆"匾额，为咸丰八年（1858）十七世土司鲁如皋所书。山门由莲瓣框、内凹式叠函、连珠纹构成，是典型的藏式纹样。叠函上施钴蓝色，与牌匾地色一致，色彩较古朴（图 5-226），推测门框应为原构。

妙因寺山门中心间大门框为藏式内凹叠函图案、莲花瓣、大金点三层装饰（图 5-227a）。叠函平涂黄色，莲花瓣分为二层沥粉施色，用红、青、绿色层叠变化。三层装饰的两边是绿色条压边。

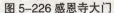

图 5-226 感恩寺大门　　**图 5-227a 妙因寺山门 /b 科拉殿 /c 大经堂**

妙因寺科拉殿门框为藏式结构，上面出檐两层，方椽，施青、绿两色。门框外层为莲花瓣装饰，藏式装饰中内层一般是大金点，但是在这里大金点置换成了道教的太极图案，并对太极图案稍做变化（图 5-227b）：太极图中的黑白对比在这里转变成青绿对比，以白线勾勒、点眼，中间分隔的 S 线弧度比较大，显得力度较弱。门框用色较檐下彩画鲜艳，似为后世重绘。

妙因寺大经堂大门上有石绿色飞檐，蓝色方形椽子。门框从外向内依次装饰有内凹式叠函、莲花瓣、大金点、回纹四层纹样。叠函施平涂朱磦色，没有叠晕。莲花瓣分为二层施色，中心为红色，外层施蓝或石绿色，都是外勾黑线内压白线（图5-227c）。下方走马板上绘有简单的佛八宝单独纹样。

（3）东大寺廊内大门框为藏式装饰结构。外层为施红青绿黄色的凸形叠函，内层为雕绘莲瓣，施青、红两色，白线勾勒间隔。次为金点连珠纹，再向内即刷绿、红两色的门框。门垫板上为三幅仿纸本山水画，浅绛施色，清丽淡雅（图5-228a）。该门通向院内有一木质影壁门遮挡，左右门扇相合，绘旭日祥云图（图5-228b），白色为地，五彩祥云围绕红日，下面为青绿山水纹，具有明显的汉地官衙特点。

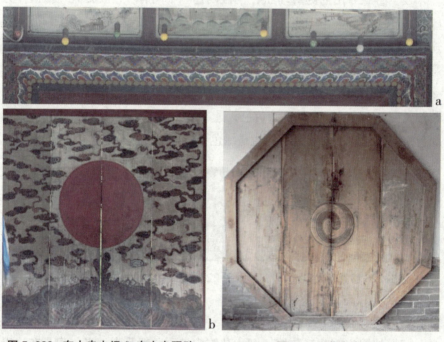

图5-228a 东大寺大门/b 东大寺照壁　　图5-229 燕喜堂八卦门

在鲁土司衙门燕喜堂的室内左右两间暖阁以八卦门分隔，在两扇门合缝处雕刻有圆形太极图案，旋转弧度较大，有点似藏传佛教中的喜旋纹样，深浅两种木色相对比（图5-229），没有施彩，较为独特。

从以上保存不多的门上装饰来看，河湟地区建筑中对藏式门框装饰的典型元素，如莲瓣、叠函、金点等纹样，进行了继承与改变，同时也接纳了汉式门框装饰中的对联、花板等形制，对其进行变化，以适应建筑木构及审美要求，加强其装饰效果。另外，还见到与藏式装饰并存的汉文化元素，例如八卦门、祥云旭日图、山水图等这类装饰，与藏式彩画纹样的门饰共同装饰着整个建筑。这之中虽然有些偶然因素，但是也说明藏汉文化的并存融合现象，它们在河湟地区建筑中已经不分彼此，并得到大众的认可与发展。

5.9 小结

通过对河湟地区建筑各构件进行分解对比归纳，可以发现各个木构上保存的纹样虽然是不同时期所绘，不同性质的各单体建筑彩画各有一定的文化倾向性，但是在它们之间总能找到一些联系，跨越了地域和时代的分隔，具有着藏汉建筑彩画装饰纹样的一些共同特点，并且难分彼此。本文将这种已经融合了藏汉文化特点的建筑彩画认为是河湟地区地方式彩画，概括来看，具有以下特点：

（1）藏汉吉祥纹样的融合采用

"藻绘呈瑞"，概括了建筑彩画的重要文化取向，即以彩画表现和传达吉祥意义。实际上，藏汉民族文化在不同时代，都具有追求美好生活、规避灾祸的观念——吉祥观念。根据其各自不同的文化特点，往往认为利用某些特定的自然或人为事物即可趋利避害，吉祥图案是代表这些事物的符号形式之一。

在各木构的建筑彩画中，可以看到对传统典型的藏汉式文化在地方化的过程中，先采取了汉式木构中已经形成制度的结构，在后来的发展中，出现了繁化和简化两种趋势。在各单体建筑中，大木构在三亭式结构的基础上，繁化出现了五亭式、七亭式等结构，而简化又出现了枋心以半旋花简单相连的结构。对莲花纹、牡丹纹、如意纹、卷云纹、卷草纹、龙凤纹、瑞兽纹、佛八宝纹、法器、几何纹、锦纹等常见的纹样，根据各自建筑的需要和经济实力，进行了或重复层叠，极尽繁密，或简化抽象的变化，具有极强的装饰性和灵活性。斗栱也从单一的棱间装形制繁化成如意卷云纹，并加入各种锦纹装饰。藏汉彩画的融合逐渐体现在各个建筑细节上，并且在各类建筑彩画中都会广泛出现，不因其建筑功能而完全尊崇或撇清其他的吉祥纹样。

（2）色彩与制作手法的多样化

从前面的细节解构分析，可以看到河湟地区的建筑色彩也体现出藏汉融合的特点。从瞿昙寺的黑绿色调，汉式的青绿色调，逐渐融入了符合当地藏族审美特点的暖色调，但是没有完全采用传统藏式彩画中的红黄色调。由简单统一的色调发展成兼用冷暖色调，在个别单体建筑中还能看到一些主要色彩倾向，但是一些完全融合式的建筑彩画中已无法确定其色调的冷暖，例如拉卜楞寺嘉木样寝宫的色调。在后代的重绘中，也依然采用冷暖兼用的丰富用色，在红色、橘红色、青色、黄色的运用中，更加强调用金色，例如东大寺囊谦内的色调。

河湟地区地方式建筑彩画的制作手法，大部分使用了彩绘手法，同时结合了藏式木作中的雕刻手法，在大木构和小木作中都不同程度地采用了先雕后绘的制作手法，无论是木作边缘还是纹样本身，都注重其精致的工艺制作性。在平面绘制中也较多地采用了沥粉手法，以凸显其纹样，形成精工细作的制作风格。当然，与纹样的繁简两种趋势一样，简化的纹样也会采用简化的制作手法，有些建筑仅采用平涂绘制的手法，勾勒的轮廓线也较简略。这也是地方式彩画的一个特点，在灵活的建筑彩画制作过程中，没有统一规定的制度，各个建筑根据其财力物力、工匠的制作水平等因素来确定其彩画风格。但是无论简化还是繁化，都体现着河湟地区的建筑彩画面貌，他们在历史发展中反映了藏汉文化交流融合的一个长远历程，虽然此起彼伏，但是总的融合趋势是不可逆转的。

6. 讨论：河湟地区建筑彩画的生态演进与传承

6.1 河湟地区建筑彩画的延续

建筑的营造与自然地理环境、社会历史政治状况紧密相关，建筑彩画与装饰的产生也与自然现实环境息息相关。有研究者提出：彩画的产生除了保护木构的实用功能外，从文化和审美的角度还与四个因素相关：①原始宗教、图腾的需要；②权力的象征；③感化、教育作用；④审美的需要。①这些因素都是在人类与环境长期的协调过程中逐渐产生并建立的，因此它们与社会生产力水平、社会观念紧密相关，不同时代有着不同的需求。而建筑本身体量宏大，耗资较大，非个人力量所能完成，建筑营造与社会制度及物质基础紧密相关。建筑彩画与时代结合更为紧密，影响范围也较大，因此相较于绘画、雕塑等其他艺术形式，在历代不间断的修缮改建中更新换代更为频繁，所以研究古代建筑彩画以实物最为难得，在此情况下河湟地区的古建筑遗存甚为难得。

6.1.1 建筑彩画风格的传承

中原建筑彩画经过了先秦、两汉时期到魏晋南北朝时期，已经有了一定的发展，例如"五色配五方"的制度从先秦就已确定，后代一直延续，同时也接纳佛教等外来文化而有所创新。隋至唐时期，彩画技巧已经成熟定型，到中唐以后彩画风气逐渐转向鲜丽，北宋更为注重装饰风气，追求富丽豪华。五代至南宋，南方地区的彩画转向精雅。燕辽地区出现了很多杂变样式，兼有"豪劲"与"繁丽"的特色。②而官方颁行的《营造法式》，

---

① 杨建果，杨晓阳《中国古建筑彩画源流初探（一）》.《古建园林技术》，1992（03）. P26.
② 李路珂《〈营造法式〉彩画研究》. 南京：东南大学出版社，2011. PP328—342.

是在收集、整理和比较当时流行样式的基础上提炼的"经久可以行用之法"①，它并没有囊括当时及前代的所有彩画装饰样式，而且可能在实物样式的基础上进行了选择和典型化处理。②这种官方与民间建筑彩画之间互通与影响的关系，应该在后代一直存在。

元代统一全国，主流文化以北方为主，而明代文化在继承元代的基础上，融合了南方的传统。根据陈薇先生的观点，北方地区元明时期的建筑彩画相对于宋式彩画的发展可以归纳为三点：第一，由于伊斯兰教、藏传佛教的传入而带来了新的装饰图案，而汉民族创造的旋花图案和按构件长度划分"找头"的做法，因其富于条理性和适应性，在元以后得到了广泛的运用。第二，由于建筑木构架的简化，以及木材"拼帮"的出现，使得彩画的构图和做法发生改变，产生"地仗"的做法。第三，自南宋以后出现明显的南北分化，在明中叶以后，随着商品经济的发展和社会风貌的变化，形成南方明式彩画（即包袱彩画）的独特风格。③

在地域、时代和文化的整体环境中来看，河湟地区的地理、历史社会环境皆具有交界与过渡性，各民族政权先后统治该地域，使得各民族人民长期杂居，其中尤其以藏汉民族具有最为鲜明的文化特点。该地域的建筑彩画以实例传承了元明时期建筑彩画的时代特点，以及宋元时期的彩画遗风；同时体现了南北方官式彩画与民间地方彩画之间的和谐和互融特点，并且更加突显出藏汉民族文化之间相融的过程特征，体现着我国西北地方民间彩画的特点。

6.1.2 河湟地区彩画三大典型样式的传承

在明清之间的六百年间，河湟地区建筑彩画作为民族民间地方式彩画，在传承发展中留存着以下三种典型样式：

1）瞿昙寺是汉式建筑形制的藏传佛教寺院（1391年），其建筑彩画是汉式彩画中的解绿装样式，从明时期的瞿昙寺彩画开始，标志着汉式建筑彩画进入河湟地区，随后在该地域进行交流传播。随着鲁土司从南京迁往河湟地区，相继修建的一系列建筑中，可以看到雷坛殿内（1555年）保

---

① 《营造法式》"总诸作看详"。
② 参考李路珂《〈营造法式〉彩画研究》. 南京：东南大学出版社, 2011. PP328—342. P380.
③ 潘谷西《中国古代建筑史》（四）. 北京：中国建筑工业出版社, 2001. PP472—489.

存的是汉式彩画中的五彩遍装样式，在显教寺（1481年）、感恩寺各殿（1495年）基本沿袭着汉式建筑彩画，但已经开始在局部位置结合藏式典型装饰纹样。到明后期至清代的塔尔寺一期建筑（1604年）、瞿昙寺瞿昙殿（1782年）便体现出藏汉建筑彩画的进一步融合。

2）拉卜楞寺下续部学院（1732年）、弥勒佛殿（1790年）因藏传佛教教义及建筑形制的特点，采用了典型的藏式建筑彩画，庄严富丽。而在弥勒佛殿金顶檐下（1882年）、嘉木样寝宫各建筑（1711—1907年）等处时，已经在藏式纹样装饰中，对汉官式彩画进行变革和解构，并将其逐渐融入在同一座建筑中，以适应当地的建筑样式。

3）汉式彩画的结构对藏式纹样的融合、与藏式彩画对汉式彩画的采纳，两者逐渐趋向汇合。两个方向的文化交流，经过了17、18世纪的漫长过程，到19世纪时这个融合过程已基本完成。体现在妙因寺各殿（1684—1860年），雷坛正殿外、过殿（清晚期），鲁土司衙门祖先堂内（1801年）、大堂（1818年）等处，也就是说在清晚期基本形成了河湟地区建筑彩画的地方样式。在20世纪对该地域的建筑文化遗产进行保护与维修中，对鲁土司衙门的大门、仪门，感恩寺，东大寺等处的彩画维修恢复，也基本按照这种地方彩画的规律特点来修复，虽然也出现了一些不尽如人意的现象，但主体仍然体现出对藏汉融合建筑彩画特点的继承。

当然，"文化的发展不是单线的，作为一个社会历史和环境的结果，每一个社会都发展它自己独特的类型。"①同样，河湟地区的藏汉式建筑彩画的融合发展也不是单线完成的，而是在不同文化的接触和交流过程中相互接纳，相互融合，逐渐形成了多元的面貌。在后代的发展和继承中不同个体也有着不同的文化倾向，这不仅仅是时代发展先后的结果，更多的是与该建筑的功用性质、建造目的、建筑出资者和建造者的文化选择和审美要求等"社会制度"②有着更大的关系，对于这部分目前仍有很大的研究空间。

---

① ［英］A.R.拉德克利夫·布朗著，夏建中译《社会人类学方法》. 北京：华夏出版社，2002. P9.

② ［英］马林诺夫斯基著，费孝通译《文化论》："任何社会制度亦都是建筑在一套物质的基础上，包括环境的一部分及种种文化的设备。用来称呼这种人类活动有组织的体系最适合的名词莫若'社会制度'。在这定义下的社会制度是构成文化的真正组合成分。"北京：中国民间文艺出版社，1987. P18.

6.2 河湟地区建筑彩画藏汉融合的生态表现

从历史经验来看，人类一直都处于文化变迁的旅途之中。[①] 在民族文化的研究中，有学者认为应当把民族作为动态来进行系统的考察研究，真正注意到现实生活中的民族是"活动着的、运动着的"，是充满"起伏兴衰、进化退化"的，并以此来把握其发展变化。[②] 这种活着的文化生态在河湟地区古建筑彩画中体现的较为明显。

在清晚期形成的藏汉融合的河湟地区地方式彩画中，具有了自己独特的风格特征，从建筑整体到局部细节都有体现。具体体现在建筑彩画的结构特征、纹样特征与色彩特征三个主要方面。虽然通过以上的考察分析，可以归纳出地方式彩画的一些特征，但是并没有形成规范化和统一化的地方样式，他们始终处于运动着的状态。在地方彩画中，如果没有来自他方的硬性要求，就有很多个体性的因素自然而然地影响着建筑彩画的样式和制作，从而也给地方彩画的多样活泼及活态发展提供了一个空间。

6.2.1 结构上的生态演进特征

河湟地区建筑的大木彩画在汉式旋子彩画三亭式结构的基础上，对其进行逐步解构与繁化，出现了五亭式、七亭式等的结构。同时结合包袱子结构、连续式结构等，基本保持对称，以适应逐步改变的地方建筑形制的小木构特点（表6.1）。

表 6.1 河湟地区建筑彩画结构生态演进表

大木整体结构	旋花找头	斗栱	柱头
三亭式 ↓ 五亭式、七亭式、包袱子、连续式	"一整二破" ↓ "二破"、"单整"、整破叠加	青绿棱间装 ↓ 如意纹、旋子、卷草纹、莲瓣纹	锦纹两段式 ↓ 垂花纹、枋心框

[①] 李天雪《民族过程：文化变迁研究的新视角》，王希恩主编《民族过程与中国民族变迁研究》. 北京：民族出版社，2011. P110.

[②] 何叔涛《同化、一体化、分化及民族过程中的内在规律和发展趋向》，王希恩《民族过程与中国民族变迁研究》. 北京：民族出版社，2011. P95.

找头部分由最初的"一整二破"结构，出现了多样化的改变，有仅"二破"或仅"整花"结构。后来在整破旋花的基础上，进行解构，将整花减半，破花变成四分之一旋花，从而再次进行整破花的结合，在整破花之间增加层次，反复叠加，或者增加大小如意头，缠枝卷草纹样等，使得纹样进一步繁密化。即使在嘉木样寝宫处出现的简化旋花纹样，也通过窄木构的叠加，彩画结构上的繁复层叠，整体檐下彩画仍然形成了繁密的装饰效果。

在斗栱上对青绿棱间装的样式进行了逐步的改变，由增加单个如意纹样开始，增加到多个如意纹，逐渐结合小旋子纹样，加入卷草、莲瓣等纹样，将最初体现斗栱木构硬朗、转折的纹样进行了消解，形成了适合藏式文化审美的细密化特点。

柱头结构上由汉式的两段式结构，逐渐结合藏式纹样，在两段式纹样下方出现藏式柱子彩画中的垂花纹样，形成视觉上的纵向感。后来在柱头上方出现了专门的枋心框，以适应藏传佛教等吉祥纹样的单独绘制。

这些构图特点在当地建筑的历史发展中，逐渐将其融合，虽然有一些主观个体的偶然因素在其中，但是整体来看，河湟地区建筑彩画的构图是在汉式结构的基础上出现了具有融合性的繁密化特征。

6.2.2 纹样上的生态演进特征

河湟地区建筑彩画的纹样特征主要包括题材和造型两方面（表6.2）。纹样的题材最突出的特点是藏、汉式的吉祥纹样都有采用，其中最为多见的共同纹样是织锦纹和植物纹样。

织锦装饰在汉地经过长远的历史变迁，由实物装饰建筑逐渐演变到以绘制代替织锦实物，有很多文献有着相关的记载，到北宋《营造法式》中对其纹样风格进行了定型。而在藏式建筑中一直保留着对织锦物的直接采用，这是锦纹装饰建筑的历史传统体现，也是对文献记载中织锦装饰的实例印证。相似的审美观念，使得藏汉建筑彩画进一步地交流有着更好的基础和更多类似的因素，在河湟地区地方彩画中锦纹则是采用最为广泛的纹样。

植物纹样主要指旋花，即包括了石榴头、莲花、西番莲花、牡丹花瓣及如意瓣等因素而形成的综合性团花纹样，而它的发展也经过了历史上的逐渐变化，最终发展到清代的旋子纹样。在河湟地区的彩画中，出现了各种旋花的简繁不一的变化形象，但是即使在清晚期的彩画中，也没有出现完全程式化的旋子形状。可见这种高度程式化的彩画样式，并不符合当地的审美观念，而是形成了更为多样多变的形式，即与缠枝纹样的结合。缠枝纹的细密与这些花头相映衬，形成疏密对比。也有缠枝卷草纹样单独形成找头，变化丰富，平面装饰性强。

表6.2 河湟地区建筑彩画纹样生态演进表

题材	内容	造型特点
织锦纹	织锦实物⟷织锦纹	疏朗大气、富有动感 ↓ 细密精致、繁丽严谨
植物纹	旋花（石榴头、莲花、西番莲、牡丹花、如意瓣） ↓ 旋花+缠枝纹	
藏传佛教纹样	吉祥八宝、雪狮子、白象、法器、梵文咒语、十相自在、饕餮纹、金翅鸟等单独出现 ↓ 与缠枝纹、旋花纹结合	
汉式吉祥纹样	龙凤祥云、蝙蝠、麒麟、寿字、喜鹊、仙鹤、折枝花卉、博古、太极图、山水花鸟等 ↓ 与缠枝纹、旋花纹结合	
几何纹样	几何纹+叠函、莲瓣、缠枝纹	

在锦纹和植物纹样的中间，出现了很多藏传佛教的典型纹样，例如吉祥八宝、雪狮子、白象、法器、梵文咒语、十相自在、饕餮纹、金翅鸟等纹样。他们由最初简单直接地出现在枋心内，到逐渐打破了枋心框的束缚，而开始与缠枝纹、莲花纹等结合，逐渐进入融合状态，出现在各类大小木构上。但是值得注意的是在藏传佛教的诸多形象中，只采用了这些装饰性较强的纹样，而对各方佛、金刚、度母等形象并没有采用在建筑彩画中。同时，也有很多汉式传统的吉祥纹样，如龙凤祥云、蝙蝠、麒麟、寿字、喜鹊、仙鹤、折枝花卉、博古、太极图等纹样被兼收并蓄，甚至仿文人画的山水花鸟也被采用到小木作中。另外还出现了很多几何纹样，与叠

函、莲瓣、缠枝纹等一起装饰窄条枋。

纹样的造型特点趋向细密化、精致化。由早期富有张力的大瓣舒展的莲花、如意瓣、旋子瓣逐渐缩小卷曲弧度，增加纹样线条之间的紧密感。缠枝纹样也由疏朗的大卷曲趋向细密的小卷纹，与莲花瓣、牡丹瓣、卷云纹等相结合，形成密叠的装饰效果。纹样本身的动感减弱，而更加注重纹样的细节，由局部集合而形成整体富丽繁荣、尊贵庄严的建筑装饰风格。但是这种繁密化又与纯粹藏式的彩画相区别，并没有完全达到在藏式彩画中见到的非常细密的卷草，以小弧线填满空间的程度。

这些纹样的变化在整个河湟地区的建筑考察中都可以找到其相似或相同的实物例证，因此说明彩画形成了地方式特征，而不仅仅是一座单体建筑的偶然出现。

6.2.3 色彩上的生态演进特征

在色彩选择上虽然中原汉地传统的五色观念与苯教的五色（六色）观念有着不同的代表寓意，但其相同之处是都对不同的色彩赋予了一定的文化意义（见表3.3，4.3）。中原的建筑彩画发展到明代的时候，以青、绿为主的淡雅色调逐渐成为主流，瞿昙寺即是这种色调的体现，虽然其中以黑代青，但是施色原则与观念仍然是青绿色调。而在元之前的彩画类型中，多以朱、青、绿色调为主，具有冷暖色的对比。这在雷坛正殿内、显教寺、感恩寺的一些建筑彩画中可以见到这类色调，以朱为地，青绿为纹，仍然以黑代青。在藏式建筑彩画中，因其高寒的地域特点和宗教因素，形成了自己的色彩审美观念，多采用红、黄色为主调，这其中包括了朱红、土红、橘红、金黄等不同色阶的暖色调，尤其对金的使用较多，青绿色仅为点缀，拉卜楞寺的下续部学院即是体现。

在藏汉建筑彩画融合的过程中，色彩的融合也是很重要的一方面。河湟地区的建筑彩画中，就体现出了青绿色调与红黄色调的融合。拉卜楞寺嘉木样寝宫的两座建筑就是典型例证，在层叠木构上冷暖色调共同出现在檐下，互为纹地，既不是汉式的清冷淡雅，也不是藏式的艳丽堂皇，同时又兼而有之两者的特点，形成温暖又雅致的色彩效果。而在妙因寺各殿多在殿内采用了这种冷暖对比的色调，在外檐多采用青绿色调，是这种冷暖融合式色彩的继承发展。

6.2.4 彩画手法的生态演进特征

藏式建筑彩画的制作手法中多采用先雕后绘，雕绘结合的方法，对整体木构及局部纹样都采用了这种手法，甚至达到无纹不雕的程度。雕刻手法增加了纹样的立体感和繁密感，为形成精致严谨的纹样风格打下基础。在雕刻之后的施色中便多采用平涂法，仅在少数局部纹样采用了晕染，在面积稍大的木构彩绘中采用沥粉手法以示慎重。在汉地各代官式建筑装饰中，仅在雀替等个别部分采用雕绘手法，其他木构上都为直接绘制。但沿黄河向东的大部分地域的地方民间建筑装饰中，雕刻、悬塑的作法却占很大比重。东部汉区在建筑彩画绘制中均多采用色彩叠晕的方法来增加纹样的立体感。而河湟地区建筑中见到的色彩叠晕一般也就是叠三晕，以同一种颜料的不同色阶深浅对比出黑灰白的视觉凹凸效果。

表6.3 河湟地区建筑彩画手法生态演进表

河湟地区彩画	制作手法	造型特点
藏式	雕刻为主，雕绘结合	立体繁密感
汉官式	以叠晕绘制为主，雕绘结合较少	平面凹凸感
藏汉融合式	雕绘＋叠晕绘制＋沥粉施金	立体＋平面装饰感

在河湟地区地方式彩画中，逐渐将这两种制作技法都进行了采用和变革（表6.3），在汉地官式建筑形制中增加了雕刻的成分，在大门、檐下梁枋等处增加了雕刻的叠函、莲瓣、花板等纹样；但是这种雕刻成分的增加显然不及藏式彩画中从大木构到小木作无处不雕的程度，这说明在使用雕塑手段方面，黄河中游地域的风习是一个重要的生态因素。同时在没有雕刻的部分增加了纹样绘制的技法，采用了汉式彩画、甚至绘画中的一些技法，使得整体彩画的装饰效果增强。而藏汉式彩画都会采用的另一种技法即沥粉施金，该技术用于佛像装銮出现颇早，经唐到宋初已经发展成熟，用于彩画则较晚。虽然该技法在藏汉绘画、雕塑艺术中已有着长远的历史，但因其制作的技法要求较高，工艺相对复杂，因此多在整体重要的位置和纹样上才会采用，在敦煌壁画和西藏壁画上都有例证。而在河湟地区

的地方彩画中这一技法也得到了适当的运用,可以说这是在平面的色彩绘制中增加纹样丰富性的又一重要技法,再加上藏式审美观念中喜用金色的倾向,使得这一技法更加得到推崇。沥粉施金手法有助于形成堂皇华丽的风格,它也体现了建筑彩画工匠高超的工艺制作水平。

6.3 河湟地区彩画演进的内在特性与大中华的藏风

文化与民族的联系十分紧密。一方面,共同的文化是民族的灵魂。人们正是凝聚在不同的文化之下,才形成了不同的民族。另一方面,民族是文化的载体。文化并不是虚无和抽象的,它在人类的传承中得以发展和延续。① 人们的民族认同感大多来自于对文化的认同,而非政权或军事成果的认同。

"虽则人类并不是靠了他的肚子发展他的文化,可是文化却一定得踏在实地上——在它的物质设备之上。"② 可见,任何民族文化都是以具体的方式出现在人们的社会生活中,没有抽象意义上的民族文化。中华文化以具体的各种风格切实地存在于不同历史时期各族人民的社会生活当中,建筑彩画就是民族文化的物质体现之一。

藏族和汉族在河湟地区的文化交流变迁,在一定程度上出现了文化的涵化。涵化(Acculturation)是西方文化变迁理论中一个重要的概念,指两个或两个以上不同文化体系间发生持续接触而导致一方或双方原有文化模式的变化现象,涵化往往是"两种文化的元素混合和合并的过程"。③ 从藏汉彩画的交流融合的分析中可以看到,河湟地区的藏汉民族文化在涵化中表现出非对抗性的自然适应过程,藏汉民族中不同的文化元素最终融合而难分彼此。

河湟地区因其地理位置远离藏汉民族聚居区的地理中心,又身处藏

---

① 李天雪《民族过程:文化变迁研究的新视角》,王希恩主编《民族过程与中国民族变迁研究》.北京:民族出版社,2011. P112.
② [英]马林诺夫斯基著,费孝通译《文化论》.北京:中国民间文艺出版社,1987. P43.
③ 冯瑞《从文化视角探讨蒙古族民族过程的特点》,王希恩主编《民族过程与中国民族变迁研究》.北京:民族出版社,2011. P437.

汉地域交界的前沿，因此在文化交流中兼具有边缘性和前沿性，不同的民族文化发展蔓延到此处都会发生变化，即出现文化的涵化。这种变化势必在时间和空间上留下印迹，诸如建筑、绘画、服饰、语言等等。其中建筑彩画的历史变化只是整个文化发展中的一个微观细节，本书经过对河湟地区的9处建筑遗址中50座单体建筑进行了具体细节的分析和梳理，由点到面，由远及近，对不同时期、不同风格建筑彩画进行了详尽的考察和分析，从中可以管窥到，地方文化的交流变迁与整个中华民族具有着共生关系，是整个多元统一的大中华文化格局中的一个有机成分。

6.3.1 汉风藏风与大中华文化

中华民族作为一个自在的民族实体是在几千年的历史过程中所形成的。从3000年前由若干民族集团汇集和逐步融合的华夏民族开始，在相对稳定的疆域内，逐渐形成了许多民族联合成的不可分割的统一体，成为一个自在的民族实体，经过民族自觉而称为中华民族。① 冯友兰先生认为"从先秦以来，中国人鲜明地区分'中国'或'华夏'与'夷狄'，这当然是事实，但是这种区分是从文化上来强调的，不是从种族上来强调的。"② 可见，民族文化是民族认同的一个重要基础，我国整体的民族认同意识是建立在整个大中华文化基础之上的。费孝通先生强调：中华民族是包括中国境内56个民族的民族实体，并不是把56个民族加在一起的总称，他们已结合成相互依存的、统一而不能分割的整体，在这个民族实体里所有归属的成分都已具有高一层次的民族认同意识，即共休戚、共存亡、共荣辱、共命运的感情和道义。在这个多元一体格局中，多元即56个民族，一体即中华民族，一个高层次认同的民族。在不同层次的认同基础上各自发展原有的特点，形成多语言、多文化的整体。③ 在大中华文化中，汉文化固然占有重要地位，但各民族的文化都有其不可或缺的地位，甚至在历史的一个时间段某个民族的文化曾经统领一个区域甚或席卷整个中国疆域，但是当政治军事的变革成为过去，一切尘埃落定之时，各民族的文化融合已经成为不可逆转的事实。历次的民族大融合和人口迁徙，使得中华

---

① 费孝通《中华民族多元一体格局》. 北京：中央民族大学出版社，1999. P4.
② 冯友兰《中国哲学简史》. 北京：北京大学出版社，1985. P221.
③ 费孝通《中华民族多元一体格局》前言. 北京：中央民族大学出版社，1999. P13.

大地上已经不存在单一的文化现象，每个民族在保持自己文化的同时都兼有其他民族的文化特点，具有了彼此间的文化共性。

如果从历史的角度来看待这个问题，我们会发现，没有任何一种民族文化是在完全封闭与自足的状态发展的，不管是汉民族文化还是藏民族文化乃至世界范围的诸民族文化，都是在相互的交流与冲击下逐步形成并获得进步的。

考古学者通过考古研究将藏汉民族之间的关系推向了唐蕃联姻之前的古羌人时期，认为藏羌是同一个民族在不同历史时期的不同名称，藏汉民族关系更为久远[①]。民族学研究者对藏汉语言、人种、原始宗教等多方面的研究认为：藏族与汉族都具有多地域、多族源在多个时期同化融合的特点。藏民族的体质与北方的汉民族并无二致，同属"蒙古人种"，藏语与汉语同属"汉藏语系"。

藏汉两个民族的文化在整个大中华文化中特点较为突出，文化体系较为完整。从人类历史的起点就生活在同一块土地上的藏汉两个民族在漫长的历史过程中经历了错综复杂的关系，经过战争、联姻、宗教、迁徙、商贸等长期的交流，形成了有异有同的民族文化特点。在历史的不同时期，两个民族保持长期的你来我往，也曾经一度在整个中原形成了或"汉风"，或"藏风"的文化特点。大中华中的汉风与藏风，既是主流与支流的关系，又是兄弟般的共存并生互渗互动的关系。经过了"涵化"之后的藏汉民族文化，以物质的具体形象体现在河湟地区的建筑彩画中。

因为建筑历史遗迹的断层和文字记载的有限，使得藏族艺术的研究者们只能根据最早到10—11世纪以来的实物遗存，推测在此之前藏汉之间肯定已经有了长期和广泛的交流，从而使得藏汉艺术交流在元代进入大规模频繁交流时期，并直接影响着明清两朝的藏传佛教艺术及中原文化。藏汉民族交流在不同的历史阶段，具有不同的特点。主要表现在两个方面：①藏汉民族之间的文化交流具有双向开放特点；②藏汉交流具有自上而下，上下互动的特点。

---

① 多识《藏汉民族历史亲缘关系探源一》.《西北民族学院学报》，1993（02）.P39—46.

6.3.2 从河湟地区彩画看藏汉交流的双向性

藏汉民族之间的文化交流具有双向开放特点。两个民族都以开放的胸怀接纳并融合异族的文化,在一定时期内突出一种特点,并视为潮流。不同朝代的"吐蕃化"、"汉化"等都是历史上客观存在过的现象,这实际上是文化的一种双向演进过程。

藏汉交流的历程源远流长,吐蕃与东部地区之间文化的冲突、交流、沟通和理解,总是出现在西藏与中原交界地区文化发展的过程中,在该地域文化和实体的演变上留下自己的烙印,这种融汇交流的"涵化"过程以多种形式出现在宗教、建筑以及语言等多个方面。藏民族与中原所固有的亲缘关系,历史上的纷争与交流,以及藏区与汉地在地缘上的不可分割性,决定了藏汉文化彼此的影响发展具有双向性。

首先,藏汉民族的原始宗教信仰有着共同的民众底层,藏族地区居于主导地位的藏传佛教,除吸收了西藏地方原始宗教苯教的基本因素外,同时又容纳了中原汉族道教的某些因素。道教的"阴阳五行""九宫八卦"等主要哲学思想被藏传佛教密宗所吸收[1],《易经》在唐朝即传入吐蕃,是最早被译成藏文的汉文典籍。在藏传佛教的吉祥纹样中吸收了太极阴阳图案,并对它赋予了新的语义解释。在吐蕃时期的大昭寺木雕彩绘莲花的中心花蕊部位为太极图,桑耶寺的瓦当中也有太极图。[2] 三世土观活佛善慧法日的《宗教流派镜史》在讲述汉地道教源流时说"道士教即苯教之起源者"[3],这一观点虽值得商榷,但从一定程度上说明了汉文化与藏文化的渊源关系。

其次,目前藏学研究界基本认同西藏艺术除了与印度尼泊尔艺术之间不可分割的联系之外,与中原艺术更具有内在的联系。吐蕃前弘期艺术就受到来自中原汉地的强烈影响,现在见到的最早的西藏绘画就是敦煌吐蕃绢画,其中融合藏汉艺术特质的独特风格引人注目,而且这种敦煌汉地风格在11—13世纪的卫藏绘画中都有表现,如艾旺寺、扎塘寺壁画。西藏

---

[1] 蒲文成,王心岳《汉藏民族关系史》.兰州:甘肃人民出版社,2009.P11.
[2] 吴明娣《汉藏工艺美术交流史》.北京:中国藏学出版社,2007.PP20—21.
[3] 土观善慧法日著,刘立千译《宗教流派镜史》.兰州:西北民族学院研究室,1980. PP202—203.

唐卡这一艺术样式的发展同样是如此，汉地以宋代宣和装为代表的卷轴画对唐卡的形成有重要作用。①海瑟·噶尔美在其著作《早期汉藏艺术》的导言中所讲："一般来说，'汉藏艺术'这一术语已经暗示出藏族艺术深受中原艺术影响，或者中原艺术深受藏族艺术影响的含义。每一个人只要对任何一份中原、西藏和尼泊尔青铜塑像作品或绘画作品销售目录瞟上一眼，会立即坚信，这两种影响是同时存在的。"②

河湟地区即是文化双向碰撞交流的前沿地区，汉民族早在西汉时期通过"移民屯田"进入该地域，随即汉文化在长期的军事政治统治及人口迁徙中得以传播。到8—10世纪吐蕃王朝强盛时期，由于唐蕃时期以来的藏汉民族交流基于宗教及文化上的相融性，吐蕃王朝选择东向扩张，西北河西河陇河湟地区一度被"吐蕃化"，使得"河湟之地遂悉为戎"，并且一直延续到唃厮啰政权统治时期。随着该地域农耕文明的发展，后来迁入该地域的土族、蒙古族、裕固族等各民族虽然信仰藏传佛教，但因共同的农业经济劳作方式，又悄悄地进入了汉化的过程，不同民族的文化具有了趋同性。例如鲁土司衙门的建筑格局形制，与四川渡口市米易县西北普威街的普济州土司衙布局相同，两个土司分别为蒙古族和彝族，又素无往还，由此推测它们的营造根据当时规定的制度。③青海的方言研究成果也表明，当地汉语在语音、语法等多方面受到当地藏、撒拉、回、土、蒙古等民族的影响。④在甘肃永登方言中少数民族语言特点也较为显著。⑤从这些细节我们可以推测到类似河湟地区的这类民族文化交流，在整个中华民族的长期历史过程中，是具有广泛普遍性的，而这种此消彼长的融合过程无疑会促进不同文化在对方地域的纵深发展与传承。

元代确定了藏传佛教为国教之后，其影响更为深广，藏汉交流所涉及的地域范围几乎包含了大江南北，所涉及的文化领域更是包括了社会上

---

① ［法］海瑟·噶尔美著，熊文彬译《早期汉藏艺术——西藏艺术研究系列》.石家庄：河北教育出版社，2001. P4.

② ［法］海瑟·噶尔美著，熊文彬译《早期汉藏艺术——西藏艺术研究系列》.石家庄：河北教育出版社，2001. P2.

③ 宿白《永登连城鲁土司衙和妙因、显教两寺调查记》，《藏传佛教寺院考古》.北京：文物出版社，1996. PP278—280.

④ 王双成《青海少数民族语言对当地汉语的影响》.《青海师范大学学报》，2004（04）.

⑤ 脱傲《永登方言的少数民族语言痕迹与文化现象》.《甘肃联合大学学报》，2006（06）.

层及普通百姓生活的各个方面。保存至今的北京妙应寺白塔、居庸关过街塔、杭州飞来峰造像等，均是藏传佛教文化传入中原的重要例证。其中较为宏大的工程为在各地广建藏传佛教寺院（见第4章表4.1），这些寺院集中了当时社会文化的最高水平，并具有着多种风格。"即使在西藏腹地，佛教建筑在入元以后也开始受到中原建筑的影响。随着西藏和中央政府关系的进一步加深，中原文化的传入更为频繁。在建筑上，凡有大的或者重要的营建工程，往往都有相当数量的内地工匠参加营建，同时在财力上也给予大力支持，因而带来了藏汉建筑文化的交融。"[①] "藏汉结合式"也是最为常见的风格，其明显特征是在汉式佛寺的基础上，在中轴线的后部通常布置一个主体建筑——藏汉结合的大经堂，如呼和浩特乌素图召的庆缘寺、席力图召大召、小召、包头美岱召。[②] 从明至清的近六百年间，其建筑形制、制作工艺及彩画风格都发生了阶段性的发展变化，而双向的融合性发展更为紧密。明清以后藏汉建筑彩画之间的融合更为深入细致，如明代的北京智化寺万佛阁内檐天花彩画绘缠枝莲花衬托梵文六字真言；北京法海寺建筑彩画中的飞头、椽头绘梵文和祥云宝杵，内檐天花彩画亦绘梵文及宝杵纹；垫拱板彩画中祥云宝杵、法轮卷草；法海寺大殿壁画中观音双手托宝瓶，瓶内供珊瑚树等典型的藏传佛教纹样。感恩寺、妙因寺等处的建筑彩画纹样体现出河湟地区藏汉交流与全国范围内的藏汉交流之间的同一性。

建筑彩画的图案及工艺水平也是中国古代吉祥图案体系中的一部分，与其他工艺美术有着自然的联系。所以在藏汉交流中藏传佛教的造像及各类吉祥纹样作为新的艺术潮流而广泛地渗入中华大地上的建筑、丝织品、陶瓷、金属工艺等工艺美术领域。目前已发现具有藏族装饰艺术特点的内地丝绸最早出现于宋代，元代丝绸装饰增加了灵芝、祥云、钱币等，既作主纹，又与云龙结合构成装饰，还出现了来自藏传佛教的八吉祥纹。到了明代，传世丝织品中八吉样、杂宝纹装饰十分常见。清代丝绸在受到藏传佛装饰影响方面，较明代更为显著，八吉祥、杂宝纹更是南京云锦中的代表性纹饰，并且除在丝绸上装饰藏传佛教图案，也用丝织技术织造藏传佛

---

① 宿白《藏传佛教寺院考古》. 北京：文物出版社，1996. P287.
② 潘谷西《中国古代建筑史》（四）. 北京：中国建筑工业出版社，2001. P341.

教尊像，并受藏传佛教唐卡艺术影响，用丝绸绣制堆绫唐卡。① 这些图案纹样的变化经过了历史的沉淀，虽然现在是以静态呈现，但是他们与各时期人们的生活紧密相关，因此仍然具有着生命活力，静静述说着藏汉文化交流之间的历程。

6.3.3 从河湟地区彩画看藏汉交流的上下互动

藏汉交流还具有自上而下，上下互动的特点。藏汉之间的交流因为政治、军事、宗教的原因，首先从官方上层之间开始，但是安史之乱之后，吐蕃占领了包括河湟地区的西部地域，使得当地各族百姓杂居，直接促进了民间的藏汉文化交流。随着人口的迁徙，这种交流逐渐转向民间，并且民间的交流更为自由，影响范围和程度更为深入和广泛，逐渐形成了你中有我，我中有你的动态文化。民族作为一种社会历史现象，它的形成与演化是个动态的发展演变过程②，民族文化亦是如此。

中华民族的历史上伴随着政治疆土的变迁和历史时局的演变，从政权宗教上层到普通百姓，经历了无数次的迁徙和改变。从历史整体的角度来看，这种以人类活动为载体的迁徙与交流过程，势必对文化的传承和演变贡献自身的力量，具有着或大或小的影响。统治者固然具有转变与改写历史的重大作用，但是，作为传承文化的重要载体，即普通的个体的"人"的作用，更是一股难以扭转的力量。在民间看似微弱的个体行为，在长期历史活动的积淀中，逐渐会形成深厚的文化层，这个文化层演变为中华文化的特点，即交融与多元共存。

从吐蕃联姻开始，藏汉民族之间以丝绸为代表物的交流率先在上层统治阶层开始。因吐蕃赞普和唐朝公主的倡导，使得民众开始相互接受异族文化。而民众一旦接受了某种文化，形成文化层之后，就很难彻底地抹去，这也是在经历了灭佛运动之后，藏传佛教仍然能够在藏区复苏并进入后弘期的原因之一。

元朝在统一之时，统治者率先选择接受皈依了与蒙古传统的萨满教有许多相通之处的藏传佛教，"藏传佛教本身富有神秘色彩，其侈设仪式、

---

① 吴明娣《汉藏工艺美术交流研究》. 首都师范大学博士论文，2002. PP86—89.
② 廖杨《中国少数民族的形成类型及发展趋势》，王希恩主编《民族过程与中国民族变迁研究》. 北京：民族出版社，2011. P299.

讲究修法、演习咒术等等，与北方游牧民族固有的萨满教的风俗，颇能融合。"①当藏传佛教在上层社会传播开的时候，大部分普通民众依然信奉萨满教，随后才逐渐接受藏传佛教及相关文化，因此说元代从宗教政治出发的文化交流亦具有自上而下的特点。

明清时期更是藏汉交流的盛期，明初依然延续着从官方开始的交流模式，瞿昙寺的敕建及影响即是这一模式在河湟地区的体现。明朝政府与藏区首领之间通过上贡、赐赉等方式互通有无，例如明朝官方赏赐给藏区各地僧俗大小头目的工艺美术品，主要是由官方工艺美术生产机构制作的，有的直接产自宫廷作坊。②而民间的交流则不拘泥于学习官方样式，通过贸易和匠人的交流，更加自由和自然。民间自主生产的工艺品，其用料、工艺虽不及官方工艺品讲究，但具有较强烈的民间艺术色彩。随着藏汉交流的程度逐渐加深，藏汉文化从官方交流向民间逐渐渗透。例如西北当地土司作为地方势力程度不同地趋于"汉化"，不仅多采用汉姓，其观念意识、生活习俗、文字语言，亦日被华风，一批土司家族谱的纂修和流传，就是绝好的例证③。河湟地区的古建筑遗存也是一个集中稳定的体现，官式建筑样式首先进入该地区，然后逐渐扩散向民间。而民间对新样式的学习从被动接受，逐渐变为主动学习，并寻找到更适合当地的样式，进行改变发展延续，这其中，工匠的主动自由力量是不可忽视的。

这种变被动为主动的文化交流，可以在瞿昙寺回廊上从明到清的壁画上有所旁证：明时期的壁画没有画工题记，但是"构图严谨，气韵生动，落笔传神，技法纯熟，继承了宋元巨型道释画的豪迈风格，又不失明代绘画的丰富细腻"④。清代补绘的部分虽然艺术水准低一些，但是画面上有题记"平番县上磜堡画像弟子孙克恭、徐润文，门徒何济汉沐手敬画"。⑤对比永登县显教寺内的题记（见上编2.1.1），该寺的修建者既有永登当地工

---

① 邓锐龄《元明两代中央与西藏地方的关系》. 北京：中国藏学出版社，1989. P30.
② 吴明娣《汉藏工艺美术交流研究》. 首都师范大学博士论文，2002. P29.
③ 王继光《安多藏区土司家族谱辑录研究》. 北京：民族出版社，2000. P3.
④ 金萍《瞿昙寺壁画的艺术考古研究》. 西安美术学院博士学位论文，2012. P113.
⑤《乐都县志》记载："孙克恭，甘肃平番（今永登县）上密堡人。……清道光十四年（1834年）……率徒弟徐润文、何济汉至瞿昙寺担任画工……壁画完工后，二徒返故里，而孙克恭留居瞿昙寺颂经修行，咸丰初年（1851年）殁于瞿昙寺。"乐都县志编纂委员会编《乐都县志》. 西安：陕西人民出版社，1992. P563.

匠，也有来自陕西武功县的内地工匠参与。说明在清代建筑及绘画的工匠已不再是官方所派，而是由当地或外地的民间工匠所共同参与，文化交流由官方转向民间。这也为保持地方彩画生动活泼的创造提供了可能，避免了河湟地区的彩画风格走向清官式彩画的大一统样式，从而在相对统一的范围内一直保持着其活态性。可见，历史上的古建筑遗存在曾经并不是僵死的物体，他们具有着文化的生命力，在今日我们更应该以活态的观念去解读。

6.3.4 河湟地区彩画引出的当代藏族文化认识的再思考

20世纪80年代之后，随着国家民族宗教政策的发展完善，政府和民间都开始逐渐重视尊重民族特色与传统，文物部门实施了一系列保护历史文物的政策，因此很多在历史上（主要是1958年前后）遭到毁灭性打击的藏传佛教寺院及文物单位，逐渐开始维修与恢复开放。到2000年左右，开始进行大规模的维修与新建，提倡以文化建设带动地方经济的发展。而在这些寺院建筑的恢复建造过程中，对其采用什么样式的建筑彩画就是面临的一个新问题，在考察中看到了一些文物保护中出现的情况，值得我们思考。

例如甘肃省永登县海德寺，大殿为明正统十二年（1447年）所建，该寺虽然保存了建筑原制和木构，但内外木构上的彩画皆为上世纪90年代新绘，并且在绘制过程中没有尊崇彩画原来的特点，全部采用了新颜料简单刷制的手法，耀眼的群青色使得该殿丧失了原本彩画的意味，也因为重新彩绘而丧失了被评为国家文物保护单位的资格。在红城镇感恩寺也见到后代在维修中，忽视了彩画原来的生态特点，将殿门、墙柱等处简单地刷为防火红漆，掩盖了原来的彩画原貌，也因此而受到上级文物部门的批评。而在鲁土司衙门、雷坛、拉卜楞寺等处看到，在对建筑木构的维修中，建筑彩画难以修复如初，所以对新替换的木构没有进行色彩绘制，而以木质本色展示着新旧木构的差异。

这些现实问题都是在考察过程中看到并引起思考和争议的，文物保护落实在该地域的建筑装饰时，该如何进行？如果没有对该地域建筑彩画的正确认识与理解，没有站在尊重文化生态规律的高度，就无法做出正确的判断。

2000年之后，地方政府部门在文化建设中对民族特色更加强调，但认识过于简单片面，误以为藏传佛教寺院就应该完全采用藏式建筑彩画，来突出民族特色，因此采用了藏族中心地区的统一藏式彩画，并且强调其工艺制作性而忽视其文化生态特点。殊不知藏式建筑文化在长期的民族交流历史过程中，藏汉交流融合一直以来就不可磨灭地存在于不同地域的建筑彩画中，这已经是历史事实。而将民族文化割裂的看法，非此即彼的单一概念化的认识是对客观历史的无视，也是对中华民族文化的片面化误解。

在文物寺院管理部门辛勤探索和恢复重建民族特色文化的过程中，我们必须尊重中华民族文化交融的真正历史，民族的共同心理与特殊经验凝成的丰厚文化财富才能不坠入抽象化和概念化的陷阱。文化人类学家认为："若是一文化在它的工艺及制作上，及在它的武器及经济活动里，都是根据着神秘的及不由经验的概念及信条，它是决不能生存的。"[①] 因此，只有对民族文化认真客观地解读，才能使民族特色得到更好更真实地落实，延续民族建筑文化的生命，并焕发出时代的活力。

历史告诉我们，在整体突出藏式特点的前代建筑彩画中，藏汉两种文化的因素已经自然地相融合，我们应该使其得到无拘无碍蓬勃健康的发展，而不是剥离彼此。

近年的具体实例有甘肃省天祝县天堂寺，唐宪宗时是苯教寺院，元顺帝时（1360年）开始建成藏传佛教寺院，后发展为天祝县最大的藏传佛教寺院。20世纪80年代开始修复，基本为原址新建。木工彩作由甘肃永靖、河州工匠在2008—2010年完成。

青海省化隆县查甫乡夏琼寺，始建于元至正九年（1349年），是宗喀巴的发祥地。1981年后开始在原址基础上重建，现存彩画为2009年左右所绘。

青海省互助县佑宁寺，创建于1604年，现存彩画为2009—2010年湟安洲工匠所绘。

这些建筑耗资巨大，在施工过程中，甘青地区的藏、土、汉等族的工匠、僧俗人士都参与其中，发挥各自的所长。虽然各寺院因财力物力和宗教影响力的不同，在投入建设过程中会有一些差异，但是这种势头是喜

---

① ［英］马林诺夫斯基著，费孝通译《文化论》. 北京：中国民间文艺出版社，1987. P46.

人的。

在这种蓬勃发展的建设过程中,采用了很多当代的新材料新技术来弥补传统木构建筑材料的不足之处,使建筑本身更坚实耐用。其建筑彩画从纹样选用,到颜料、制作手法基本沿袭了藏式的基本风格,在工艺上采用了一些新的变革,以使其更经久不衰。但是也难免地出现了一些问题,例如在藏族聚居区或者藏传佛教寺院彩画的绘制过程中完全照搬近年出版的藏式纹样教材中"规范化"了的图案,而忽视了藏文化本身的地域性生态变异;或者在仿古建筑中完全按照清代官式的建筑彩画样式进行统一绘制,或简单刷色等不尽如人意的现象,完全忽视了文化的生态规律。

在实际施工过程中,我们需要认识到的是,甘青交界的河湟地区建筑彩画的维修重建,不能生搬硬套拉萨等中心藏区或者清代官式的建筑彩画样式,更应该站在客观的思想角度,尊重地域文化生态的客观历史规律,深入研究当地在历史上业已形成的地方传统,即经过了长期藏汉文化交融之后的建筑彩画样式,并且按照这种生态规律来进行生发。这也是当地、当代的建筑彩画文物维修与彩绘工作中面临的新形势与问题,也是本书研究的现实意义所在。

  图表说明:书中所引用他人图片及表格都已标明出处,未标注的图表均为作者拍摄和制作。

参考文献

古籍：

1. （汉）班固《汉书》第6、9册，卷28、卷69. 北京：中华书局出版，1962.

2. （汉）司马迁《史记》第1、2册，卷5《秦本纪》，卷8《高祖本纪》. 北京：中华书局出版，1963.

3. （宋）范晔《后汉书》第10册，卷87. 北京：中华书局出版，1965.

4. 《明太祖实录》卷一百四十.

5. （唐）姚思廉《梁书·卷54·诸夷传》. 北京：中华书局，1973.

6. （北齐）魏收撰《魏书·卷160·地形志》. 北京：中华书局，1974.

7. （清）张廷玉等撰《明史》第6册，卷68. 北京：中华书局点校本，1974.

8. （梁）萧统编［清］李善注《文选》上册，卷一一. 北京：中华书局，1977.

9. （元）脱脱等撰《宋史·卷153·舆服志》. 北京：中华书局点校本，1977.

10. （明）李时珍《本草纲目》（校点本）第一册. 北京：人民卫生出版社，1977.

专著：

1. 马鹤天《甘青藏边区考察记》. 上海：商务印书馆，1937.

2. ［日］伊东忠太. 陈清泉译补《中国建筑史》. 上海：上海书店，1937.

3. 胡序威等《西北地区经济地理 陕西、甘肃、宁夏、青海》. 北京：

科学出版社，1963.

4. 杨应琚《西宁府新志》.台湾：文海出版社印行，中华民国五十五年六月初版.

5. 雷圭元《中国图案作法初探》.上海：上海人民美术出版社，1979.

6. 青海省志编纂委员会《青海历史纪要》.西宁：青海人民出版社，1980.

7. 土观善慧法日著，刘立千译《宗教流派镜史》.兰州：西北民族学院研究室，1980.

8. 费孝通《民族与社会》.北京：人民出版社，1981.

9. 李志武，刘励中《塔尔寺》.北京：文物出版社，1982.

10. 谭其骧《中国历史地图集》(七、八册).上海：地图出版社，1982.

11. 第五世达赖喇嘛阿旺洛桑嘉措.郭和卿译《西藏王臣记》.北京：民族出版社，1983.

12. 文化部文物保护科研所《中国古建筑修缮技术》.北京：中国建筑工业出版社，1983.

13. 陈正详《中国文化地理》.北京：生活·读书·新知三联书店，1983.

14. 陈正祥《中国历史·文化地理图册》.东京：(株)原书房(日本)，1983.

15. 刘敦桢《中国古代建筑史》.北京：中国建筑工业出版社，1984.

16. 中国科学院自然科学研究所《中国古代建筑技术史》.北京：科学出版社，1985.

17. 塔尔寺文管会《塔尔寺》.北京：文物出版社，1985.

18. 王辅仁、陈庆英《蒙藏民族关系史略》，北京：中国社会科学出版社，1985.

19. 复旦大学历史地理研究所《中国历史地名辞典》.南昌：江西教育出版社，1986.

20. 陈梅鹤《塔尔寺建筑》.北京：中国建筑工业出版社，1986.

21. 《塔尔寺》编辑组编《塔尔寺》.西宁：青海人民出版社，1986.

22. 天祝藏族自治县概况编写组《天祝藏族自治县概况》.兰州：甘肃

民族出版社，1986.

23.［英］马林诺夫斯基.费孝通译《文化论》.北京：中国民间文艺出版社，1987.

24.罗发西等《拉卜楞寺概况》.兰州：甘肃民族出版社，1987.

25.［瑞士］H·沃尔夫林.潘耀昌译《艺术风格学》沈阳：辽宁人民出版社，1987.

26.顾颉刚，王树民《甘青闻见记》.兰州：甘肃人民出版社，1988.

27.中共甘肃省委统战部《甘肃宗教》.兰州：甘肃人民出版社，1989.

28.智观巴·贡却乎丹巴绕吉.吴均译《安多政教史》.兰州：甘肃民族出版社，1989.

29.冯绳武《甘肃地理概论》.兰州：甘肃教育出版社，1989.

30.甘肃省文物考古研究所，拉卜楞寺文物管理委员会《拉卜楞寺》.北京：文物出版社，1989.

31.［日］滝本孝雄，藤沢英昭，成同社译《色彩心理学》.北京：科学技术文献出版社，1989.

32.李世华《陕西古代道路交通史》北京：人民交通出版社，1989.

33.萧默《敦煌建筑研究》.北京：文物出版社，1989.

34.蒲文成《甘青藏传佛教寺院》.西宁：青海人民出版社，1990.

35.杨化群著译《藏传因明学》.拉萨：西藏人民出版社，1990.

36.湟中县地方志办公室《湟中县志》.西宁：青海人民出版社，1990.

37.黎宗华，李延恺《安多藏族史略》.西宁：青海民族出版社，1992.

38.中国文物研究所编《祁英涛古建论文集》.北京：华夏出版社，1992.

39.班班多杰《藏传佛教思想史纲》.上海：上海三联书店，1992.

40.常青《西域文明与华夏建筑的变迁》.长沙：湖南教育出版社，1992.

41.索代《拉卜楞寺佛教文化》.兰州：甘肃民族出版社，1992.

42.邹逸麟《中国历史地理概述》.福州：福建人民出版社，1993.

43.冉光荣《中国藏传佛教寺院》.北京：中国藏学出版社，1994.

44.赵鹏翥《连城鲁土司》.兰州：甘肃人民出版社，1994.

45.天祝藏族自治县志编委会《天祝县志》.兰州：甘肃民族出版社，

1994.

46. 周伟洲《西北民族史研究》．郑州：中州古籍出版社，1994.

47. 陈中义，洲塔《拉卜楞寺与黄氏家族》．兰州：甘肃民族出版社，1995.

48. 赵擎寰、郭玉兰《中国古代建筑艺术》．北京：北京科学技术出版社，1995.

49. 马吉祥，阿罗·仁青杰博《中国藏传佛教白描图集》．北京：北京工艺美术出版社，1996.

50. 宿白《藏传佛教寺院考古》．北京：文物出版社，1996.

51. 洲塔《甘肃藏族部落的社会与历史研究》．兰州：甘肃民族出版社，1996.

52. 姜怀英，刘占俊《青海塔尔寺修缮工程报告》．北京：文物出版社，1996.

53. 乌丙安《中国民间信仰》．上海：上海人民出版社，1996.

54. [清]阿莽班智达原著 玛钦·诺悟更，道周译注《拉卜楞寺志》．兰州：甘肃人民出版社，1997.

55. 永登县地方志编纂委员会《永登县志》．兰州：甘肃民族出版社，1997.

56. 丹曲《安多地区藏族文化艺术》．兰州：甘肃民族出版社，1997.

57. 李明伟《丝绸之路贸易史》．兰州：甘肃人民出版社，1997.

58. 魏长洪等《西域佛教史》．乌鲁木齐：新疆美术摄影出版社，1998.

59. 甘肃省地方志编纂委员会《甘肃省志 十四卷》．兰州：甘肃人民出版社，1998.

60. 谢佐《瞿昙寺》．西宁：青海人民出版社，1998.

61. 故宫博物院编《清宫藏传佛教文物》．紫禁城出版社，1998.

62. 常青《中华文化通志·建筑志》．上海：上海人民出版社，1998.

63. 崔永红《青海经济史》（古代卷）．西宁：青海人民出版社，1998.

64. [德]埃利希·诺伊曼著，李以洪译《大母神：原型分析》．北京：东方出版社，1998.

65. 甘肃省夏河县志编纂委员会编《夏河县志》．兰州：甘肃文化出版社，1999.

66. 郝苏民《甘青特有民族文化形态研究》. 北京：民族出版社，1999.

67. 阿旺格桑《藏族装饰图案艺术》. 拉萨：西藏人民出版社、江西美术出版社，1999.

68. 兰州市地方志编纂委员会《兰州市志第1卷·建置区划志》兰州：兰州大学出版社，1999.

69. 刘振中《中国民族关系史》. 北京：中国青年出版社，1999.

70. 梁从诫编《林徽因文集·建筑卷》. 天津：百花文艺出版社，1999.

71. 马瑞田《中国古建彩画》. 北京：文物出版社，1999. P21.

72. 费孝通《中华民族多元一体格局》. 北京：中央民族大学出版社，1999.

73. ［英］E.H 贡布里希，范景中译《艺术的故事》. 北京：生活·读书·新知三联书店，1999.

74. 王继光《安多藏区土司家族谱辑录研究》. 北京：民族出版社，2000.

75. 陈春生，张文辉，徐荣《中国古建筑文献指南1900—1990》. 北京：科学出版社，2000.

76. 旺谦，丹曲《甘肃藏传佛教寺院录》. 兰州：甘肃民族出版社，2000.

77. 格桑本《瞿昙寺》. 成都：四川科学技术出版社、新疆科技卫生出版社，2000.

78. 潘谷西《中国古代建筑史》（四）. 北京：中国建筑工业出版社，2001.

79. 宋蜀华，陈克进《中国民族概论》. 北京：中央民族大学出版社，2001.

80. 梁思成《梁思成全集》（第一二六七卷）. 北京：中国建筑工业出版社，2001.

81. ［法］海瑟·噶尔美. 熊文彬译《早期汉藏艺术——西藏艺术研究系列》. 石家庄：河北教育出版社，2001.

82. 边多，张鹰《西藏民间艺术丛书·建筑装饰》. 重庆：重庆出版社，2001.

83. ［英］约翰·布洛菲尔德. 耿晟译《西藏佛教密宗》. 拉萨：西藏

人民出版社，2001.

84. 王森《西藏佛教发展史略》.北京：中国藏学出版社，2002.

85. 夏河县人民政府编纂《拉卜楞文化丛书》.内部使用，2002.

86. 谢端琚《甘青地区史前考古》.北京：文物出版社，2002.

87. 马瑞田《中国古建彩画艺术》.北京：中国大百科全书出版社，2002.

88. 沈福煦，沈鸿明《中国建筑装饰艺术文化源流》.武汉：湖北教育出版社，2002.

89. 宿白《白沙宋墓》，北京：文物出版社，2002 第 2 版.

90. ［英］A.R. 拉德克利夫·布朗.夏建中译《社会人类学方法》.北京：华夏出版社，2002.

91. 刘夏蓓《安多藏区族际关系与区域文化研究》.北京：民族出版社，2003.

92. 杨嘉名，赵心愚，杨环《西藏建筑的历史文化》.西宁：青海人民出版社，2003.

93. 丹曲，谢建华《甘肃藏族史》.北京：民族出版社，2003.

94. 杨建新《中国西北少数民族史》.北京：民族出版社，2003.

95. 徐宗威《西藏传统建筑导则》.北京：中国建筑工业出版社，2004.

96. 童恩正《人类与文化》.重庆：重庆出版社，2004.

97. 王镛《印度美术史话》.北京：人民美术出版社，2004.

98. 张羽新，张双志编纂《民国藏事史料汇编 第二十六册》.北京：学苑出版社，2005

99. 潘谷西，何建中《〈营造法式〉解读》.南京：东南大学出版社，2005.

100. 蒋广全《中国清代官式建筑彩画技术》.北京：中国建筑工业出版社，2005.

101. 汪永平《拉萨建筑文化遗产》.南京：东南大学出版社，2005.

102. 谢铁群编著《历代中央政府的治藏方略》.北京：中国藏学出版社，2005.

103. ［意］图齐，向红笳译《喜马拉雅的人与神》.北京：中国藏学出版社，2005.

104. [法] 克洛德·列维-斯特劳斯，张祖建译《结构人类学》. 北京：中国人民大学出版社，2006.

105. 赵双成《中国建筑彩画图案》. 天津：天津大学出版社，2006.

106. 何俊寿《中国建筑彩画图集》. 天津：天津大学出版社，2006.

107. 孙大章《中国古代建筑彩画》. 北京：中国建筑工业出版社，2006.

108. 央巴平措多杰《藏族美术之度量法与彩绘技术基础》. 北京：民族出版社，2006.

109. 林徽因《林徽因建筑文萃》. 上海：上海三联书店，2006.

110. 芈一之《黄河上游地区历史与文物》. 重庆：重庆出版社，2006.

111. 马晓军《甘南宗教演变与社会变迁》. 兰州：甘肃人民出版社，2007.

112. 侯丕勋，刘再聪《西北边疆历史地理概论》. 兰州：甘肃人民出版社，2007.

113. 陈耀东《中国藏族建筑》. 北京：中国建筑工业出版社，2007.

114. 兰州市地方志编纂委员会和兰州市民族宗教志编纂委员会编《兰州市志第四十二卷，民族宗教志》. 兰州：兰州大学出版社，2007.

115. [英] 罗伯特·比尔，向红笳译《藏传佛教象征符号与器物图解》. 北京：中国藏学出版社，2007.

116. 王效清《中国古建筑术语词典》. 北京：文物出版社，2007.

117. 西藏拉萨古艺建筑美术研究所《西藏藏式建筑总览》. 成都：四川美术出版社，2007.

118. 庄裕光，胡石《中国古代建筑装饰·彩画》. 南京：江苏美术出版社，2007.

119. 李青《艺术文化史论考辩》. 西安：三秦出版社，2007.

120. 吴明娣《汉藏工艺美术交流史》. 北京：中国藏学出版社，2007.

121. 杨蕤《西夏地理研究》. 北京：人民出版社，2008.

122. 彭德《中华五色》. 南京：江苏美术出版社，2008.

123. 张亚莎《11世纪西藏的佛教艺术——从扎塘寺壁画研究出发》. 北京：中国藏学出版社，2008.

124. 谢继胜，罗文华《汉藏佛教美术研究》. 上海：上海古籍出版社，

2009.

125. 蒲文成，王心岳《汉藏民族关系史》.兰州：甘肃人民出版社，2009.

126. 夏河县人民政府编纂《拉卜楞寺文化丛书》.兰州：甘肃民族出版社，2010.

127. 何正璜《何正璜考古游记》.北京：人民美术出版社，2010.

128. 薛国屏《中国古今地名对照表》.上海：上海辞书出版社，2010.

129. 谢继胜《汉藏佛教美术研究 2008》.北京：首都师范大学出版社，2010.

130. 扎扎《佛教文化圣地——拉卜楞寺》，兰州：甘肃民族出版社，2010.

131. 梁思成《图像中国建筑史》.北京：三联书社，2011.

132. 国家文物局主编《中国文物地图集 甘肃分册》（上下）.北京：测绘出版社，2011.

133. 李路珂《〈营造法式〉彩画研究》.南京：东南大学出版社，2011.

134. 昂巴《藏传佛教密宗与曼荼罗艺术》.北京：人民出版社，2011.

135. 王希恩《民族过程与中国民族变迁研究》.北京：民族出版社，2011.

期刊、文集论文：

1. 张驭寰，杜仙洲《青海乐都瞿昙寺调查报告》.《文物》,1964（05）.

2. 谢佐《青海乐都瞿昙寺考略》.《青海民族学院学报》,1979（Z1）.

3. 谢佐《瞿昙寺补考》.《青海民族学院学报》,1981（01）.

4. 东嘎·洛桑赤列著，唐景福译《论西藏政教合一制度（一）》.《青海民族学院学报》,1982（01）.

5. 东嘎·洛桑赤列著，唐景福译《论西藏政教合一制度（二）》.《青海民族学院学报》,1982（02）.

6. 赵鹏矞《鲁土司家族简介》.《兰州学刊》,1982（05）.

7. 宋浩霖《明清花卉图案的演变和风格特征》.浙江工艺美术,1983年（03）.

8. 王濮子《清官式建筑的油饰彩画》.《故宫博物院院刊》,1983（04）.

9. 芈一之《瞿昙寺及其在明代西宁地区的地位》.《青海考古学会会刊》,1983（05）.

10. 郑连章《钟粹宫明代早期旋子彩画》.《故宫博物院院刊》,1984(03).

11. ［英］卡尔梅. 王尧、陈观胜选译《苯教史》. 王尧编《国外藏学研究译文集》第一辑，西藏人民出版社，1985. PP269—322.

12. ［捷克］卢米尔吉赛尔. 张保罗译《西藏艺术》. 王尧编《国外藏学研究译文集》第一辑，西藏人民出版社，1985. PP323—353.

13. 童恩正《西藏考古综述》. 文物，1985（09）.

14. 天挺《西藏佛教及其教派简介》. 中央民族学院藏族研究所编著《藏学研究文集》. 北京：民族出版社，1985.

15. 冯友兰《中国哲学简史》. 北京：北京大学出版社，1985.

16. 赵朋柱《鲁土司信奉的宗教》.《兰州学刊》,1988（04）.

17. 张维光《明朝政府在河湟地区的藏传佛教政策述论》.《青海社会科学》,1989（02）.

18. 马文余《明朝前中期中央政府对藏族地区的治理》.《西藏研究》,1989（01）.

19. 蒲文成《青海蒙古族的寺院》.《青海社会科学》,1989（06）.

20. 马瑞田《明代建筑彩画》.《古建园林技术》,1990（03）.

21. 周宏伟《连城古城新考——兼与赵朋柱同志商榷》.《西北师大学报（社会科学版）》,1990（05）.

22. ［法］古伯察著，金昌文译《塔尔寺纪实》. 王尧编《国外藏学研究译文集》第六辑，西藏人民出版社，1990年.

23. 周新会《试探甘青藏区封建领主占有制的形成》.《藏学研究论丛》第2辑，西藏人民出版社，1990，P310.

24. 杨建果，杨晓阳《中国古建筑彩画源流初探（一）（二）（三）》. 古建园林技术，1992（03）.1992（04）.1993（01）.

25. 郑连章《紫禁城建筑上的彩画》.《故宫博物院院刊》,1993（03）.

26. 应兆金《藏族建筑的木结构及其柱式》.《古建园林技术》,1993(04).

27. 宋秀芳《宋代河湟吐蕃地区历史地理问题探讨》.《藏学研究论丛》第5辑，拉萨：西藏人民出版社，1993，PP181—203.

28. 才让《萨迦派在安多藏区的传播概述》.《藏学研究论丛》第5辑，

拉萨：西藏人民出版社，1993，PP56—71.

29. 石硕《西藏教派势力与元朝统治集团的宗教关系》《藏学研究论丛》第5辑，拉萨：西藏人民出版社，1993，PP74—97.

30. 龚胜生《〈禹贡〉地理学价值新论》.《华中师范大学学报》，1993（12）.

31. 王进玉，李军，唐静娟，许志正《青海瞿昙寺壁画颜料的研究》.《文物保护与考古科学》，1993（02）.

32. 多识《藏汉民族历史亲缘关系探源一》，《西北民族学院学报》，1993（02）

33. ［英］噶尔梅著，杜永彬译《9—15世纪的汉藏艺术文献资料》.张植荣主编《国外藏学研究译文集》第十一辑，拉萨：西藏人民出版社，1994.

34. 王继光《安多藏区僧职土司初探》，《西北民族研究》，1994（01）.

35. 赵鹏翥《永登连城鲁土司衙门》.《丝绸之路》，1994（05）.

36. 陈耀东《夏鲁寺——元官式建筑在西藏地区的遗珍》.《文物》，1994（05）.

37. 屠舜耕《吐蕃王朝前后的西藏建筑》.《文物》，1994（05）.

38. 王仲杰《试论元明清三代官式彩画的渊源关系》.《紫禁城建筑研究与保护》，紫禁城出版社，1995.PP160—166.

39. 杰敦《概说历代中央政府对西藏的施政》.《藏学研究》，1996（08）.P76.

40. 于水山《西藏建筑的色彩世界》.《美术观察》，1996（11）.

41. 伊尔·赵荣璋《拉卜楞寺的建筑布局及其设色属性》.《西藏研究》，1998（02）

42. 于水山《西藏建筑及装饰的发展概说》.《建筑学报》，1998（06）.

43. 张君奇《青海乐都瞿昙寺》.《青海文物要闻》，青海省文物管理处主办.1998（05）.

44. 彭措《西北汉族河湟支系的形成及人文特征》.《青海民族学院学报》，1999（04）.

45. 徐苏斌《东亚洲建筑文化遗产保护之比较研究》.《建筑史论文集》（第11辑），1999.PP219—236.

46. 王淑芳，王继光《蒙古族鲁土司家族史料系年》.《西北民族学院学报（哲学社会科学版.汉文）》，1999（01）.

47. 先巴《元明清时期藏传佛教在甘青宁地区的兴衰》，《青海民族学院学报》，1999（03）.

48. 傅熹年《试论唐至明代官式建筑发展及其与地方传统的关系》.《文物》，1999（10）.

49. 纵瑞彬《藏族装饰纹样的历史文化考察》.《西藏艺术研究》，2000（01）.

50. 吴葱《旋子彩画探源》.《古建园林技术》，2000（04）.

51. 苏得措《瞿昙寺历史及其建筑艺术》.《青海民族研究》，2001（02）.

52. 嘎玛沃赛《浅谈藏式建筑的装饰艺术》.《青海民族研究》，2001（04）.

53. 杜常顺《明清时期河湟洮岷地区家族性藏传佛教寺院》.《青海社会科学》，2001（01）.

54. 甘措《论明朝统治河湟及湟水流域藏族分布状况》.《青海民族研究》，2001（04）.

55. 刘岳《万字形纹饰初探》，《艺术学论文辑刊》1，清华大学美术学院艺术史论系编，2001.

56. 陈晓丽《明清彩画中"旋子"图案的起源及演变刍议》.《建筑史论文集》（第15辑），清华大学出版社，2002.PP106—114.

57. 郭永利《试论甘肃永登连城鲁土司家族的宗教信仰》.《青海民族研究》，2002（04）.

58. 易雪梅《甘肃永登连城鲁土司家谱考》.《档案》，2002（04）.

59. 朱光亚《中国古代建筑驱划与谱系研究初探》.陆元鼎，潘安主编《中国传统民居营造与技术》.华南理工大学出版社，2002.PP5—9.

60. 郭永利《甘肃永登连城鲁土司家族的始祖及其族属辨正》.《丝绸之路》，2003（s1）.

61. 郭永利《试论甘肃永登连城鲁土司家族的联姻及汉化问题》.《青海民族研究》，2003（02）.

62. 夏春峰《甘肃连城妙因寺及其相关寺院探研》.《西北民族大学学报》，2003（06）.

63. 林继富《西藏天神信仰》.西藏民俗，2003（02）.

64.［印度］尼丁·库马尔，王璞译，王郁梅校《大乘密教美术的色彩象征》.《民族艺术研究》，2003（02）.

65. 筱华、吴莉萍《河西走廊的古建筑瑰宝——甘肃永登鲁土司衙门》.《古建园林技术》，2004（01）.

66. 谢继胜、廖旸《西藏的艺术与考古——第二届西藏艺术与考古国际学术研讨会综述》.《中国西藏》，2004（06）.

67. 杨健吾《藏传佛教的色彩观念和习俗》.《西藏艺术研究》，2004（03）.

68. 戴琦，赵长武，孙立三，王鑫，陈缓《中国古建筑中的彩画文化内涵浅析》.《辽宁建材》，2005（05）.

69. 吴葱，程静微《明初安多藏区藏传佛教汉式佛殿形制初探》.《甘肃科技》，2005（11）.

70. 马贵《青海藏族民居与居住文化》.《中国科技信息》，2006（20）.

71. 张宝玺《永登海德寺和红城感恩寺调查研究》.《敦煌学辑刊》，2006（01）.

72. 谢继胜、廖旸《青海乐都瞿昙寺瞿昙殿壁画内容辨识》.《中国藏学》，2006（02）.

73. 贡桑尼玛《西藏寺庙与民居建筑色彩初探》.《西藏艺术研究》，2006（04）.

74. 陈强《浅析藏族建筑装饰中的常用色彩》.《青海师范大学学报》，2006（06）.

75. 许新亚《拉卜楞寺藏族传统宗教建筑》.《世界建筑》，2006（08）.

76. 项瑾斐《布达拉宫雪城的建筑装饰》.《华中建筑》，2006（11）.

77. 吴葱，李洁《甘肃永登连城雷坛探赜》.《天津大学学报》，2006（03）.

78. 谢继胜，廖旸《瞿昙寺回廊佛传壁画内容辨识与风格分析》.《故宫博物院院刊》，2006（03）.

79. 钟晓青《学术观点》，见《建筑史解码人》.北京：中国建筑工业出版社，2006.

80. 次多《藏族传统建筑初探》.《西藏大学学报（汉文版）》，2007（03）.

81. 廖旸《甘肃永登感恩寺金刚殿栱眼壁画图像考释——兼论其空间布置及十忿怒尊与十大明王的区别》.何星亮主编《宗教信仰与民族文化》（第一辑）社会科学文献出版社，2007.PP252—295.

82. 丁柏峰《河湟文化圈的形成历史与特征》.《青海师范大学学报》, 2007（06）.

83. 孙林《唐卡绘画中的曼陀罗图式与西藏宗教造像学象征的渊源》,《西藏大学学报》.2007（03）.

84. 潘晓伟《藏族建筑装饰色彩的象征意义》.《设计艺术》, 2008（02）.

85. 叶玉梅《青海瞿昙寺壁画的风格特点和艺术成就》.《攀登》, 2008（04）.

86. 华锐吉, 张吉会《浅谈天祝县藏传佛教寺院的历史现状及发展趋势》.《西藏民族学院学报（哲学社会科学版）》, 2008（07）.

87. 周晶, 李天《尼泊尔建筑艺术对藏传佛教建筑的影响》.《青海民族学院学报》, 2009（01）.

88. 贾维维, 孙琳《甘肃省永登县鲁土司属寺藏传佛教艺术考察与学术报告会综述》.《中国藏学》, 2009（02）.

89. 丁昶, 刘加平《藏族建筑色彩探源》.《建筑学报》, 2009（03）.

90. 徐世栋《青海瞿昙寺区域性政教合一制度的确立与发展》.《青海师范大学学报》, 2009（04）.

91. 周伟洲《清代甘青藏区建制及社会研究》.《中国历史地理论丛》, 第 24 卷第 3 辑, 2009（07）.

92. 毕学刚, 黄华, 王官振, 马涛, 齐扬《一种基于形状和颜色特征的建筑彩画检索方法》.《文物保护与考古科学》, 2010（01）.

93. 罗飞, 陈尚明, 杨晓彬《解读西藏传统色彩与建筑装饰艺术》.《重庆建筑》, 2010（02）.

94. 李越, 刘畅, 王时伟, 孙闯, 雷勇《青海乐都瞿昙寺隆国殿大木结构研究补遗》.《故宫博物院院刊》, 2010（04）.

95. 谢继胜, 魏文《甘肃省红城感恩寺考察报告》.《永登发展高层论坛文集（内部资料）》, 2010 年 11 月.PP157—204.

96. 罗文华, 文明《甘肃永登连城鲁土司属寺考察报告》.《故宫博物院院刊》, 2010（01）.

97. 奇洁《从〈格萨尔〉史诗看汉藏工艺美术交流》.《西藏艺术研究》, 2010（01）.

98. 谢继胜, 戚明《藏传佛教艺术东渐与汉藏艺术风格的形成》.《美术》，2011（04）.

99. 王宁宇《丹青与两柄锄头的丹青史》，王胜利等主编《庆祝徐风先生95岁寿辰论文集》.陕西人民出版社，2012.

相关文件：

1. 文化部，财政部《中国民族民间文化保护工程实施方案》2004年.
2.《保护非物质文化遗产公约》2004年8月28日第十届全国人民代表大会常务委员会第十一次会议通过.
3.《保护和促进文化遗产表现形式多样性公约》2006年12月29日第十届全国人民代表大会常务委员会第二十五次会议通过.

学位论文：

1. 吴葱《青海乐都瞿寺建筑研究》.天津大学建筑学院硕士学位论文，1994.
2. 李翎《藏传佛教图像研究》.中央美术学院博士学位论文，2002.
3. 吴明娣《汉藏工艺美术交流研究》.首都师范大学博士论文，2002.
4. 郭永利《甘肃永登连城蒙古族土司鲁氏家族研究》.兰州大学硕士学位论文，2003.
5. 唐栩《甘青地区传统建筑工艺特色初探》.天津大学硕士学位论文，2004.
6. 程静微《甘肃永登连城鲁土司衙门及妙因寺建筑研究》.天津大学硕士学位论文，2005.
7. 阴帅可《青海贵德玉皇阁古建筑群建筑研究》.天津大学硕士学位论文，2006.
8. 吴晓冬《张掖大佛寺及山西会馆建筑研究》.天津大学硕士学位论文，2007.
9. 李江《明清甘青建筑研究》.天津大学硕士学位论文，2007.
10. 严永孝《甘南藏区藏传佛教的寺院文化研究》.西北民族大学硕士论文，2007.
11. 刘科《瞿昙寺回廊佛传壁画研究》.北京大学硕士学位论文，2007.
12. 贾霄锋《藏区土司制度研究》.兰州大学博士学位论文，2007.

13. 邢莉莉《明代佛传故事画研究》.中央美术学院博士学位论文，2008.

14. 魏文《甘肃红城感恩寺及其壁画研究》.首都师范大学硕士学位论文，2009.

15. 米德昉《甘肃永登妙因寺明代佛传壁画探究》.西北师范大学硕士学位论文，2009.

16. 丁昶《藏族建筑色彩体系研究》.西安建筑科技大学博士学位论文，2009.

17. 何泉《藏族民居建筑文化研究》.西安建筑科技大学博士学位论文，2009.

18. 高晓黎《传统建筑彩作中的榆林式》.西安美术学院博士学位论文，2010.

19. 金萍《瞿昙寺壁画的艺术考古研究》.西安美术学院博士学位论文，2012.

后 记

本书系在本人的博士论文基础上撰写而成，值此付梓之际，内心的感激与充实之感必须表达。首先要感谢西安美术学院为我提供了良好、宽松的学习环境，这里有严谨而自由的学术氛围，使我迈入了学术研究之门。

衷心感谢导师王宁宇教授在论文选题、田野调查和论文写作方面所给予的悉心指导、建议和帮助。导师敏锐的学术目光、对学科的准确把握、严谨科学的求实态度、高尚平实的精神、以及他的言传身教让我终身受益。感谢程征教授、周晓陆教授、彭德教授等老师在平日的授课及论文开题和写作过程中提出的宝贵意见，他们对文章的评价给予了我对学术研究的莫大信心。感谢我的硕士导师、西北师范大学的王宏恩教授，在我田野考察和写作过程中的鼓励与指导。

在博士学习期间，每一位同学都给予了无私的关爱和热心的支持，并与本人度过了许多美好的时光，他们是我在而立之年求学阶段所收获的友谊，更显得难能可贵，在此表示真诚的感谢。感谢我的家人在我求学与撰写书稿过程中的鼎力支持！

特别感谢甘肃省文物局，永登县文物局，甘肃夏河县拉卜楞寺寺管会，夏河县杨才让塔先生、索南嘉措先生，天堂寺的宗周主席，他们无条件的帮助让我感动！感谢西北民族大学的杨旦春、德拉才旦、周绍举、冯炳超、唐仲娟等诸位老师在资料收集和田野考察中所提供的无私帮助！感谢西北民族大学给予学术专著出版的资助！

时隔两年，本书终于要出版，自知谬误与汗水同在，真心希望能够通过本书的面世，得到同行专家学者的批评与指正。经过这次的研究撰写历程，对民族文化与民间文化接触研究越深入，越发觉中华文化的宽博与深厚，更使我确定了今后的学术研究方向。

王晓珍
初稿 2013 年 3 月 18 日
终稿 2015 年 3 月 26 日